常微分方程及其工程应用

靳艳飞 ◎ 编著

ORDINARY DIFFERENTIAL EQUATIONS AND THEIR ENGINEERING APPLICATIONS

北京理工大学出版社
BEIJING INSTITUTE OF TECHNOLOGY PRESS

图书在版编目（CIP）数据

常微分方程及其工程应用／靳艳飞编著. --北京：
北京理工大学出版社，2023.9
　　ISBN 978-7-5763-2877-6

Ⅰ. ①常… Ⅱ. ①靳… Ⅲ. ①常微分方程 Ⅳ.
①O175.1

中国国家版本馆 CIP 数据核字（2023）第 174814 号

责任编辑：刘　派　　文案编辑：李丁一
责任校对：周瑞红　　责任印制：李志强

出版发行 / 北京理工大学出版社有限责任公司
社　　址 / 北京市丰台区四合庄路 6 号
邮　　编 / 100070
电　　话 / (010) 68944439（学术售后服务热线）
网　　址 / http：//www.bitpress.com.cn

版 印 次 / 2023 年 9 月第 1 版第 1 次印刷
印　　刷 / 保定市中画美凯印刷有限公司
开　　本 / 787mm×1092mm　1/16
印　　张 / 12.75
字　　数 / 227 千字
定　　价 / 58.00 元

为认真贯彻落实党的二十大精神，培养造就大批德才兼备、爱党报国的一流科技领军人才和创新团队、青年科技人才、卓越工程师、大国工匠，本书坚持守正创新，注重辩证思维，强化实践导向，在编写过程中既注重基本概念、基本定理和基本解法的阐述和讲解，又注重内容结构的优化和融会贯通，面向世界科技前沿，在经典例题的基础上增加新的热点工程实例，体现"新工科"背景下工程力学专业的前沿性、热点性、实效性。本书是面向工程力学专业的本科生专业基础课"常微分方程"的教材，也可作为应用数学、机械、车辆、飞行器、土木工程等专业本科生和研究生选修课的教材或参考资料。

本书的主要内容曾作为北京理工大学工程力学专业本科生的必修课讲义使用多年，经过多年的学习和课堂实践，并参考了国内外相关经典教材和文献的内容，融合了科研中的部分研究成果，完成了教材的编写。本书一方面注重常微分方程理论方法的讲解，另一方面注重常微分方程的工程实际应用，旨在提高学生发现问题和解决问题的能力，通过理论和实践的反复循环，实现螺旋式上升。

本书共 7 章。第 1 章简要介绍了工程问题的常微分方程建模，微分方程和动力系统的基本概念。第 2 章阐述了常微分方程的初等积分法，包括一些经典的一阶微分方程和特殊的高阶微分方程的解法，为了便于学生掌握各种解法，编写时从几何意义的角度，介绍了解法的基本思想并总结了解法的基本步骤。第 3 章给出了常微分方程的基本定理，特别介绍线性常微分方程的一些基本概念和基础理论，为后续章节的学习奠定了基础。第 4 章和第 5 章分别讲述了线性常微分方程和线性常微分方程组，包括基本概念、求解方法及工程应用。第 6 章主要是从李雅普诺夫稳定性出发，介绍了非线性微分方程的定性分析，包括奇点的稳定性、中心流形定理、分岔等。

第 7 章阐述了常微分方程的数值解法，主要介绍了欧拉法、改进的欧拉法和 Runge-Kutta 方法，结合 MATLAB 和 Maple 软件实现微分方程的数值求解，为了方便学生学习，书中列出了求解代码。

本书在编写过程中得到北京理工大学宇航学院各级领导的帮助和支持，感谢学院对本书出版给予的大力支持。感谢中国科学院院士胡海岩先生认真审阅了部分书稿并提出了许多宝贵意见。感谢北京理工大学出版社工作人员为本书出版付出的辛勤劳动。另外，博士研究生张婷婷、孟经伟、郭祥承担了部分插图的绘制工作。在此，作者一并表示衷心的感谢！

希望本教材能够帮助学生将抽象的定理和公式实现特殊化、具体化，使学生理解其中的核心思想，推演出其中的规律，推动理论学习与实践创新的融合贯通，实现"理工融合"，为工程力学的专业课程"理论力学""弹性力学""自动控制原理""振动力学""非线性动力学"的学习打下坚实的基础。由于作者水平有限，书中难免有疏漏和不妥之处，恳请广大读者和同行专家批评指正！

靳艳飞

目　录
CONTENTS

第1章

绪　　论

著名数学家秦元勋说："常微分方程,是一个有长期历史,而又正在不断发展的学科;是一个既有理论研究意义,又有实际应用价值的学科;是一个既得力于其他数学分支的支持,又为其他数学分支服务的学科;是一个表现客观自然规律的工具学科,又是一个数学可以为实际服务的学科。"微分方程理论是在牛顿(Isaac Newton,1643—1727)和莱布尼茨(Gottfried Wilhelm Leibniz,1646—1716)所创立的微积分学的基础上发展起来的,并在工程科学和自然科学领域发挥着举足轻重的作用。

本章主要介绍工程领域中力学模型的数学建模,如何利用牛顿第二定理、达朗贝尔原理、拉格朗日(Lagrange)方程方法建立系统的常微分方程,以及常微分方程和动力系统的一些重要概念。

1.1　工程系统的数学模型

本节主要介绍典型的工程系统的建模方法、建立动力学系统的数学模型和运动方程。

例 1.1　试建立如图 1-1 所示的重力场中单摆的运动方程。

解:图 1-1(a)所示的是一个重力摆,摆球质量为 m,摆杆长为 l,质量不计。单摆的平衡位置为铅垂线 OP,摆角为 θ。由于摆球沿圆周的切向速度为 $v=l\dfrac{\mathrm{d}\theta}{\mathrm{d}t}$,可得切向加速度为 $a=l\dfrac{\mathrm{d}^2\theta}{\mathrm{d}t^2}$,根据图 1-1(a)所示中的受力分析和牛顿第二定理有

$$ma=-mg\sin\theta \Rightarrow \frac{\mathrm{d}^2\theta}{\mathrm{d}t^2}=-\frac{g}{l}\sin\theta \tag{1.1}$$

设单摆的初始条件为 $\theta(0)=\theta_0,\dot{\theta}(0)=0$,则运动方程(1.1)为满足上述初始条件的二阶常微分方程,通过求解方程(1.1)就可得到函数 $\theta(t)$ 和时间 t 之间的关系。

注解 1.1：对于小摆角 θ，可利用近似 $\sin\theta \approx \theta$ 简化运动方程式(1.1)，得到二阶线性常微分方程 $\mathrm{d}^2\theta/\mathrm{d}t^2 = -g\theta/l$。对于中等摆角 θ，利用泰勒展开 $\sin\theta \approx \theta - \theta^3/6$ 简化运动方程式(1.1)，得到二阶非线性常微分方程 $\mathrm{d}^2\theta/\mathrm{d}t^2 - g\theta^3/(6l) + g\theta/l = 0$，此时方程含有立方非线性项，也称为 Duffing 方程，其弹性势能为 $U = g\theta^4/(24l) - g\theta^2/(2l)$，由图 1-1(b) 所示可知，其具有双稳态势阱，系统存在一个不稳定点 $\theta_0 = 0$ 和两个稳定点 $\theta_1 = \sqrt{6}$ 和 $\theta_2 = -\sqrt{6}$，该系统可以描述许多弹性系统的运动。

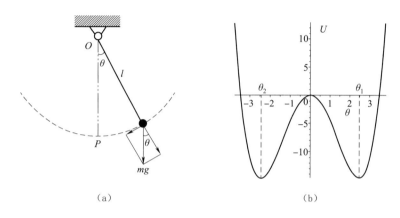

图 1-1　重力摆及运动方程的弹性势能

(a)重力摆受力分析；(b)Duffing 方程弹性势能

例 1.2　试建立如图 1-2 所示的单层厂房在地震激励下的运动方程。

解：图 1-2 所示的是单层厂房的简化模型，其横向水平振动以剪切变形为主，将房盖简化为集中质量为 m 的剪切梁，排架支撑柱的总刚度为 k，地面水平激励加速度为 $\ddot{x}_g$。当梁振动时，由于厂房各构件间存在的摩擦会产生一个阻尼系数为 c 的阻力 $c\dot{x}(t)$，根据达朗贝尔原理可得系统的运动方程为

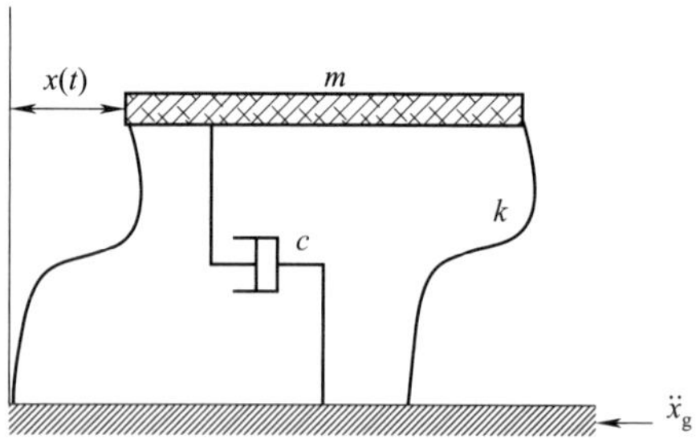

图 1-2　单层厂房的简化模型

$$m(\ddot{x}(t) + \ddot{x}_g(t)) + c\dot{x}(t) + kx(t) = 0$$

对上述方程整理得

$$m\ddot{x}(t) + c\dot{x}(t) + kx(t) = -m\ddot{x}_g(t) \tag{1.2}$$

其中，$\ddot{x}(t) = \mathrm{d}^2x(t)/\mathrm{d}t^2$；$\dot{x}(t) = \mathrm{d}x(t)/\mathrm{d}t$；$-m\ddot{x}_g(t)$ 表示等效地震载荷。可见运动方程式(1.2)为一个二阶线性常微分方程。

注解 1.2：通常，地震激励可看作随机激励，故 $\ddot{x}_g$ 可视为零均值二阶平稳滤波白噪声，其功率谱密度服从 Kanai-Tajimi 激励谱模型[1]：

$$S(\omega) = \frac{\omega_g^4 + 4\xi_g^2 \omega_g^2 \omega^2}{(\omega_g^2 - \omega^2)^2 + 4\xi_g^2 \omega_g^2 \omega^2} S_0$$

其中，ω_g 和 ξ_g 分别为地表土层的固有圆频率和阻尼比；S_0 为白噪声的谱密度，此时式 (1.2) 为一个随机线性常微分方程。

例 1.3　倒立摆模型是一个自然不稳定体，其稳定性分析及控制在实际工程中有广泛应用，例如火箭姿态控制、卫星发射架的稳定控制、双足机器人的建模等。试建立倒立摆模型的运动方程。

解：方法一　图 1-3(a) 所示的是倒立摆的简化模型，假设小车的质量为 M，摆杆的质量不计，摆长为 l，同时在摆杆的顶端加上一个质量为 m 的小球，小车水平方向受到的作用力为 $f(t)$。假设小球的坐标为 (X, Y)，则有

$$\begin{cases} X = x + l\sin\theta \\ Y = l\cos\theta \end{cases}$$

由上式可知倒立摆系统的动能为

$$T = \frac{1}{2}M\dot{x}^2 + \frac{1}{2}m(\dot{X}^2 + \dot{Y}^2)$$

$$= \frac{1}{2}(M+m)\dot{x}^2 + \frac{1}{2}ml^2\dot{\theta}^2 + ml\dot{\theta}\dot{x}\cos\theta \tag{1.3}$$

其中，$\dot{x} = \mathrm{d}x/\mathrm{d}t$；$\dot{\theta} = \mathrm{d}\theta/\mathrm{d}t$。

倒立摆系统的势能为

$$V = mgY = mgl\cos\theta \tag{1.4}$$

由 Lagrange 方程方法有

$$\frac{\mathrm{d}}{\mathrm{d}t}\left(\frac{\partial L}{\partial \dot{q}_i}\right) - \frac{\partial L}{\partial q_i} = Q_i \tag{1.5}$$

其中，$L = T - V$；q_i 和 $\dot{q}_i$ 为广义位移和广义速度；Q_i 为广义力。将式 (1.3) 和式 (1.4) 代入式 (1.5) 中可得：

(1) 当 $q_1 = x$ 时，有

$$(m+M)\ddot{x} - ml\sin\theta(\dot{\theta})^2 + ml\cos\theta\ddot{\theta} = f(t) \tag{1.6}$$

(2) 当 $q_2 = \theta$ 时，有

$$l\ddot{\theta} + \cos\theta\ddot{x} - g\sin\theta = 0 \tag{1.7}$$

由式 (1.6) 可将 $\ddot{x}$ 表示为

$$\ddot{x} = \frac{f(t) + ml\sin\theta(\dot{\theta})^2 - ml\cos\theta\ddot{\theta}}{m+M} \tag{1.8}$$

将式 (1.8) 代入式 (1.7) 中可得

$$l(M+m\sin^2\theta)\ddot{\theta}+ml\sin\theta\cos\theta\,(\dot{\theta})^2+[f(t)\cos\theta-(m+M)g\sin\theta]=0 \quad (1.9)$$

则倒立摆的运动方程式(1.9)为一个二阶非线性常微分方程。

方法二 根据图 1-3(b)所示的和牛顿第二定理,摆球 m 于水平方向运动的方程为

$$m\frac{\mathrm{d}^2}{\mathrm{d}t^2}(x+l\sin\theta)=F\sin\theta \quad (1.10)$$

摆球 m 于垂直方向运动的方程为

$$m\frac{\mathrm{d}^2}{\mathrm{d}t^2}(l\cos\theta)=F\cos\theta-mg \quad (1.11)$$

根据图 1-3(c)所示的和牛顿第二定理,小车 M 于水平方向运动的方程为

$$M\frac{\mathrm{d}^2x}{\mathrm{d}t^2}=f(t)-F\sin\theta \quad (1.12)$$

由式(1.12)得

$$F\sin\theta=f(t)-M\frac{\mathrm{d}^2x}{\mathrm{d}t^2} \quad (1.13)$$

将式(1.13)代入式(1.10)并化简整理得

$$(m+M)\frac{\mathrm{d}^2x}{\mathrm{d}t^2}-ml\sin\theta\left(\frac{\mathrm{d}\theta}{\mathrm{d}t}\right)^2+ml\cos\theta\frac{\mathrm{d}^2\theta}{\mathrm{d}t^2}=f(t) \quad (1.14)$$

由式(1.13)得

$$F=\frac{f(t)-M\dfrac{\mathrm{d}^2x}{\mathrm{d}t^2}}{\sin\theta} \quad (1.15)$$

联合式(1.14)及式(1.15)可得

$$F=\frac{m\dfrac{\mathrm{d}^2x}{\mathrm{d}t^2}-ml\sin\theta\left(\dfrac{\mathrm{d}\theta}{\mathrm{d}t}\right)^2+ml\cos\theta\dfrac{\mathrm{d}^2\theta}{\mathrm{d}t^2}}{\sin\theta} \quad (1.16)$$

将式(1.16)代入式(1.11)化简得

$$ml\frac{\mathrm{d}^2\theta}{\mathrm{d}t^2}+m\cos\theta\frac{\mathrm{d}^2x}{\mathrm{d}t^2}-mg\sin\theta=0 \quad (1.17)$$

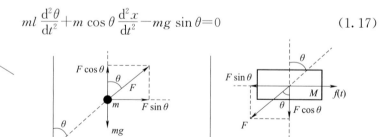

图 1-3 倒立摆示意

(a)倒立摆模型;(b)摆球受力分析;(c)小车受力分析

根据式(1.14)将$\ddot{x}$解出并代入式(1.17)，即得倒立摆的运动方程同式(1.9)。

例 1.4　考虑如图 1-4 所示的由铰链连接的光滑平面双摆振动系统，试建立系统的运动方程。

解：假设连接杆的自重不计，小球 m_1 和 m_2 的坐标分别为(x_1,y_1)和(x_2,y_2)，转角分别为$\theta_1(t)$和$\theta_2(t)$，则有

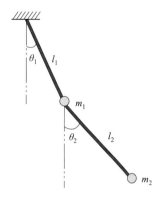

$$\begin{cases}x_1=l_1\sin\theta_1\\y_1=-l_1\cos\theta_1\end{cases},\begin{cases}x_2=l_1\sin\theta_1+l_2\sin\theta_2\\y_2=-(l_1\cos\theta_1+l_2\cos\theta_2)\end{cases}$$

$$(1.18)$$

由式(1.18)可知系统的动能为

图 1-4　光滑平面双摆振动系统

$$T=\frac{1}{2}m_1(\dot{x}_1^2+\dot{y}_1^2)+\frac{1}{2}m_2(\dot{x}_2^2+\dot{y}_2^2)$$

$$=\frac{1}{2}(m_1+m_2)l_1^2\dot{\theta}_1^2+\frac{1}{2}m_2l_2^2\dot{\theta}_2^2+m_2l_1l_2\dot{\theta}_1\dot{\theta}_2\cos(\theta_1-\theta_2)\qquad(1.19)$$

系统的势能为

$$V=m_1gy_1+m_2gy_2$$

$$=-(m_1+m_2)gl_1\cos\theta_1-m_2gl_2\cos\theta_2\qquad(1.20)$$

由 Lagrange 方程方法有

$$\frac{\mathrm{d}}{\mathrm{d}t}\left(\frac{\partial L}{\partial\dot{q}_i}\right)-\frac{\partial L}{\partial q_i}=Q_i\qquad(1.21)$$

其中，$L=T-V$；q_i 和 $\dot{q}_i$ 为广义位移和广义速度；Q_i 为广义力。将式(1.19)和式(1.20)代入方程(1.21)中可得如下结果：

(1)当 $q_1=\theta_1$ 时，有

$$(m_1+m_2)l_1\dot{\theta}_1+m_2l_2\dot{\theta}_2\cos(\theta_1-\theta_2)+m_2l_2\dot{\theta}_2^2\sin(\theta_1-\theta_2)+(m_1+m_2)g\sin\theta_1=0$$

$$(1.22)$$

(2)当 $q_2=\theta_2$ 时，有

$$m_2l_2\ddot{\theta}_2+m_2l_2\ddot{\theta}_1\cos(\theta_1-\theta_2)-m_2l_1\dot{\theta}_1^2\sin(\theta_1-\theta_2)+m_2g\sin\theta_2=0\qquad(1.23)$$

则平面双摆的运动方程式(1.22)和方程式(1.23)为两个耦合的二阶非线性常微分方程。

注解 1.3：平面双摆作为一个典型的力学模型，由于具有耦合和非线性特性，系统存在分岔、混沌等复杂的动力学行为。双摆在工程实际中有广泛的应用，例如：基于双摆的平面双臂机械手、基于双摆系统的压电俘能器等。

例 1.5　考虑如图 1-5(a)所示的无阻尼二自由度振动系统，试建立系统的运动方程。

解：根据图 1-5(b)所示的受力分析，由牛顿第二定律有如下方程成立：

$$\begin{cases} m\ddot{x}_1 = -k_1 x_1 - k_2(x_1 - x_2) \\ m\ddot{x}_2 = -k_3 x_2 + k_2(x_1 - x_2) \end{cases}$$

上式可表示为如下微分方程的形式

$$\boldsymbol{M}\ddot{\boldsymbol{x}}(t) + \boldsymbol{K}\boldsymbol{x}(t) = 0 \tag{1.24}$$

其中，系统的位移向量、质量矩阵和刚度矩阵分别为

$$\boldsymbol{x} = \begin{bmatrix} x_1 \\ x_2 \end{bmatrix} \quad \boldsymbol{M} = \begin{bmatrix} m & 0 \\ 0 & m \end{bmatrix} \quad \boldsymbol{K} = \begin{bmatrix} k_1+k_2 & -k_2 \\ -k_2 & k_3+k_2 \end{bmatrix}$$

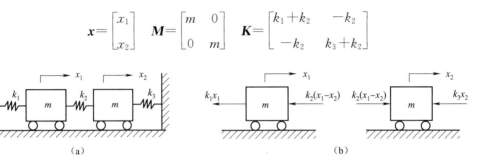

图 1-5　无阻尼二自由度振动系统示意及受力分析

(a)无阻尼二自由度振动系统；(b)各质量块受力分析

由上面几个典型例子可见，不同的工程问题建立的数学模型是不同类型的常微分方程，有线性、非线性微分方程及线性微分方程组等。因此，如何对常微分方程分类、求解及结合工程实际问题进行动力学分析是下面要关注的主要内容。

1.2　微分方程的基本概念

1. 微分方程

通常把含有未知函数的导数或微分的方程叫作微分方程。可以认为是联系自变量、未知函数以及未知函数的某些导数(或微分)之间的关系式。例如，

$$\frac{\mathrm{d}y}{\mathrm{d}x} = x+y \quad \frac{\mathrm{d}^2 y}{\mathrm{d}x^2} + 2\frac{\mathrm{d}y}{\mathrm{d}x} - 3y = 0 \quad \frac{\partial z}{\partial x} = x+y$$

根据微分方程中含有自变量的个数，可分为常微分方程和偏微分方程，即常微分方程中自变量的个数只有一个；而偏微分方程中自变量的个数为两个或两个以上。例如上述微分方程中，前两个为常微分方程，第三个是偏微分方程。本书的主要内容是围绕常微分方程展开的。

2. 微分方程的阶

微分方程中出现的未知函数的最高阶导数的阶数称为微分方程的阶。按照该定义，

可将常微分方程分为一阶常微分方程和高阶(n)常微分方程。

(1)一阶常微分方程,记为 $F\left(x,y,\dfrac{\mathrm{d}y}{\mathrm{d}x}\right)=0$(隐式方程),$\dfrac{\mathrm{d}y}{\mathrm{d}x}=f(x,y)$(显式方程);

(2)高阶(n)常微分方程,记为 $F\left(x,y,\dfrac{\mathrm{d}y}{\mathrm{d}x},\cdots,\dfrac{\mathrm{d}^{n}y}{\mathrm{d}x^{n}}\right)=0$(隐式方程),$\dfrac{\mathrm{d}^{n}y}{\mathrm{d}x^{n}}=f\left(x,y,\dfrac{\mathrm{d}y}{\mathrm{d}x},\cdots,\dfrac{\mathrm{d}^{n-1}y}{\mathrm{d}x^{n-1}}\right)$(显式方程)。

3. 线性常微分方程

在常微分方程中,如果 y 及其各阶导数 y',y'',$\cdots$ 是一次式,则称该方程为线性常微分方程;否则,称为非线性常微分方程。一般地,n 阶线性常微分方程具有如下形式:

$$\frac{\mathrm{d}^{n}y}{\mathrm{d}x^{n}}+a_1(x)\frac{\mathrm{d}^{n-1}y}{\mathrm{d}x^{n-1}}+\cdots+a_{n-1}(x)\frac{\mathrm{d}y}{\mathrm{d}x}+a_n(x)y=f(x) \tag{1.25}$$

若 $a_i(x)(i=1,2,\cdots,n)$ 为常数,则式(1.25)称为常系数线性微分方程;若 $a_i(x)(i=1,2,\cdots,n)$ 为变量,则式(1.25)称为变系数线性微分方程。例如:

$\dfrac{\mathrm{d}^2y}{\mathrm{d}x^2}+5\dfrac{\mathrm{d}y}{\mathrm{d}x}+6y=1$,为二阶常系数线性常微分方程;

$\dfrac{\mathrm{d}^4y}{\mathrm{d}x^4}+x^3\dfrac{\mathrm{d}y}{\mathrm{d}x}+y=\mathrm{e}^x$,为四阶变系数线性常微分方程;

$\dfrac{\mathrm{d}^2y}{\mathrm{d}x^2}+3\left(\dfrac{\mathrm{d}y}{\mathrm{d}x}\right)^2+2y=1$,为二阶常系数非线性常微分方程。

由几个常微分方程联立而成的方程组称为常微分方程组。若常微分方程组中的每一个常微分方程都是常系数线性微分方程,则称为常系数线性微分方程组。

4. 常微分方程的解

对于 n 阶常微分方程 $F(x,y,y',\cdots,y^{(n)})=0$,若存在一个在区间 $[a,b]$ 上 n 次可微的函数 $y=y(x)$ 使得 $F(x,y(x),y'(x),\cdots,y^{(n)}(x))\equiv0$,则称 $y=y(x)$ 为微分方程在 $[a,b]$ 上的一个解。常微分方程的解通常分为通解和特解两种。

(1)通解。n 阶常微分方程 $F(x,y,y',\cdots,y^{(n)})=0$ 的解中含有 n 个任意常数 c_1,c_2,$\cdots$,c_n,即 $y=\varphi(x,c_1,c_2,\cdots,c_n)$。一般情况下,通解包含了微分方程的所有解。

初值问题即求微分方程满足初始条件的解的问题。n 阶微分方程的初值条件是指如下的 n 个条件:

当 $x=x_0$ 时,$y=y_0$,$\dfrac{\mathrm{d}y(x_0)}{\mathrm{d}x}=y_0^{(1)}$,$\cdots$,$\dfrac{\mathrm{d}^{n-1}y(x_0)}{\mathrm{d}x^{n-1}}=y_0^{(n-1)}$。

(2)特解。通过某个初始条件来确定通解 $y=\varphi(x,c_1,c_2,\cdots,c_n)$ 中的任意常数以后的解,称为常微分方程的特解。

解的几何意义:一阶常微分方程 $y'=f(x,y)$ 的通解 $y=\varphi(x,c)$(c 为任意常数)的几

何意义表示以 c 为参变量的曲线簇,称为积分曲线簇。对于由初始条件 $y(x_0)=y_0$ 确定的常数 $c=c_0$,特解 $y=\varphi(x,c_0)$ 称为 $y'=f(x,y)$ 的过定点 (x_0,y_0) 积分曲线;二阶常微分方程 $y''=f(x,y,y')$ 的通解 $y=\varphi(x,c_1,c_2)$ $(c_1,c_2$ 为任意常数)的几何意义表示以 (c_1,c_2) 为参变量的曲线簇,称为积分曲线簇。对于满足初始条件 $y(x_0)=y_0,y'(x_0)=y'_0$ 的特解,表示过定点 (x_0,y_0) 且在定点的切线斜率为 y'_0 的积分曲线。

例 1.6 已知 $y=c_1e^{-2x}+c_2e^{-3x}+x/6-5/36$ 为常微分方程 $\dfrac{d^2y}{dx^2}+5\dfrac{dy}{dx}+6y=x$ 的通解,求方程满足初值条件 $y(0)=0,y'(0)=0$ 的特解。

解: 方程的通解为 $y=c_1e^{-2x}+c_2e^{-3x}+x/6-5/36$,求导后可得 $y'=-2c_1e^{-2x}-3c_2e^{-3x}+1/6$,将初值条件 $y(0)=0,y'(0)=0$ 代入上式,可得如下关于 (c_1,c_2) 的代数方程组

$$\left.\begin{array}{r}c_1+c_2=5/36\\2c_1+3c_2=1/6\end{array}\right\}\Rightarrow c_1=\frac{1}{4},c_2=-\frac{1}{9}$$

故所求特解为 $y=\dfrac{1}{4}e^{-2x}-\dfrac{1}{9}e^{-3x}+\dfrac{x}{6}-\dfrac{5}{36}$。

5. 方向场

设一阶微分方程 $y'=f(x,y)$ 的右端函数 $f(x,y)$ 的定义域为 D,过 D 的每一点 (x,y) 都存在确定的值 $f(x,y)$。以 (x,y) 为中点,作一单位线段,使得其斜率等于 $f(x,y)$,称为在 (x,y) 的线素。这样,对于 D 内每一点 (x,y),$y'=f(x,y)$ 都确定一个线素与之对应,称为方程在 D 上规定的一个方向场或线素场。在方向场中,方向相同的点的几何轨迹称为等斜线。方程 $y'=f(x,y)$ 的等斜线方程可表示为 $f(x,y)=k$。其中,k 为参数。

一阶常微分方程 $y'=f(x,y)$ 的积分曲线在其上每一点都与方向场的线素相切。特别是,当方程解析求解较困难时,可以根据方向场的走向来近似地画出方程的积分曲线,为一阶常微分方程的初值问题提供了一种近似解法的基本思想[2]。

例 1.7 求方程 $\dfrac{dy}{dx}=1+xy$ 的方向场和积分曲线。

解: 由于该方程是一个一阶非齐次微分方程,直接求解较为困难,所以利用 MATLAB 来求解其方向场和积分曲线。程序代码如下:

```
clear all
clc
%% 绘制方向场
x= -5:0.5:5;                    % x 轴范围
y= -5:0.5:5;                    % y 轴范围
```

```
[x,y]=meshgrid(x,y);              % 形成二维矩形数据
dy= 1+ x. * y;                    % 计算斜率
d= sqrt(1+ dy. ^2);               % 方向向量长度
u= 1. /d;                         % 向量单位化
v= dy. /d;                        % 向量单位化
quiver(x,y,u,v);                  % 方向场绘制
xlim([- 5,5]);ylim([- 5,5])
title('方向场')
xlabel('x');ylabel('y')
% % 求过定点的常微分方程的数值解
[X1,Y1]=ode45('f',[- 5,5],3);     % 四阶龙格—库塔法求解微分方程
hold on
plot(X1,Y1,'Linewidth',2)
function dy= f(x,y)
    dy= 1+ xy;
end
```

运行效果如图 1-6 所示。

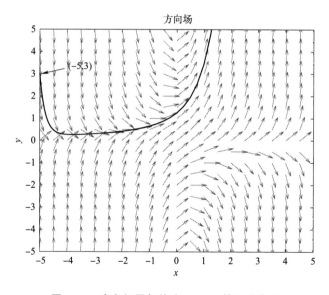

图 1-6　方向场及初值为(-5,3)的积分曲线

1.3　动力系统

考虑如下常微分方程组：

$$\begin{cases} \dfrac{\mathrm{d}x(t)}{\mathrm{d}t}=F(x,y) \\[2mm] \dfrac{\mathrm{d}y(t)}{\mathrm{d}t}=G(x,y) \end{cases} \tag{1.26}$$

其中，$x(t)$，$y(t)$ 为方程组的解。方程组（1.26）也可称作动力系统，$x(t)$ 和 $y(t)$ 也可称作状态变量。这里的动力系统是指状态变量随时间变化而变化的系统；状态变量是表征系统的性质或特征的变量。当方程组（1.26）等号右端的函数不显含时间 t 时，方程组（1.26）就被称为自治系统；当方程组（1.26）等号右端的函数显含时间 t 时，方程组（1.26）就被称为非自治系统。

方程组（1.26）的相平面为 xOy 平面，解曲线 $x(t)$ 和 $y(t)$ 在 xOy 平面上的轨线称为相轨线。状态变量 $x(t)$ 和 $y(t)$ 随时间 t 的变化而变化的轨线称为方程组（1.26）的时间历程，即方程组的解曲线或积分曲线随时间 t 的变化而变化的过程。

定义 1.1　若动力系统（1.26）所有状态变量对时间的导数全都等于零，即

$$F(\widetilde{x},\widetilde{y})=0,G(\widetilde{x},\widetilde{y})=0$$

则 $(\widetilde{x},\widetilde{y})$ 称为方程组（1.26）的奇点（定点或平衡点）。

由定义 1.1 可见，在相空间中，奇点处的轨线无确定的斜率，而奇点以外所有其他点都有确定的斜率，也称为寻常点或解析点。

例 1.8　考虑单摆的小振动问题，其运动微分方程为

$$\begin{cases} \dfrac{\mathrm{d}\theta(t)}{\mathrm{d}t}=x(t) \\[2mm] \dfrac{\mathrm{d}x(t)}{\mathrm{d}t}=-\alpha\theta(t) \quad \left(\alpha=\dfrac{g}{l}\right) \end{cases}$$

试绘制系统的时间历程图、相图和向量场。

解：本题中，$\theta(t)$ 为单摆偏离垂直线的角度，$x(t)$ 为角速度，l 为单摆的摆长，g 为重力加速度，则 $\theta(t)$ 和 $x(t)$ 为状态变量，该方程为自治动力系统。已知单摆系统的通解为

$$\theta(t)=c_1\cos\sqrt{\alpha}t+c_2\sin\sqrt{\alpha}t, x(t)=\sqrt{\alpha}(c_2\cos\sqrt{\alpha}t-c_1\sin\sqrt{\alpha}t)$$

经过计算后有 $\theta^2+x^2/\alpha=c_1^2+c_2^2$，即 $\alpha=1$ 时，相轨线是圆，其半径依赖于任意常数 (c_1, c_2)，即由初始条件决定。根据定义 1.1 易得方程的奇点为 $\widetilde{\theta}=0$，$\widetilde{x}=0$。当取初值为 $\theta(0)=\dfrac{\pi}{18}$，$x(0)=0$ 时，代入上述通解中解得 $c_1=\dfrac{\pi}{18}$，$c_2=0$。此时动力系统的时间历程

图、相图和向量场如图 1-7 和图 1-8 所示。

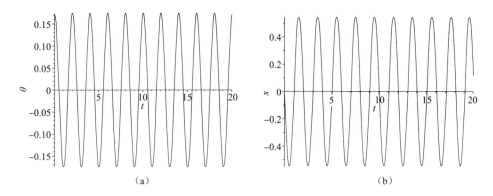

图 1-7　小摆角单摆的时间历程示意($\alpha=1$)

(a)摆角随时间的变化而变化;(b)角速度随时间的变化而变化

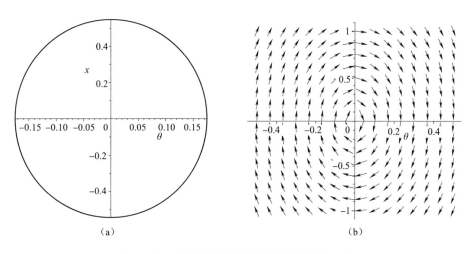

图 1-8　小摆角单摆的相轨线和向量场($\alpha=1$)

(a)相轨线图;(b)向量场

奇点可分为稳定的和不稳定的。当奇点稳定时,其附近的轨线将趋于此奇点。当奇点不稳定时,其附近的轨线将远离该点。具体可分为解轨线趋于另一稳定的奇点;解轨线随时间的增加趋于无穷远处;解轨线是振荡的。可由下面的定理来描述:

定理 1.1　对于单变量的自治方程 $\dot{x}(t)=f(x)$,其解可分为:

(1)所有的解只能是时间 t 的单调增函数或单调减函数;

(2)如果所有的解都是有界的,则解是一奇点;

(3)单变量自治方程不可能有振荡解。

注解 1.4:在定理 1.1 中,由于 $\dot{x}=f(x)\Rightarrow\displaystyle\int\frac{\mathrm{d}x}{f(x)}=t+C(f(x)\neq 0)$,故结论(1)成立;当 $f(x)\neq 0$ 成立时,所有的解 $x(t)$ 只能是时间 t 的单调函数,随着时间 t 的增加不可

能是有界的。若存在 $x=x_c$ 使得 $f(x_c)=0$ 时,此时方程的解 $x=x_c$ 是有界的,也是方程的奇点,故解(2)成立;从解(1)和(2)可知,上述单变量自治方程的解不可能有极小值或极大值,故不可能有振荡解存在,解(3)成立。

一般情况下,振荡解又可分为以下三种[3]:

①周期振荡解即该振荡解有确定的周期,方程的解在相空间的轨迹是围绕某一不稳定奇点。例如,van der Pol 方程:$\ddot{x}+a(x^2-1)\dot{x}+\omega^2 x=0$,其为自治动力系统。固定 $a=1$,$\omega=1$,由不同初始条件出发的解轨线都收敛到图 1-9 所示中的闭曲线上,该孤立闭曲线称为极限环,表明运动的周期性。当周围的解轨线无论是从环的外面还是里面出发,最终都吸引到极限环上时,该极限环称为稳定极限环;否则,当极限环上的解轨线向内收敛于原点,向外远离极限环最终发散到无穷远处时,该极限环称为不稳定极限环。从图 1-9 所示可见,极限环是稳定的,而(0,0)为不稳定的奇点。

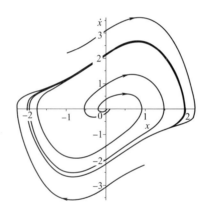

图 1-9 不同初始条件下 van der Pol 方程的相轨线

②准周期振荡解:例如,受迫 van der Pol 方程:$\ddot{x}+a(x^2-1)\dot{x}+\omega^2 x=F'\cos\Omega t$,该方程为非自治动力系统。当固有频率 ω 和扰动频率 Ω 为有理数,即可公度的,则运动仍为周期的。当它们为不可公度的时候,则会出现非周期的振荡,称为准周期振荡。令 $a=\omega=F=1$,$\Omega=\sqrt{2}$,可得相应的解轨线,如图 1-10 所示,此时相轨线不再是封闭的曲线,而是一个具有一定宽度的封闭带。

③混沌解即具有随机性的非周期运动。例如,受迫 Duffing 方程:$\ddot{x}+0.3\dot{x}-x+x^3=0.4\cos(1.2t)$。该方程为非自治动力系统,可得相应的解轨线,如图 1-11 所示,此时相轨线是一个混沌吸引子,其整体是有界的。但是从局部来看,相邻解轨线却有相互排斥而分离的现象,可以理解为整体稳定但局部不稳定。值得指出的是,非线性自治系统在三维及三维以上可能产生混沌运动,而非自治系统在二维及二维以上可能产生混沌运动。

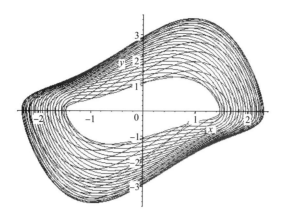

图 1-10 受迫 van der Pol 方程的相轨线

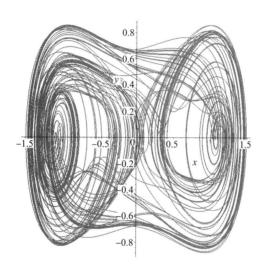

图 1-11 受迫 Duffing 方程的相轨线

注解 1.5：van der Pol 方程是 1926 年荷兰物理学家范德波尔（Balthasar van der Pol，1889—1959）在研究电子管振荡回路时建立的，含有非线性阻尼项$(x^2-1)\dot{x}$，当系统振动的位移$|x|<1$时，系统会从外界常规能源吸收能量，以增加振动位移；当系统振动的位移$|x|\geqslant1$时，系统将消耗多余的能量，这样系统最终会趋于某一稳态振动，称为极限环，如图 1-9 所示。因此，van der Pol 方程属于典型的自激振荡系统。

有关奇点稳定性的判别方法将在第 6 章具体讲解。

1.4　本书的主要内容

本书共 7 章。第 1 章是关于常微分方程模型的建立、常微分方程中涉及的基本概念、动力系统及奇点的定义;第 2 章针对一些特殊形式的一阶(或高阶)常微分方程,引入经典初等积分解法,对其进行求解并应用于工程实际问题中;第 3 章介绍了常微分方程的基本定理,包括线性常微分方程的一些基本概念和基础理论;第 4 章和第 5 章主要介绍了高阶线性常微分方程和线性常微分方程组的求解方法及其在工程实际问题中的应用;第 6 章中介绍了非线性微分方程,主要介绍了常微分方程的稳定性定性分析理论,直接从常微分方程出发去研究其解的特性;第 7 章介绍了常微分方程的数值解法,并通过MATLAB 等进行编程计算,特别是对于具有高维、非线性、时变等特性的微分方程,利用数值方法可求得方程的近似解,通过绘制系统的时间历程图、相图等,分析系统解的动力学特性。

 习　题　1

1.1　由电阻 R、电感 L 和电容 C 组成的串联电路,如习题 1.1 图所示,其输入量为电压U_1,输出量为电压 U_2。试列写其运动微分方程。

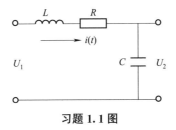

习题 1.1 图

1.2　习题 1.2 图为弹簧—质量—阻尼器机械系统,试列写质量块 m 在外力 $f(t)$ 的作用下,其位移 $x(t)$ 的运动方程。

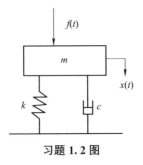

习题 1.2 图

1.3　如习题 1.3 图所示,长为 $2l$ 的均质杆 AB 用光滑铰链与质量为 m_1 的滑块连接,杆 AB 质量为 m_2,自重不计的刚度为 k 的弹簧一端与滑块 m_1 连接,另一端固定,滑块 m_1 在外力 $f(t)$ 的作用下在光滑水平平面内运动。试列写系统的运动微分方程。

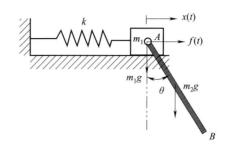

习题 **1.3 图**

1.4　考虑如习题 1.4 图所示的无阻尼三自由度振动系统,试建立系统的运动方程。

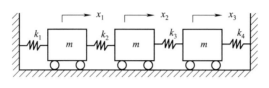

习题 **1.4 图**

1.5　指出下列常微分方程的阶数以及哪些是线性的? 哪些是非线性的?

(1) $\dfrac{\mathrm{d}^2 y}{\mathrm{d}x^2} = x + xy$

(2) $\sin\left(x + \dfrac{\mathrm{d}y}{\mathrm{d}x}\right) = y$

(3) $\dfrac{\mathrm{d}^4 y}{\mathrm{d}x^4} + 3\dfrac{\mathrm{d}^3 y}{\mathrm{d}x^3} + \dfrac{\mathrm{d}y}{\mathrm{d}x} = \sin x$

(4) $\dfrac{\mathrm{d}^2 y}{\mathrm{d}x^2} = \dfrac{\mathrm{d}y}{\mathrm{d}x} + \mathrm{e}^y$

(5) $\dfrac{\mathrm{d}^3 y}{\mathrm{d}x^3} + \left(\dfrac{\mathrm{d}^2 y}{\mathrm{d}x^2}\right)^2 - y = \cos x$

1.6　试验证 $y = c_1 \mathrm{e}^x + c_2 \cos 2x + c_3 \sin 2x\,(c_1, c_2, c_3\ 为任意常数)$ 是方程 $\dfrac{\mathrm{d}^3 y}{\mathrm{d}x^3} - \dfrac{\mathrm{d}^2 y}{\mathrm{d}x^2} + 4\dfrac{\mathrm{d}y}{\mathrm{d}x} - 4y = 0$ 的解。

1.7　已知 $y = c\mathrm{e}^x\,(c\ 为任意常数)$ 是方程 $\dfrac{\mathrm{d}y}{\mathrm{d}x} = y$ 的通解,求满足初值条件 $y(0) = 1$ 的解。

1.8　已知 $y = c_1 \mathrm{e}^{-2x} + c_2 \mathrm{e}^{-x} + x/2 - 3/4$ 为常微分方程 $\dfrac{\mathrm{d}^2 y}{\mathrm{d}x^2} + 3\dfrac{\mathrm{d}y}{\mathrm{d}x} + 2y = x$ 的通解,求方程满足初值条件 $y(0) = 0, y'(0) = 0$ 的特解。

1.9　求出下列动力系统的奇点:

(1) $\dfrac{\mathrm{d}x}{\mathrm{d}t} = x(x^2 - \alpha) \quad (\alpha > 0)$

$(2)\dfrac{\mathrm{d}x}{\mathrm{d}t}=\mu x-kx^2 \quad (\mu>0,k>0)$

$(3)\dfrac{\mathrm{d}^2x}{\mathrm{d}t^2}+\dfrac{\mathrm{d}x}{\mathrm{d}t}+x-x^3=0$

$(4)\begin{cases}\dfrac{\mathrm{d}x}{\mathrm{d}t}=x+y\\[2mm]\dfrac{\mathrm{d}y}{\mathrm{d}t}=3x-4y\end{cases}$

1.10 试求单摆动力系统 $\begin{cases}\dfrac{\mathrm{d}\theta(t)}{\mathrm{d}t}=x(t)\\[2mm]\dfrac{\mathrm{d}x(t)}{\mathrm{d}t}=-\alpha\sin(\theta(t))\quad\left(\alpha=\dfrac{g}{l}\right)\end{cases}$ 的奇点，并画出系统的时间

历程图和相图。

第 2 章

常微分方程的初等积分法

对于一些特殊形式的一阶(或高阶)常微分方程,可利用初等积分法将微分方程转化为求积分问题,将方程的通解用初等函数或其积分表示出来,也称为初等解法。本章主要介绍利用该类经典初等解法求解常微分方程以及其在工程实际问题中的应用。

2.1 变量分离方法

对于一般的一阶常微分方程

$$\frac{\mathrm{d}y}{\mathrm{d}x}=F(x,y) \tag{2.1}$$

当右端函数 $F(x,y)=f(x)\varphi(y)$ 时,方程(2.1)称为变量分离方程。其中,$f(x)$ 和 $\varphi(y)$ 分别为 x 和 y 的连续函数。一般情况下,变量分离方程中的 $F(x,y)$ 可以分解成一个仅含 x 的函数和一个仅含 y 的函数的乘积。例如,以下变量分离方程

$$\frac{\mathrm{d}y}{\mathrm{d}x}=2x^2 y^{\frac{4}{5}},\frac{\mathrm{d}y}{\mathrm{d}x}=xy,\frac{\mathrm{d}y}{\mathrm{d}x}=\mathrm{e}^{x+y}$$

如果 $\varphi(y)\neq 0$,方程(2.1)可改写为

$$\frac{1}{\varphi(y)}\mathrm{d}y=f(x)\mathrm{d}x \tag{2.2}$$

易见,在方程(2.2)中,等式的左边仅与 y 有关,等式的右边仅与 x 有关。该过程也称为变量分离过程。此时,对方程(2.2)两边进行积分可得如下恒等式:

$$\int \frac{1}{\varphi(y)}\mathrm{d}y = \int f(x)\mathrm{d}x+C \tag{2.3}$$

其中,C 为积分常数。式(2.3)即为方程(2.1)在 $\varphi(y)\neq 0$ 条件下的通解。

当条件 $\varphi(y)\neq 0$ 不满足时,即存在 y_0,使得 $\varphi(y_0)=0$,此时方程(2.1)恒成立,故 $y=y_0$ 是不包含在通解(2.3)中的一个常数解。

例 2.1 求解方程 $\dfrac{\mathrm{d}y}{\mathrm{d}x}=\dfrac{\sqrt{1-y^2}}{\sqrt{1-x^2}}$。

解：由于 $F(x,y)=\dfrac{1}{\sqrt{1-x^2}} \cdot \sqrt{1-y^2}$ 方程是变量分离方程。首先，通过分离变量可得

$$\frac{\mathrm{d}y}{\sqrt{1-y^2}}=\frac{\mathrm{d}x}{\sqrt{1-x^2}} \quad (y\neq\pm1)$$

对上式两端进行积分得

$$\int \frac{\mathrm{d}y}{\sqrt{1-y^2}}=\int \frac{\mathrm{d}x}{\sqrt{1-x^2}}+C$$

即 $\arcsin y=\arcsin x+C$。然后解出 y 得到方程的通解：

$$y=\sin(\arcsin x+C) \quad (C\text{ 为任意常数})$$

另外，$y=\pm1$ 是方程的常数解，该常数解不包含在上述通解中。

例 2.2 求解方程 $xy^2\mathrm{d}x+(y+1)\mathrm{e}^{-x}\mathrm{d}y=0$。

解：当 $y\neq0$ 时，分离变量可得

$$x\mathrm{e}^x\mathrm{d}x=-\frac{y+1}{y^2}\mathrm{d}y$$

对上式两端进行积分得：$\int x\mathrm{e}^x\mathrm{d}x=-\int \dfrac{y+1}{y^2}\mathrm{d}y+C$，将 $\int x\mathrm{e}^x\mathrm{d}x=x\mathrm{e}^x-\int \mathrm{e}^x\mathrm{d}x=x\mathrm{e}^x-\mathrm{e}^x$，

$\int \dfrac{y+1}{y^2}\mathrm{d}y=\int\left(\dfrac{1}{y}+y^{-2}\right)\mathrm{d}y=\ln|y|-\dfrac{1}{y}$ 代入等式两端，故解得方程的通解为

$$-(x-1)\mathrm{e}^x=\ln|y|-\frac{1}{y}+C \quad (C\text{ 为任意常数})$$

另外，$y=0$ 是方程的常数解，该常数解不包含在上述通解中。

注解 2.1：变量分离方程有时以微分的形式出现，例如：$p(x)f(y)\mathrm{d}x+q(x)g(y)\mathrm{d}y=0$，此时，在 $f(y)q(x)\neq0$ 的条件下，通过分离变量可得

$$\frac{p(x)}{q(x)}\mathrm{d}x=-\frac{g(y)}{f(y)}\mathrm{d}y \tag{2.4}$$

对方程(2.4)两端进行积分可得通解。另外，若存在 x_0 使得 $q(x_0)=0$，则 $x=x_0$ 也是方程的解；同样，若存在 y_0 使得 $f(y_0)=0$，则 $y=y_0$ 也是方程的解。

例 2.3 设函数 $y(x)$ 是 $(-\infty,+\infty)$ 上的连续函数，满足如下关系式：

$$y(x_1+x_2)=y(x_1)y(x_2)$$

且 $y'(0)=b$，试求函数的表达式。

解：当 $x_1=x_2=0$ 时，有 $y(0+0)=y(0)=y(0)^2$，可解得 $y(0)=0$ 或 $y(0)=1$。

下面分两种情况进行讨论：

（1）当 $y(0)=0$ 时，有

$$y(x)=y(x+0)=y(x)y(0)$$

即 $y(x)=0,x\in(-\infty,+\infty)$。

（2）当 $y(0)=1$ 时，根据函数导数的定义，有

$$y'(x)=\lim_{\Delta x\to 0}\frac{y(x+\Delta x)-y(x)}{\Delta x}=\lim_{\Delta x\to 0}\frac{y(x)y(\Delta x)-y(x)}{\Delta x}$$

$$=\lim_{\Delta x\to 0}\frac{y(x)(y(\Delta x)-1)}{\Delta x}=y(x)\cdot\lim_{\Delta x\to 0}\frac{y(\Delta x+0)-y(0)}{\Delta x}$$

$$=y'(0)y(x)$$

于是

$$\frac{\mathrm{d}y(x)}{\mathrm{d}x}=y'(0)y(x)=by(x)$$

利用分离变量法，得 $y(x)=C\mathrm{e}^{bx}$（C 为任意常数）。将初始条件 $y(0)=1$ 代入上式，可得

$$1=C\mathrm{e}^0\Rightarrow C=1$$

故所求函数为 $y(x)=\mathrm{e}^{bx}$。

2.2　变量变换方法

虽然变量分离方程简单易解，然而在我们平时碰到的问题中，直接具有变量分离形式的方程却不多见。本节主要介绍几类可通过变量变换转化为变量分离的微分方程。

2.2.1　齐次微分方程

考虑形如

$$\frac{\mathrm{d}y}{\mathrm{d}x}=f\left(\frac{y}{x}\right) \tag{2.5}$$

的微分方程，该方程称为齐次微分方程。这里 $f(\cdot)$ 为连续函数。

解法：首先，作变量变换 $u=\dfrac{y}{x}$，即 $y=xu$，将其代入方程（2.5）可得 $u+x\dfrac{\mathrm{d}u}{\mathrm{d}x}=f(u)$。经过整理可得如下变量分离方程为

$$\frac{\mathrm{d}u}{\mathrm{d}x}=\frac{f(u)-u}{x} \tag{2.6}$$

当 $f(u)-u\neq 0$ 时，得 $\displaystyle\int\frac{\mathrm{d}u}{f(u)-u}=\ln|x|+C_1$，即解得

$$x = Ce^{\varphi(u)} \quad \left(\varphi(u) = \int \frac{\mathrm{d}u}{f(u)-u} \right)$$

最后，将 $u = \dfrac{y}{x}$ 代入上式得齐次微分方程(2.5)的通解为

$$x = Ce^{\varphi\left(\frac{y}{x}\right)} \quad (C \text{ 为任意常数})$$

若存在 u_0 使得 $f(u_0) - u_0 = 0$，则 $y = u_0 x$ 也是齐次微分方程(2.5)的解。

例 2.4 求解方程 $\dfrac{\mathrm{d}y}{\mathrm{d}x} = \dfrac{y-x}{y+x}$。

解：首先，将方程右端分子分母同时除以 x，则有 $\dfrac{\mathrm{d}y}{\mathrm{d}x} = \dfrac{\dfrac{y}{x}-1}{\dfrac{y}{x}+1}$，该方程是齐次微分方

程。引入变量变换 $u = \dfrac{y}{x}$，则有

$$u + x\frac{\mathrm{d}u}{\mathrm{d}x} = \frac{u-1}{u+1} \Rightarrow x\frac{\mathrm{d}u}{\mathrm{d}x} = -\frac{1+u^2}{1+u}$$

上式分离变量得 $\dfrac{1+u}{1+u^2}\mathrm{d}u = -\dfrac{1}{x}\mathrm{d}x$，等式两边同时进行积分，有

$$\int \frac{1}{1+u^2}\mathrm{d}u + \int \frac{u}{1+u^2}\mathrm{d}u = -\int \frac{1}{x}\mathrm{d}x + C_1$$

由于 $u\,\mathrm{d}u = \dfrac{1}{2}\mathrm{d}(1+u^2)$，上式化简为 $\dfrac{1}{2}\ln|1+u^2| + \arctan u = -\ln|x| + C_1$，将 $u = $

$\dfrac{y}{x}$ 代入得微分方程的通解为

$$\ln(y^2+x^2) + 2\arctan\frac{y}{x} = C \quad (C = 2C_1 \text{ 为任意常数})$$

例 2.5 求解方程 $\dfrac{\mathrm{d}y}{\mathrm{d}x} = \dfrac{2y^2-xy}{x^2-xy+y^2}$。

解：首先，将方程右端分子分母同时除以 x^2，则得到齐次微分方程

$$\frac{\mathrm{d}y}{\mathrm{d}x} = \frac{2\left(\dfrac{y}{x}\right)^2 - \dfrac{y}{x}}{1 - \dfrac{y}{x} + \left(\dfrac{y}{x}\right)^2}$$

引入变量变换 $u = \dfrac{y}{x}$，则 $u + x\dfrac{\mathrm{d}u}{\mathrm{d}x} = \dfrac{2u^2-u}{1-u+u^2}$。通过整理并分离变量得到

$$\frac{1-u+u^2}{-3u^2+2u+u^3}\mathrm{d}u = -\frac{1}{x}\mathrm{d}x \quad (u \neq 0, u \neq 1, u \neq 2)$$

即 $\dfrac{(u-1)^2+u}{u(u-1)(u-2)}\mathrm{d}u = -\dfrac{\mathrm{d}x}{x}$，等式两边同时进行积分，得到

$$\int \left[\frac{1}{2} \left(\frac{1}{u} + \frac{1}{u-2} \right) + \frac{1}{u-2} - \frac{1}{u-1} \right] \mathrm{d}u = -\frac{\mathrm{d}x}{x}$$

进一步进行计算,得

$$\ln|u-1| - \frac{1}{2}\ln|u| - \frac{3}{2}\ln|u-2| = \ln|x| + C_1$$

故方程的通解为

$$\frac{u-1}{\sqrt{|u|}\,|u-2|^{\frac{3}{2}}} = Cx \quad (C = \pm e^{C_1} \neq 0)$$

此外,$u=0,u=1,u=2$ 也是方程的解。当 $C=0$ 时,包含解 $u=1$。将 $u=\dfrac{y}{x}$ 代入上式,得原方程的通解为

$$(y-x)^2 = Cy(y-2x)^3 \quad (C \text{ 为任意常数})$$

还有,$y=0,y=2x$ 也是方程的解。

注解 2.2: 计算 $\displaystyle\int \frac{1-u+u^2}{-3u^2+2u+u^3}\mathrm{d}u$ 时,也可以利用有理真分式不定积分求解的因式分解法,即

$$\frac{1-u+u^2}{-3u^2+2u+u^3} = \frac{1-u+u^2}{u(u-1)(u-2)} = \frac{a}{u} + \frac{b}{u-1} + \frac{c}{u-2} \quad (\text{这里 } a,b,c \text{ 为待定系数})$$

上式两边进行通分并比较分子中 u 同次幂的系数,可得

$$\left. \begin{array}{l} a+b+c=1 \\ -3a-2b-c=-1 \\ 2a=1 \end{array} \right\} \Rightarrow a=\frac{1}{2},\ b=-1,\ c=\frac{3}{2}$$

此时,再进行不定积分的计算就会简单很多。

2.2.2　可化为齐次微分方程的方程

考虑形如

$$\frac{\mathrm{d}y}{\mathrm{d}x} = f\left(\frac{ax+by+c}{a_1 x+b_1 y+c_1} \right) \tag{2.7}$$

的微分方程,其中 a,b,c,a_1,b_1,c_1 均为常数。

解法: 当 $c=c_1=0$ 时,式(2.7)为齐次微分方程。故求解的基本思路就是希望通过线性变换将其变成齐次微分方程。首先,将 $ax+by+c=0$ 和 $a_1 x+b_1 y+c_1=0$ 分别看成 xoy 平面内的两条直线 l_1 和 l_2。当两条直线相交时,交点记为 $O(h,k)$,作坐标平移 $x=X+h,y=Y+k$,将坐标原点 o 移到交点 O,在新的平面 XOY 内,两条直线 l_1 和 l_2 的方程可表示为 $aX+bY=0$ 和 $a_1 X+b_1 Y=0$,如图 2-1 所示。

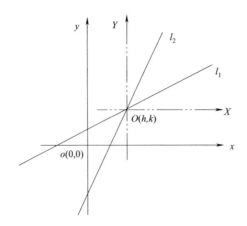

图 2 - 1　坐标平移变换示意

上述解题思路可以整理为以下步骤：

（1）当 $ab_1-a_1b\neq0$ 时，令 $x=X+h$，$y=Y+k$（其中，h 和 k 是待定常数），故有 $\mathrm{d}x=\mathrm{d}X$，$\mathrm{d}y=\mathrm{d}Y$。将其代入方程（2.7）中，可得

$$\frac{\mathrm{d}Y}{\mathrm{d}X}=f\left(\frac{aX+bY+ah+bk+c}{a_1X+b_1Y+a_1h+b_1k+c_1}\right)$$

为了使上式变成齐次微分方程，需选择 h 和 k 满足下列方程：

$$\begin{cases}ah+bk+c=0\\a_1h+b_1k+c_1=0\end{cases}$$

由此可解得 h 和 k 的一组解，使得原方程就化为下列关于 X 和 Y 的齐次微分方程：

$$\frac{\mathrm{d}Y}{\mathrm{d}X}=f\left(\frac{aX+bY}{a_1X+b_1Y}\right)$$

通过求解齐次微分方程并将 $X=x-h$，$Y=y-k$ 代回，即得原方程（2.7）的通解。

（2）当 $ab_1-a_1b=0$ 时，上述方法不再适用，下面分情况进行讨论。

情形 1：当 $b_1=0$ 时，必有 $a_1b=0$。若 $b=0$，则方程（2.7）可化为变量分离方程：

$$\frac{\mathrm{d}y}{\mathrm{d}x}=f\left(\frac{ax+c}{a_1x+c_1}\right)$$

若 $b\neq0$，则 $a_1=0$，此时方程（2.7）可写为 $\dfrac{\mathrm{d}y}{\mathrm{d}x}=f\left(\dfrac{ax+by+c}{c_1}\right)$，通过令 $z=ax+by$，可将其化为如下变量分离方程

$$\frac{1}{b}\left(\frac{\mathrm{d}z}{\mathrm{d}x}-a\right)=f\left(\frac{z+c}{c_1}\right)$$

情形 2：当 $b_1\neq0$ 时，令 $\dfrac{a}{a_1}=\dfrac{b}{b_1}=\lambda$，则方程（2.7）可化为

$$\frac{\mathrm{d}y}{\mathrm{d}x}=f\Big(\frac{\lambda(a_1x+b_1y)+c}{a_1x+b_1y+c_1}\Big)$$

令 $z=ax+by$，则有如下变量分离方程

$$\frac{1}{b}\Big(\frac{\mathrm{d}z}{\mathrm{d}x}-a\Big)=f\Big(\frac{\lambda z+c}{z+c_1}\Big)$$

例 2.6　求解方程 $\dfrac{\mathrm{d}y}{\mathrm{d}x}=\dfrac{x+y+1}{x-y-3}$。

解：首先解方程组

$$\left.\begin{array}{l}h+k+1=0\\ h-k-3=0\end{array}\right\}\Rightarrow h=1,k=-2$$

令 $x=X+1,y=Y-2$，将其代入原方程得

$$\frac{\mathrm{d}Y}{\mathrm{d}X}=\frac{X+Y}{X-Y}\Rightarrow\frac{\mathrm{d}Y}{\mathrm{d}X}=\frac{1+\dfrac{Y}{X}}{1-\dfrac{Y}{X}}$$

令 $u=\dfrac{Y}{X}$，则上述方程化为 $X\dfrac{\mathrm{d}u}{\mathrm{d}X}=\dfrac{1+u^2}{1-u}$，方程两边分离变量，得

$$\Big(\frac{1}{1+u^2}-\frac{u}{1+u^2}\Big)\mathrm{d}u=\frac{1}{X}\mathrm{d}X$$

等式两边同时进行积分，得

$$\arctan u-\frac{1}{2}\ln(u^2+1)=\ln|X|+C$$

将 $X=x-1,Y=y+2$ 代回上式，即得原方程的通解为

$$\arctan\frac{y+2}{x-1}=\frac{1}{2}\ln\big[(x-1)^2+(y+2)^2\big]+C\quad（C\text{ 为任意常数}）$$

例 2.7　求解方程 $\dfrac{\mathrm{d}y}{\mathrm{d}x}=\dfrac{2x^3+3xy^2-7x}{3x^2y+2y^3-8y}$。

解：首先，将原方程改写为

$$\frac{y}{x}\frac{\mathrm{d}y}{\mathrm{d}x}=\frac{2x^2+3y^2-7}{3x^2+2y^2-8}$$

即 $\dfrac{\mathrm{d}(y^2)}{\mathrm{d}(x^2)}=\dfrac{2x^2+3y^2-7}{3x^2+2y^2-8}$，引入变量 $\xi=x^2,\eta=y^2$，则有

$$\frac{\mathrm{d}\eta}{\mathrm{d}\xi}=\frac{2\xi+3\eta-7}{3\xi+2\eta-8}$$

由于如下方程组有解

$$\begin{cases}2h+3k-7=0\\ 3h+2k-8=0\end{cases}\Rightarrow\begin{cases}h=2\\ k=1\end{cases}$$

令 $X=\xi-2$，$Y=\eta-1$，代入上述方程可得齐次微分方程

$$\frac{dY}{dX}=\frac{2X+3Y}{3X+2Y}=\frac{2+3\dfrac{Y}{X}}{3+2\dfrac{Y}{X}}$$

通过令 $u=\dfrac{Y}{X}$，可将上面的齐次微分方程转化为变量分离方程为

$$\frac{3+2u}{2(1-u^2)}du=\frac{dX}{X}\rightarrow\frac{1}{4}\left(\frac{1}{1+u}+\frac{5}{1-u}\right)du=\frac{dX}{X}\quad(u\neq\pm1)$$

等式两边同时积分得

$$\frac{1+u}{(1-u)^5}=CX^4\quad(C\neq0)$$

将 $u=\dfrac{y^2-1}{x^2-2}$ 代回后，得原方程的通解为

$$x^2+y^2-3=C(x^2-y^2-1)^5\quad(C\neq0)$$

此外，$u=\pm1$，即 $x^2+y^2-3=0$，$x^2-y^2-1=0$ 也是方程的解，且当 $C=0$ 时，$x^2+y^2-3=0$ 包含在通解中。

例 2.8 如图 2-2 所示，桥式起重机跑车吊挂一重物，其所受重力为 G，沿水平横梁做匀速运动，速度为 v_0，重物中心至悬挂点 O 距离为 L。突然制动，重物因惯性绕悬挂点 O 向前摆动，此时钢丝绳与平衡位置之间的夹角为 θ，求制动前后钢丝绳的拉力。

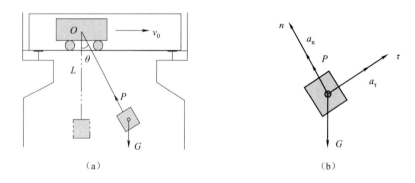

图 2-2 系统模型示意及受力分析

(a)模型示意;(b)受力分析

解： 制动前，重物做匀速运动，故钢丝绳的拉力 $P=G$；制动后，重物绕悬挂点 O 向前摆动，建立自然坐标轴 τ，n。设钢丝绳的拉力为 P，重物摆动的角速度为 ω，切向和法向加速度分别为 a_τ、a_n，根据图 2-2 所示有：

$$\begin{cases} \dfrac{G}{g}a_{\tau} = -G\sin\theta \\[3mm] \dfrac{G}{g}a_{n} = P - G\cos\theta \end{cases}$$

由于上式中 $a_{\tau} = L\dfrac{\mathrm{d}\omega}{\mathrm{d}t}, a_{n} = \omega^2 L$，故钢丝绳的拉力为

$$P = G\left(\cos\theta + \frac{\omega^2 L}{g}\right)$$

其中，角速度 ω 满足的方程可写为 $\dfrac{\mathrm{d}\omega}{\mathrm{d}t} = -\dfrac{g\sin\theta}{L}$，进一步变换为 $\dfrac{\mathrm{d}\omega}{\mathrm{d}\theta}\omega = -\dfrac{g\sin\theta}{L}$，该式是变量分离方程，分离变量并进行积分

$$\int_{\omega_0}^{\omega}\omega\mathrm{d}\omega = -\int_0^{\theta}\frac{g\sin\theta}{L}\mathrm{d}\theta \Rightarrow \omega^2 = \frac{2g}{L}(\cos\theta - 1) + \omega_0^2$$

其中，$\omega_0 = \dfrac{v_0}{L}$。将上式代入表达式 $P = G\left(\cos\theta + \dfrac{\omega^2 L}{g}\right)$ 中，即可得制动后钢丝绳的拉力为

$$P = G\left(3\cos\theta - 2 + \frac{v_0^2}{gL}\right)。$$

2.3 常数变易方法

2.3.1 一阶线性微分方程

考虑形如

$$\frac{\mathrm{d}y}{\mathrm{d}x} = P(x)y + Q(x) \tag{2.8}$$

的方程，其中 $P(x), Q(x)$ 是所定义区间上的连续函数。当 $Q(x) = 0$ 时，方程(2.8)称为一阶齐次线性微分方程。当 $Q(x) \neq 0$ 时，方程(2.8)称为一阶非齐次线性微分方程。需要指出的是，这里的"齐次"和 2.2 节中齐次方程中的"齐次"意义不同，这里是指该微分方程具有零解。

由于一阶齐次线性方程是变量分离方程，可以通过分离变量将其化为

$$\frac{\mathrm{d}y}{y} = P(x)\mathrm{d}x \quad (y \neq 0)$$

等号两边进行积分可得 $\ln|y| = \displaystyle\int P(x)\mathrm{d}x + C_1$。由于 $y = 0$ 也是方程的解，故一阶齐次线性方程的通解为

$$y = Ce^{\int P(x)\mathrm{d}x} \quad (C \text{ 为任意常数}) \tag{2.9}$$

对于一阶非齐次线性方程(2.8)，式(2.9)可以看作是它的一种特殊情况下的通解，因此方程(2.8)的解可以表示成 $y(x) = (y(x)\mathrm{e}^{-\int P(x)\mathrm{d}x})\mathrm{e}^{\int P(x)\mathrm{d}x}$，表明 $y(x)$ 可以写成

$$y = C(x)\mathrm{e}^{\int P(x)\mathrm{d}x} \tag{2.10}$$

其中，$C(x)$ 为待定函数。

将式(2.10)代入方程(2.8)可得 $C'(x) = Q(x)\mathrm{e}^{-\int P(x)\mathrm{d}x}$，对等号两端进行积分后，得

$$C(x) = \int Q(x)\mathrm{e}^{-\int P(x)\mathrm{d}x}\mathrm{d}x + C \quad (C\text{ 为任意常数}) \tag{2.11}$$

将式(2.11)代入式(2.10)可得一阶非齐次线性方程(2.8)的通解：

$$y = \left[\int Q(x)\mathrm{e}^{-\int P(x)\mathrm{d}x}\mathrm{d}x + C\right]\mathrm{e}^{\int P(x)\mathrm{d}x}$$

$$= C\mathrm{e}^{\int P(x)\mathrm{d}x} + \mathrm{e}^{\int P(x)\mathrm{d}x} \cdot \int Q(x)\mathrm{e}^{-\int P(x)\mathrm{d}x}\mathrm{d}x \tag{2.12}$$

上述这种将齐次线性微分方程通解中的常数变易为待定函数，求非齐次线性微分方程通解的方法称作常数变易法。

注解 2.3：有些情况下，方程不易表示成式(2.8)的形式，此时也可将 x 看作 y 的函数，并写成如下一阶线性微分方程的形式：

$$\frac{\mathrm{d}x}{\mathrm{d}y} = P(y)x + Q(y) \tag{2.13}$$

方程(2.13)同样可以利用常数变易法来求解。

例 2.9 求解方程 $\dfrac{\mathrm{d}y}{\mathrm{d}x} = -\dfrac{1}{x}y + \dfrac{\cos x}{x}$。

解：首先，利用变量分离法求得一阶齐次线性微分方程 $\dfrac{\mathrm{d}y}{\mathrm{d}x} = -\dfrac{1}{x}y$ 的通解为 $y = C\dfrac{1}{x}$。利用常数变易法，设一阶非齐次线性微分方程的解为

$$y = C(x)\frac{1}{x}$$

将其代入原方程得 $C'(x) = \cos x \Rightarrow C(x) = \sin x + C$，将 $C(x) = \sin x + C$ 代入 $y = C(x)\dfrac{1}{x}$ 中，即得一阶非齐次线性微分方程的通解为

$$y = \frac{1}{x}(\sin x + C) \quad (C\text{ 为任意常数})$$

例 2.10 求解方程 $\dfrac{\mathrm{d}y}{\mathrm{d}x} = \dfrac{y}{x + y^4}$。

解：首先，原方程不是 y 的线性微分方程，但是对于 x 来说，具有一阶非齐次线性微分方程(2.13)的形式为

$$\frac{\mathrm{d}x}{\mathrm{d}y}=\frac{1}{y}x+y^3$$

其对应的一阶齐次线性微分方程 $\frac{\mathrm{d}x}{\mathrm{d}y}=\frac{1}{y}x$ 的通解为 $x=Cy$。

利用常数变易法,将一阶非齐次线性微分方程的通解记为 $x=C(y)y$,将其代入一阶非齐次线性微分方程,得 $C'(y)=y^2$,对等式两端进行积分,得

$$C(y)=\frac{y^3}{3}+C \quad (C\text{ 为任意常数})$$

故原方程的通解为 $x=\left(\dfrac{y^3}{3}+C\right)y$ （C 为任意常数）。

例 2.11　如图 2-3 所示,设质量块 m 在 $t=0$ 时刻的速度为零,在 t 时刻的下降速度为 $v(t)$,空气阻力 F 与速度 $v(t)$ 成正比,即 $F=\lambda v(t)$。试求在空气阻力 F 的作用下,质量块 m 下降过程中速度的变化规律。

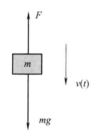

图 2-3　质量块受力分析

解:根据牛顿第二定律,可知

$$m\frac{\mathrm{d}v(t)}{\mathrm{d}t}=mg-F$$

即得到以下一阶非齐次线性微分方程

$$\frac{\mathrm{d}v(t)}{\mathrm{d}t}=g-\frac{\lambda}{m}v(t)$$

易知,对应一阶齐次线性微分方程的通解为 $v(t)=Ce^{-\frac{\lambda}{m}t}$,利用常数变易法将一阶非齐次线性微分方程的通解写为 $v(t)=C(t)e^{-\frac{\lambda}{m}t}$,并代入原方程中,得

$$C'(t)=ge^{\frac{\lambda}{m}t}\Rightarrow C(t)=\frac{mg}{\lambda}e^{\frac{\lambda}{m}t}+C$$

因此,速度函数具有如下形式:

$$v(t)=Ce^{-\frac{\lambda}{m}t}+\frac{mg}{\lambda} \quad (C\text{ 为任意常数})$$

由于初始条件 $v(0)=0$,代入上式可确定 $C=-\dfrac{mg}{\lambda}$,故速度函数可表示为

$$v(t)=\frac{mg}{\lambda}(1-\mathrm{e}^{-\frac{\lambda}{m}t})$$

从上式可知，随着时间 t 的增加，$v(t)$ 是一个单调递增函数；当 $t\to+\infty$ 时，$v(t)$ 趋于常数 mg/λ，即做匀速运动。

2.3.2 伯努利(Bernoulli)微分方程

考虑形如

$$\frac{\mathrm{d}y}{\mathrm{d}x}=P(x)y+Q(x)y^n \quad (n\neq0,1) \tag{2.14}$$

的方程，其中，$P(x)$ 和 $Q(x)$ 是所定义区间上的连续函数，称为伯努利微分方程。显见，当 $n\neq0,1$ 时，伯努利微分方程为非线性微分方程。

解法：首先，方程(2.14)两端同除以 y^n，可得

$$y^{-n}\frac{\mathrm{d}y}{\mathrm{d}x}=P(x)y^{1-n}+Q(x)$$

即 $\frac{1}{1-n}\frac{\mathrm{d}y^{1-n}}{\mathrm{d}x}=P(x)y^{1-n}+Q(x)$。

令 $z=y^{1-n}$，则经过变量代换可将上式化为一阶非齐次线性微分方程：

$$\frac{\mathrm{d}z}{\mathrm{d}x}=(1-n)P(x)z+(1-n)Q(x) \tag{2.15}$$

由常数变易法求出方程(2.15)的通解后，将 $z=y^{1-n}$ 代入，即得伯努利微分方程(2.14)的通解为

$$y^{1-n}=\mathrm{e}^{\int(1-n)P(x)\mathrm{d}x}\left(\int(1-n)Q(x)\mathrm{e}^{-\int(1-n)P(x)\mathrm{d}x}\mathrm{d}x+C\right) \quad (C \text{为任意常数})$$

例 2.12 求解方程 $\frac{\mathrm{d}y}{\mathrm{d}x}=\frac{2}{x}y+x^2y^{\frac{1}{2}}$。

解：原方程是 $n=1/2$ 的伯努利微分方程，令 $z=\sqrt{y}$，在此变换下，有

$$\frac{\mathrm{d}z}{\mathrm{d}x}=\frac{1}{x}z+\frac{x^2}{2}$$

利用常数变易法解得 $z=x\left(\frac{x^2}{4}+C\right)$，将 $z=\sqrt{y}$ 代入等式，即得

$$y=x^2\left(\frac{x^2}{4}+C\right)^2 \quad (C \text{为任意常数})$$

例 2.13 求解方程 $\frac{\mathrm{d}y}{\mathrm{d}x}=-xy+xe^{-x^2}y^{-1}$。

解：原方程是 $n=-1$ 的伯努利微分方程，令 $z=y^{1-(-1)}=y^2$，在此变换下，有

$$\frac{\mathrm{d}z}{\mathrm{d}x}=-2xz+2xe^{-x^2}$$

利用公式(2.12)可得通解为

$$z = \mathrm{e}^{-\int 2x\,\mathrm{d}x}\left[\int 2x\mathrm{e}^{-x^2}\,\mathrm{e}^{\int 2x\,\mathrm{d}x}\,\mathrm{d}x + C\right] = \mathrm{e}^{-x^2}(x^2 + C)$$

将 $z = y^2$ 代入上式,即求得伯努利微分方程的通解为 $y^2 = (x^2 + C)\mathrm{e}^{-x^2}$($C$ 为任意常数)。

2.4　全微分方程和积分因子

2.4.1　全微分方程

考虑具有微分形式的一阶方程

$$P(x,y)\mathrm{d}x + Q(x,y)\mathrm{d}y = 0 \tag{2.16}$$

其中,$P(x,y)$,$Q(x,y)$ 是矩形域 R:$|x-x_0|\leqslant a$,$|y-y_0|\leqslant b$ 上的连续函数,且具有连续的一阶偏导数。若存在一个二元函数 $u(x,y)$,使得方程(2.16)左端恰为其全微分形式,即

$$\mathrm{d}u(x,y) = P(x,y)\mathrm{d}x + Q(x,y)\mathrm{d}y \tag{2.17}$$

则称方程(2.16)为全微分方程或恰当微分方程。二元函数 $u(x,y)$ 称为微分方程的原函数。例如,$x\mathrm{d}x + y\mathrm{d}y = 0$,由于其左端可以写成 $\mathrm{d}\left[\dfrac{1}{2}(x^2+y^2)\right] = x\mathrm{d}x + y\mathrm{d}y$,所以是全微分方程,原函数 $u(x,y) = \dfrac{1}{2}(x^2+y^2)$。

一般地,全微分方程(2.16)的解法可表述为如下定理:

定理 2.1　如果函数 $u(x,y)$ 为微分 $P(x,y)\mathrm{d}x + Q(x,y)\mathrm{d}y$ 的一个原函数,则全微分方程(2.16)的通解为 $u(x,y) = C$(C 为任意常数)。

根据定理 2.1 可知,为求全微分方程(2.16)的通解,只需求出它的一个原函数即可。在较简单的情况下,利用微积分的知识,将全微分方程(2.16)的左端所有的项拆开后进行重新的分项组合,通过找可积组合的方法得到原函数 $u(x,y)$,该方法也称为凑微分方法。

对于一般的方程(2.16),首先如何判断它是全微分方程呢?

定理 2.2　设 $P(x,y)$,$Q(x,y)$ 是矩形域 R 上的连续可微函数,则方程(2.16)为全微分方程的充分必要条件是 $\dfrac{\partial P}{\partial y} = \dfrac{\partial Q}{\partial x}$。

证明(必要性):已知 $\dfrac{\partial P}{\partial y} = \dfrac{\partial Q}{\partial x}$,往证 $P(x,y)\mathrm{d}x + Q(x,y)\mathrm{d}y = 0$ 是全微分方程,即找到一个 $u(x,y)$ 使得等式(2.17)成立。

首先,根据全微分公式,有

$$\mathrm{d}u(x,y) = \frac{\partial u(x,y)}{\partial x}\mathrm{d}x + \frac{\partial u(x,y)}{\partial y}\mathrm{d}y \tag{2.18}$$

对比式(2.17)和式(2.18)的右端,可得

$$\begin{cases} \dfrac{\partial u(x,y)}{\partial x} = P(x,y) \\[3mm] \dfrac{\partial u(x,y)}{\partial y} = Q(x,y) \end{cases} \tag{2.19}$$

对方程(2.19)中的第一个等式进行积分,得到

$$u(x,y) = \int P(x,y)\mathrm{d}x + \phi(y) \tag{2.20}$$

这里 $\phi(y)$ 是一个关于 y 的待定函数。

为了确定 $\phi(y)$,式(2.20)两端对 y 求偏导数,并结合方程(2.19)中的第二个等式,有

$$\frac{\partial u}{\partial y} = \frac{\partial}{\partial y}\int P(x,y)\mathrm{d}x + \frac{\mathrm{d}\phi(y)}{\mathrm{d}y} = Q$$

对上式整理得到

$$\frac{\mathrm{d}\phi(y)}{\mathrm{d}y} = Q - \frac{\partial}{\partial y}\int P(x,y)\mathrm{d}x \tag{2.21}$$

由于 $\dfrac{\partial}{\partial x}\left[Q - \dfrac{\partial}{\partial y}\int P(x,y)\mathrm{d}x\right] = \dfrac{\partial Q}{\partial x} - \dfrac{\partial}{\partial y}\left[\dfrac{\partial}{\partial x}\int P(x,y)\mathrm{d}x\right] = \dfrac{\partial Q}{\partial x} - \dfrac{\partial P}{\partial y} = 0$,说明

式(2.21)右端函数与 x 无关。故对式(2.21)两端进行积分,可得

$$\phi(y) = \int\left[Q - \frac{\partial}{\partial y}\int P(x,y)\mathrm{d}x\right]\mathrm{d}y$$

将上式代入式(2.20),得到 $u(x,y)$ 的表达式为

$$u(x,y) = \int P(x,y)\mathrm{d}x + \int\left[Q - \frac{\partial}{\partial y}\int P(x,y)\mathrm{d}x\right]\mathrm{d}y$$

即找到了一个 $u(x,y)$ 使得等式(2.17)成立,必要性得证。

(充分性):已知 $P(x,y)\mathrm{d}x + Q(x,y)\mathrm{d}y = 0$ 是全微分方程,往证 $\dfrac{\partial P}{\partial y} = \dfrac{\partial Q}{\partial x}$。

首先,存在 $u(x,y)$ 使得等式(2.17)成立。根据全微分公式,有等式(2.19)成立。分别对式(2.19)的第一个等式和第二个等式的 y 和 x 求偏导,有

$$\begin{cases} \dfrac{\partial^2 u(x,y)}{\partial y \partial x} = \dfrac{\partial P(x,y)}{\partial y} \\[3mm] \dfrac{\partial^2 u(x,y)}{\partial x \partial y} = \dfrac{\partial Q(x,y)}{\partial x} \end{cases}$$

由于 $u(x,y)$ 为连续可微函数,故其二阶混合偏导数相等,即得到

$$\frac{\partial P(x,y)}{\partial y}=\frac{\partial Q(x,y)}{\partial x} \tag{2.22}$$

充分性得证。

注解 2.4: 定理 2.2 的必要性证明提供了一种计算全微分方程原函数的方法,也称为不定积分法。当然,在计算过程中,也可以选择对方程(2.19)中的第二个等式进行积分,得到

$$u(x,y)=\int Q(x,y)\mathrm{d}y+\phi(x)$$

这里 $\phi(x)$ 是一个关于 x 的待定函数。

上式两端对 x 求偏导数,并结合方程(2.19)中的第一个等式,得

$$\frac{\partial u}{\partial x}=\frac{\partial}{\partial x}\int Q(x,y)\mathrm{d}y+\frac{\mathrm{d}\phi(x)}{\mathrm{d}x}=P$$

即 $\dfrac{\mathrm{d}\phi(x)}{\mathrm{d}x}=P-\dfrac{\partial}{\partial x}\displaystyle\int Q(x,y)\mathrm{d}y$,可以证明等式右端函数与 y 无关。故通过对等式进行积分,可得 $\phi(x)=\displaystyle\int\Big[P-\dfrac{\partial}{\partial x}\displaystyle\int Q(x,y)\mathrm{d}y\Big]\mathrm{d}x$ 。

因此,计算出 $u(x,y)$ 的表达式为

$$u(x,y)=\int Q(x,y)\mathrm{d}y+\int\Big[P-\frac{\partial}{\partial x}\int Q(x,y)\mathrm{d}y\Big]\mathrm{d}x$$

根据定理 2.1,可得全微分方程(2.16)的通解为 $u(x,y)=C$(C 为任意常数)。

例 2.14　求解方程 $(x^3-3xy^2)\mathrm{d}x+(y^3-3x^2y)\mathrm{d}y=0$。

解: 由于 $\dfrac{\partial P}{\partial y}=-6xy=\dfrac{\partial Q}{\partial x}$,所以该方程是全微分方程。

方法一(凑微分法): 将原方程展开后重新组合为

$$x^3\mathrm{d}x-3xy(y\,\mathrm{d}x+x\,\mathrm{d}y)+y^3\mathrm{d}y=0$$

由于 $y\,\mathrm{d}x+x\,\mathrm{d}y=\mathrm{d}(xy)$,即

$$\mathrm{d}\Big(\frac{x^4}{4}\Big)-\mathrm{d}\Big(\frac{3x^2y^2}{2}\Big)+\mathrm{d}\Big(\frac{y^4}{4}\Big)=0\Rightarrow\mathrm{d}\Big(\frac{x^4}{4}-\frac{3x^2y^2}{2}+\frac{y^4}{4}\Big)=0$$

故方程的通解为 $\dfrac{x^4}{4}-\dfrac{3x^2y^2}{2}+\dfrac{y^4}{4}=C$($C$ 为任意常数)。

方法二(不定积分法): 假设函数 $u(x,y)$ 为全微分方程的一个原函数,则有

$$\frac{\partial u}{\partial x}=P,\frac{\partial u}{\partial y}=Q\Rightarrow\begin{cases}\dfrac{\partial u}{\partial x}=x^3-3xy^2\\[2mm]\dfrac{\partial u}{\partial y}=y^3-3x^2y\end{cases}$$

对上面方程组中的第一个方程积分,可得

$$u(x,y)=\frac{x^4}{4}-\frac{3}{2}x^2y^2+\phi(y)$$

上式两端对 y 求偏导数,得 $\dfrac{\partial u}{\partial y}=-3x^2y+\dfrac{\mathrm{d}\phi(y)}{\mathrm{d}y}=y^3-3x^2y$,故有

$$\frac{\mathrm{d}\phi(y)}{\mathrm{d}y}=y^3\Rightarrow\phi(y)=\frac{y^4}{4}$$

将其代入 $u(x,y)$ 的表达式,可得到原方程的通解为

$$\frac{x^4}{4}-\frac{3x^2y^2}{2}+\frac{y^4}{4}=C\quad(C\text{ 为任意常数})$$

例 2.15　求解方程 $\dfrac{2x}{y^3}\mathrm{d}x+\dfrac{y^2-3x^2}{y^4}\mathrm{d}y=0$。

解: 由于 $\dfrac{\partial P}{\partial y}=-\dfrac{6x}{y^4}=\dfrac{\partial Q}{\partial x}$,故原方程是全微分方程。利用凑微分方法,将左端重新进行组合有

$$\frac{1}{y^2}\mathrm{d}y+\left(\frac{2x}{y^3}\mathrm{d}x-\frac{3x^2}{y^4}\mathrm{d}y\right)=0\Rightarrow\mathrm{d}\left(-\frac{1}{y}\right)+\mathrm{d}\left(\frac{x^2}{y^3}\right)=0$$

故可得原方程的通解为 $\dfrac{x^2}{y^3}-\dfrac{1}{y}=C(C\text{ 为任意常数})$。

2.4.2　积分因子

当条件方程(2.22)不满足时,方程(2.16)不属于全微分方程。此时,可以通过引入积分因子将其化为全微分方程。

假设 $\mu(x,y)\neq0$ 为连续可微函数,若其能使方程

$$\mu(x,y)P(x,y)\mathrm{d}x+\mu(x,y)Q(x,y)\mathrm{d}y=0 \tag{2.23}$$

成为全微分方程,则 $\mu(x,y)$ 称为方程(2.16)的积分因子。

根据方程(2.23)是全微分方程的充要条件可知,积分因子 $\mu(x,y)$ 满足条件 $\dfrac{\partial(\mu P)}{\partial y}=\dfrac{\partial(\mu Q)}{\partial x}$,即

$$Q\frac{\partial\mu}{\partial x}-P\frac{\partial\mu}{\partial y}=\mu\left(\frac{\partial P}{\partial y}-\frac{\partial Q}{\partial x}\right) \tag{2.24}$$

然而方程(2.24)是 $\mu(x,y)$ 的一阶线性偏微分方程,比原来的常微分方程(2.16)更难求解,但是对于一些特殊的情况,可以通过求解方程(2.24)得到积分因子。

(1)积分因子仅与 x 有关的情形,即 $\mu=\mu(x)$。此时,$\dfrac{\partial\mu}{\partial y}=0$,$\dfrac{\partial\mu}{\partial x}=\dfrac{\mathrm{d}\mu}{\mathrm{d}x}$,故方程(2.24)

可简化为 $\dfrac{1}{\mu}\dfrac{\mathrm{d}\mu}{\mathrm{d}x}=\dfrac{1}{Q}\left(\dfrac{\partial P}{\partial y}-\dfrac{\partial Q}{\partial x}\right)$。易见,等式左端仅与 x 有关,故要求等式右端也仅与 x 有关。利用变量分离法可求得

$$\mu(x)=\exp\left[\int\dfrac{1}{Q}\left(\dfrac{\partial P}{\partial y}-\dfrac{\partial Q}{\partial x}\right)\mathrm{d}x\right] \tag{2.25}$$

(2)积分因子仅与 y 有关的情形,即 $\mu=\mu(y)$。此时, $\dfrac{\partial\mu}{\partial x}=0$, $\dfrac{\partial\mu}{\partial y}=\dfrac{\mathrm{d}\mu}{\mathrm{d}y}$,故方程(2.24)可简化为 $\dfrac{1}{\mu}\dfrac{\mathrm{d}\mu}{\mathrm{d}y}=-\dfrac{1}{P}\left(\dfrac{\partial P}{\partial y}-\dfrac{\partial Q}{\partial x}\right)$。易见,等式左端仅与 y 有关,故要求等式右端也仅与 y 有关。利用变量分离法可求得

$$\mu(y)=\exp\left[-\int\dfrac{1}{P}\left(\dfrac{\partial P}{\partial y}-\dfrac{\partial Q}{\partial x}\right)\mathrm{d}y\right] \tag{2.26}$$

注解 2.5: 在方程(2.16)的具体求解过程中,先判断 $\Delta=\dfrac{\partial P}{\partial y}-\dfrac{\partial Q}{\partial x}$ 是否为零:当 $\Delta=0$ 时,方程(2.16)是全微分方程,可利用不定积分法或凑微分法求解;当 $\Delta\neq0$ 时,方程(2.16)为非全微分方程,可先计算 Δ/Q 或 $-\Delta/P$,若是仅与 x 或 y 有关的函数,则可利用方程(2.25)或方程(2.26)求取积分因子,然后将方程(2.16)化成全微分方程求解。

除了利用方程(2.25)或方程(2.26)求积分因子外,还可以通过已知的全微分公式,如:

$$\mathrm{d}(xy)=y\,\mathrm{d}x+x\,\mathrm{d}y,\mathrm{d}\left(\dfrac{y}{x}\right)=\dfrac{-y\,\mathrm{d}x+x\,\mathrm{d}y}{x^2},\mathrm{d}\left(\arctan\dfrac{y}{x}\right)=\dfrac{-y\,\mathrm{d}x+x\,\mathrm{d}y}{x^2+y^2}$$

观察出积分因子 $\mu(x,y)$。例如,方程 $-y\,\mathrm{d}x+x\,\mathrm{d}y=0$ 中, $\dfrac{\partial P}{\partial y}=-1$, $\dfrac{\partial Q}{\partial x}=1$,不是全微分方程。由全微分公式可知, $\dfrac{1}{x^2}$ 和 $\dfrac{1}{x^2+y^2}$ 均可以选作积分因子。由此可知,积分因子不唯一。

例 2.16 求解方程 $y\,\mathrm{d}x+(y^2-2x)\mathrm{d}y=0$。

解: 由于 $\dfrac{\partial P}{\partial y}=1$, $\dfrac{\partial Q}{\partial x}=-2$,所以该方程为非全微分方程。可知 $-\dfrac{1}{P}\left(\dfrac{\partial P}{\partial y}-\dfrac{\partial Q}{\partial x}\right)=-\dfrac{3}{y}$ 仅与 y 有关,根据式(2.26)可得 $\mu(y)=\exp\left(-\int\dfrac{3}{y}\mathrm{d}y\right)=y^{-3}$。将其乘以原方程两端,得

$$\dfrac{1}{y^2}\mathrm{d}x+\dfrac{(y^2-2x)}{y^3}\mathrm{d}y=0\Rightarrow\dfrac{1}{y}\mathrm{d}y+\dfrac{y^2\,\mathrm{d}x-x\mathrm{d}y^2}{y^4}=0$$

即原方程的通解为

$$\dfrac{x}{y^2}+\ln|y|=C\quad(C\text{ 为任意常数})$$

例 2.17 求解方程 $(3xy+y^2)\mathrm{d}x+(x^2+xy)\mathrm{d}y=0$。

解：由于 $\dfrac{\partial P}{\partial y}=3x+2y,\dfrac{\partial Q}{\partial x}=2x+y$，所示该方程为非全微分方程。可知 $\dfrac{1}{Q}\left(\dfrac{\partial P}{\partial y}-\dfrac{\partial Q}{\partial x}\right)=$

$\dfrac{1}{x}$ 仅与 x 有关，根据式(2.25)可得，$\mu(x)=\exp\left(\displaystyle\int\dfrac{1}{x}\mathrm{d}x\right)=x$。将其乘以原方程两端，得

$$(3x^2y+xy^2)\mathrm{d}x+(x^3+x^2y)\mathrm{d}y=0$$

即 $(3x^2y\mathrm{d}x+x^3\mathrm{d}y)+xy(y\mathrm{d}x+x\mathrm{d}y)=\mathrm{d}\left(x^3y+\dfrac{1}{2}(xy)^2\right)=0$。

故原方程的通解为 $yx^3+\dfrac{1}{2}(xy)^2=C(C$ 为任意常数$)$。

例 2.18 求解方程 $(2x\sqrt{x}+x^2+y^2)\mathrm{d}x+2y\sqrt{x}\,\mathrm{d}y=0$。

解：由于 $\dfrac{\partial P}{\partial y}=2y,\dfrac{\partial Q}{\partial x}=\dfrac{y}{\sqrt{x}}$，所以该方程为非全微分方程，下面将方程改写为

$$\sqrt{x}(2x\,\mathrm{d}x+2y\,\mathrm{d}y)+(x^2+y^2)\mathrm{d}x=0$$

利用 $2x\,\mathrm{d}x+2y\,\mathrm{d}y=\mathrm{d}(x^2+y^2)$ 将上式化简为

$$\sqrt{x}\mathrm{d}(x^2+y^2)+(x^2+y^2)\mathrm{d}x=0\Rightarrow\dfrac{\mathrm{d}(x^2+y^2)}{(x^2+y^2)}+\dfrac{1}{\sqrt{x}}\mathrm{d}x=0$$

故原方程的通解为 $\ln(x^2+y^2)+2\sqrt{x}=C(C$ 为任意常数$)$。

2.5　一阶隐式微分方程

前四节介绍的方程都是显式微分方程，即能解出 $y'(y'=\mathrm{d}y/\mathrm{d}x)$ 的显式方程，可写成 $y'=f(x,y)$。本节将介绍不能或不容易解出 y' 的一阶隐式微分方程

$$F(x,y,y')=0 \tag{2.27}$$

的求解方法。

2.5.1　可以解出 y 的隐式方程

假设从方程(2.27)中可以将 y 解出，并表示成如下形式：

$$y=f(x,y') \tag{2.28}$$

其中，函数 $f(x,y')$ 具有连续的偏导数。

令参数 $p=y'$，则方程(2.28)可写为

$$y=f(x,p) \tag{2.29}$$

上式两边对 x 求导，得

$$\frac{\mathrm{d}y}{\mathrm{d}x}=\frac{\partial f}{\partial x}+\frac{\partial f}{\partial p}\cdot\frac{\mathrm{d}p}{\mathrm{d}x}\Rightarrow p=\frac{\partial f}{\partial x}+\frac{\partial f}{\partial p}\frac{\mathrm{d}p}{\mathrm{d}x} \tag{2.30}$$

方程(2.30)是关于 x 和 p 的一阶显式微分方程,若求得的通解形如 $p=\phi(x,C)$,将其代入式(2.29)中即得原方程(2.28)的通解 $y=f(x,\phi(x,C))$。若从方程(2.30)中求得的通解形如 $\Phi(x,p,C)=0$,则得到原方程(2.28)具有如下参数形式的通解:

$$\begin{cases}\Phi(x,p,C)=0\\ y=f(x,p)\end{cases}$$

其中,p 为参数;C 为任意常数。

注解 2.6:$y=f(x,p)$ 可以看作 xoy 平面内的积分曲线,仅需确定参数 p 的形式。因此,在求得 $p=\phi(x,C)$ 后,直接代入式(2.29)中得到通解 $y=f(x,\phi(x,C))$,不需要将 p 替换为 y',再对 $y'=\phi(x,C)$ 求解出 y。

2.5.2　可以解出 x 的隐式方程

假设从方程(2.27)中可以将 x 解出,并表示成如下形式:

$$x=f(y,y') \tag{2.31}$$

其中,函数 $f(y,y')$ 具有连续的偏导数。

令参数 $p=y'$,则方程(2.31)可写为

$$x=f(y,p) \tag{2.32}$$

在式(2.32)两边对 y 求导,得

$$\frac{\mathrm{d}x}{\mathrm{d}y}=\frac{\partial f}{\partial y}+\frac{\partial f}{\partial p}\cdot\frac{\mathrm{d}p}{\mathrm{d}y}\Rightarrow\frac{1}{p}=\frac{\partial f}{\partial y}+\frac{\partial f}{\partial p}\cdot\frac{\mathrm{d}p}{\mathrm{d}y} \tag{2.33}$$

方程(2.33)为关于 y 和 p 的一阶显式微分方程,假设求得的通解形如 $\Psi(y,p,C)=0$,则得到原方程(2.31)具有如下参数形式的通解:

$$\begin{cases}\Psi(y,p,C)=0\\ x=f(y,p)\end{cases}$$

其中,p 为参数;C 为任意常数。

例 2.19　求解方程 $x=y'+y'^3$。

解:令参数 $p=y'$,则原方程可写为

$$x=p+p^3$$

两边对 y 求导,得

$$\frac{1}{p}=\frac{\mathrm{d}p}{\mathrm{d}y}+3p^2\frac{\mathrm{d}p}{\mathrm{d}y}\Rightarrow\mathrm{d}y=(1+3p^2)p\mathrm{d}p$$

上式为变量分离方程,可求得 $y=\frac{p^2}{2}+\frac{3p^4}{4}+C$

故原方程参数形式的通解为

$$\begin{cases} x = p + p^3 \\ y = \dfrac{p^2}{2} + \dfrac{3p^4}{4} + C \end{cases}$$

其中，p 为参数；C 为任意常数。

注解 2.7：上述参数形式的通解可通过以下 Maple 程序绘制出来，如图 2-4 所示。

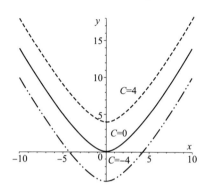

图 2-4 C 取不同值时的解曲线

 Restart:

F1:=plot([p+p^3,p^2/2+3*p^4/4,p=-2..2]):   % C=0时对应的解曲线

F2:=plot([p+p^3,p^2/2+3*p^4/4+4,p=-2..2]):   % C=4时对应的解曲线

F3:=plot([p+p^3,p^2/2+3*p^4/4-4,p=-2..2]):   % C=-4时对应的解曲线

With(plots):

plots[display]({F1,F2,F3});   % 所有曲线在一个图中显示

例 2.20 求解方程 $y = y'^2 - xy' + \dfrac{x^2}{2}$。

解：令 $p = y'$，则原方程可写为

$$y = p^2 - xp + \dfrac{x^2}{2}$$

两边对 x 求导，得

$$p = 2p\dfrac{\mathrm{d}p}{\mathrm{d}x} - x\dfrac{\mathrm{d}p}{\mathrm{d}x} - p + x$$

即

$$\left(\dfrac{\mathrm{d}p}{\mathrm{d}x} - 1\right)(2p - x) = 0 \Rightarrow \dfrac{\mathrm{d}p}{\mathrm{d}x} = 1 \text{ 或 } p = \dfrac{x}{2}$$

（1）当 $\dfrac{\mathrm{d}p}{\mathrm{d}x} = 1$ 时，有 $p = x + C$。将其代入 $y = p^2 - xp + \dfrac{x^2}{2}$ 中，得原方程的通解为

$$y = \dfrac{x^2}{2} + Cx + C^2$$

（2）当 $p=\dfrac{x}{2}$ 时，将其代入 $y=p^2-xp+\dfrac{x^2}{2}$ 中，得原方程的另一个解为

$$y=\frac{x^2}{4}$$

由图 2-5 所示可见，通解中的每一条积分曲线和另一个解之间都是相切关系，即该特殊的积分曲线本身不属于方程的积分曲线簇。但是，该积分曲线上的每一点都有积分曲线簇中的一条曲线与它在此点相切。在几何学上，该特殊曲线称为包络，微分方程称为奇解。

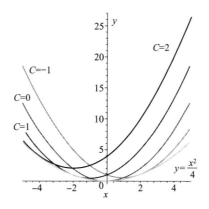

图 2-5　C 取不同值时的通解和奇解曲线

2.5.3　不含 x 或 y 的隐式方程

假设方程（2.27）具有如下特殊形式：

$$F(x,y')=0 \tag{2.34}$$

令 $p=y'$，则方程（2.34）可写为 $F(x,p)=0$，通过适当的参数变换，能将其表示成如下参数方程形式：

$$\begin{cases} x=\varphi(t) \\ p=\gamma(t) \end{cases} \quad (t\ 为参数) \tag{2.35}$$

根据方程（2.34），可以推出

$$\mathrm{d}y=p\,\mathrm{d}x=\gamma(t)\,\mathrm{d}x=\gamma(t)\varphi'(t)\,\mathrm{d}t$$

对其两端进行积分，可得 $y=\displaystyle\int\gamma(t)\varphi'(t)\,\mathrm{d}t+C$，因此，方程（2.34）的参数形式的通解为

$$\begin{cases} x=\varphi(t) \\ y=\displaystyle\int\gamma(t)\varphi'(t)\,\mathrm{d}t+C \end{cases} \quad (t\ 为参数) \tag{2.36}$$

类似地，若方程（2.27）具有如下特殊形式：

$$F(y, y') = 0 \tag{2.37}$$

令 $p = y'$，则方程(2.37)可写为 $F(y, p) = 0$，通过适当的参数变换，能将其表示成如下参数方程形式：

$$\begin{cases} y = \psi(t) \\ p = \gamma(t) \end{cases} \quad (t \text{ 为参数}) \tag{2.38}$$

根据方程(2.38)，可以推出

$$dx = \frac{dy}{p} = \frac{\psi'(t)}{\gamma(t)} dt$$

对其两端进行积分，可得 $x = \displaystyle\int \frac{\psi'(t)}{\gamma(t)} dt + C$，因此，方程(2.34)的参数形式的通解为

$$\begin{cases} x = \displaystyle\int \frac{\psi'(t)}{\gamma(t)} dt + C \\ y = \psi(t) \end{cases} \quad (t \text{ 为参数}) \tag{2.39}$$

例 2.21 求解方程 $y = y' + \sqrt{1 + y'^2}$。

解：令 $p = y'$，则原方程可写为 $y = p + \sqrt{1 + p^2}$。取 $p = \tan t$，其参数方程形式如下：

$$\begin{cases} y = \tan t + \sec t \\ p = \tan t \end{cases} \quad (t \text{ 为参数})$$

根据上式推导可得

$$dx = \frac{dy}{p} = \frac{\sec^2 t + \sec t \cdot \tan t}{\tan t} dt = (\sec t + 2\csc 2t) dt$$

对其两边进行积分，可得

$$x = \ln|\tan t| + \ln|\tan t + \sec t| + C$$

因此，原方程参数形式的通解为

$$\begin{cases} x = \ln|\tan t| + \ln|\tan t + \sec t| + C \\ y = \tan t + \sec t \end{cases} \quad (t \text{ 为参数})$$

例 2.22 求解方程 $x^3 + y'^3 - 3xy' = 0$。

解：令 $p = y' = tx$，则原方程可写为 $x = \dfrac{3t}{1 + t^3}$，其参数方程形式为

$$\begin{cases} x = \dfrac{3t}{1 + t^3} \\ p = \dfrac{3t^2}{1 + t^3} \end{cases} \quad (t \text{ 为参数})$$

根据上式可推导得到

$$dy = p\,dx = \frac{3t^2}{1 + t^3} \cdot \frac{3(1 + t^3) - 3t \cdot 3t^2}{(1 + t^3)^2} dt = \frac{9(1 - 2t^3)t^2}{(1 + t^3)^3} dt$$

对其两边进行积分，可得

$$y = \int \frac{9(1-2t^3)t^2}{(1+t^3)^3}\mathrm{d}t \overset{u=1+t^3}{=\!=\!=} \int \frac{9(1-2(u-1))t^2}{u^3} \cdot \frac{1}{3t^2}\mathrm{d}u$$

$$= \int \frac{3(3-2u)}{u^3}\mathrm{d}u = 3\left(-\frac{3}{2u^2}+\frac{2}{u}\right)+C$$

将变换 $u=1+t^3$ 代入上式，有 $y=\dfrac{3(1+4t^3)}{2(1+t^3)^2}+C$。因此，原方程参数形式的通解为

$$\begin{cases} x=\dfrac{3t}{1+t^3} \\[3mm] y=\dfrac{3(1+4t^3)}{2(1+t^3)^2}+C \end{cases} \quad (C\ 为任意常数)$$

例 2.23　设曲线上任意一点的切线在横轴和纵轴上的截距之和为 1，试求该曲线的方程。

解：设曲线的方程为 $y=y(x)$，任取其上的一点 $T(x_0,y_0)$，过点 T 的切线分别和 x 轴、y 轴相交于 M、N，如图 2-6 所示。由于切线的方程可写为

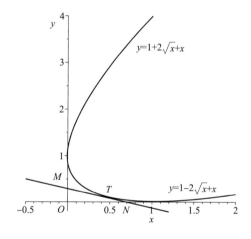

图 2-6　例 2.23 解曲线示意

$$y-y_0=y'(x_0)(x-x_0)$$

令 $x=0$，得到 $OM=y_0-y'(x_0)x_0$；令 $y=0$，得到 $ON=-y_0/y'(x_0)+x_0$。

根据题意，$OM+ON=1$，故可得以下方程

$$(y'(x_0))^2 x_0+(1-y_0-x_0)y'(x_0)+y_0=0$$

由于 $T(x_0,y_0)$ 选取的任意性，上述方程可写为 $y'^2 x+(1-y-x)y'+y=0$，属于第一类隐式微分方程，可令 $p=y'$，则有

$$y=xp+1+\frac{1}{p-1} \quad (p\neq 1)$$

两边对 x 求导,得 $p'\left[x-\dfrac{1}{(p-1)^2}\right]=0$。

需要分两种情况进行讨论:

(1)当 $p'=y''=0$ 时,即 $y=Cx+\dfrac{C}{C-1}(C\neq 0,1)$,不符合题意;

(2)当 $x=\dfrac{1}{(p-1)^2}$ 时,即 $p=1\pm\dfrac{1}{\sqrt{x}}$,将其代入 $y=xp+1+\dfrac{1}{p-1}$ 中,可求出 $y=1\pm 2\sqrt{x}+x$。如图 2-6 所示的曲线。

2.6 简单的高阶微分方程

本小节主要介绍几类可通过降阶方法来求解的高阶微分方程。

(1)高阶方程形如

$$\frac{\mathrm{d}^n y}{\mathrm{d}x^n}=f(x) \tag{2.40}$$

其中,$f(x)$ 是连续函数。方程(2.40)属于变量分离方程,可通过方程两边进行 n 次积分求得通解。

例 2.24 求解方程 $\dfrac{\mathrm{d}^3 y}{\mathrm{d}x^3}=(x-1)\mathrm{e}^{-x}+x^2$。

解:首先,方程两边对 x 积分可得

$$\frac{\mathrm{d}^2 y}{\mathrm{d}x^2}=-x\mathrm{e}^{-x}+\frac{x^3}{3}+C_1$$

上式再对 x 进行两次积分,得通解

$$y=-(x+2)\mathrm{e}^{-x}+\frac{x^5}{60}+C_1 x^2+C_2 x+C_3$$

其中,$C_i(i=1,2,3)$ 为任意常数。

(2)高阶方程形如

$$F\left(x,\frac{\mathrm{d}^k y}{\mathrm{d}x^k},\frac{\mathrm{d}^{(k+1)}y}{\mathrm{d}x^{(k+1)}},\cdots,\frac{\mathrm{d}^n y}{\mathrm{d}x^n}\right)=0 \tag{2.41}$$

其中,$F(\cdot)$ 是连续函数。方程(2.41)可通过令 $u=\mathrm{d}^k y/\mathrm{d}x^k$ 使高阶微分方程降阶求得通解。

例 2.25 求解方程 $x\dfrac{\mathrm{d}^2 y}{\mathrm{d}x^2}+(x^2-1)\left(\dfrac{\mathrm{d}y}{\mathrm{d}x}-1\right)=0$。

解:令 $u=\mathrm{d}y/\mathrm{d}x$,原方程可写为

$$x\frac{\mathrm{d}u}{\mathrm{d}x}+(x^2-1)(u-1)=0$$

易见,上式是变量分离方程,故有

$$\frac{1}{u-1}\mathrm{d}u = -\frac{(x^2-1)}{x}\mathrm{d}x \quad (u\neq 1)$$

等式两边积分,得

$$\ln|u-1| = -\frac{x^2}{2}+\ln|x|+c \Rightarrow \frac{\mathrm{d}y}{\mathrm{d}x}=1+Cxe^{-\frac{x^2}{2}} \quad (C\neq 0)$$

上式仍是变量分离方程,解得通解为

$$y=x+Ce^{-\frac{x^2}{2}}+C_1 \quad (C\neq 0)$$

此外,$u=1$ 也是方程的解,即 $y=x$。该解可以包含在上述通解中,故原方程的通解为

$$y=x+Ce^{-\frac{x^2}{2}}+C_1$$

其中,C 和 C_1 均为任意常数。

例 2.26(悬链线问题)　假设一条粗细不计、质量均匀的柔软绳子,两端悬挂在 A、B 两点,如图 2-7 所示。试求绳子在重力作用下达到平衡后,所形成的曲线方程。

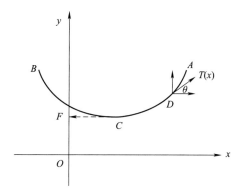

图 2-7　例 2.26 受力分析示意

解:设绳子上任意一点的水平张力为常数 F,在 AC 弧段上任意取一点 $D(x,y)$,其受到一个斜向上的拉力 $T(x)$,DC 段绳子的质量为 $m=\rho s$。其中,ρ 为线密度;s 为该段绳子的长度。根据图 2-7 所示的受力分析,可知

$$\left.\begin{array}{l}T(x)\sin\theta=mg\\T(x)\cos\theta=F\end{array}\right\} \Rightarrow y'(x)=\tan\theta=\frac{\rho sg}{F}$$

根据弧微分公式,有

$$\mathrm{d}s=\sqrt{1+y'^2(x)}\,\mathrm{d}x$$

因此,得到绳子的微分方程为

$$y''=\frac{\rho g}{F}\sqrt{1+y'^2}$$

令 $u=y'$，上式可写为

$$u'=\frac{\rho g}{F}\sqrt{1+u^2}$$

上式是变量分离方程，将等式两边积分解得

$$\frac{\mathrm{d}u}{\sqrt{1+u^2}}=\frac{\rho g}{F}\mathrm{d}x\Rightarrow\ln(u+\sqrt{1+u^2})=\frac{\rho g}{F}(x+C_1)$$

即 $u+\sqrt{1+u^2}=\mathrm{e}^{\frac{\rho g}{F}(x+C_1)}\Rightarrow y'=\dfrac{\mathrm{e}^{\frac{\rho g}{F}(x+C_1)}-\mathrm{e}^{-\frac{\rho g}{F}(x+C_1)}}{2}=\sinh\left[\frac{\rho g}{F}(x+C_1)\right]$

再对上式两端积分，得到

$$y=\frac{F}{\rho g}\cosh\left[\frac{\rho g}{F}(x+C_1)\right]+C$$

其中，C 和 C_1 均为任意常数。

注解 2.8：该问题是由达·芬奇在创作《抱银貂的女子》时提出来的，即"固定项链的两端，使其在重力作用下自然下垂，则项链形成的曲线是什么形状？"伽利略曾推测过悬链线是一条抛物线，但是惠更斯证明了这条曲线不是抛物线。后来，约翰·伯努利证明悬链线是双曲余弦函数。悬链线的原理被广泛应用于工程实际中，如悬索桥、双曲拱桥、架空电缆、双曲拱坝等建筑工程中。

（3）高阶方程形如

$$F\left(y,\frac{\mathrm{d}y}{\mathrm{d}x},\frac{\mathrm{d}^2y}{\mathrm{d}x^2},\cdots,\frac{\mathrm{d}^ny}{\mathrm{d}x^n}\right)=0 \tag{2.42}$$

其中，$F(\cdot)$ 是连续函数。通过令 $u=\mathrm{d}y/\mathrm{d}x$，有

$$\frac{\mathrm{d}^2y}{\mathrm{d}x^2}=\frac{\mathrm{d}u}{\mathrm{d}x}=u\frac{\mathrm{d}u}{\mathrm{d}y},$$

$$\frac{\mathrm{d}^3y}{\mathrm{d}x^3}=\frac{\mathrm{d}}{\mathrm{d}x}\left(u\frac{\mathrm{d}u}{\mathrm{d}y}\right)=\frac{\mathrm{d}}{\mathrm{d}y}\left(u\frac{\mathrm{d}u}{\mathrm{d}y}\right)\frac{\mathrm{d}y}{\mathrm{d}x}=u\left(\frac{\mathrm{d}u}{\mathrm{d}y}\right)^2+u^2\frac{\mathrm{d}^2u}{\mathrm{d}y^2},$$

$$\cdots$$

可见，通过变量代换可使方程（2.42）降阶。

例 2.27 求解方程 $y\dfrac{\mathrm{d}^2y}{\mathrm{d}x^2}-y^2\dfrac{\mathrm{d}y}{\mathrm{d}x}-\left(\dfrac{\mathrm{d}y}{\mathrm{d}x}\right)^2=0$。

解：令 $u=\mathrm{d}y/\mathrm{d}x$，原方程可写为

$$yu\frac{\mathrm{d}u}{\mathrm{d}y}-y^2u-u^2=0$$

上式可写为

$$u\left(y\frac{\mathrm{d}u}{\mathrm{d}y}-y^2-u\right)=0$$

当 $u=y'=0$ 时, 即 $y=C(C$ 为任意常数)。

当 $y\dfrac{\mathrm{d}u}{\mathrm{d}y}-y^2-u=0$ 时, 即 $\dfrac{\mathrm{d}u}{\mathrm{d}y}=y+uy^{-1}$。等式是一阶线性微分方程, 由常数变易法,

设方程的通解为 $u=C(y)y$。将其代入非齐次线性微分方程中, 得到

$$C'(y)y=y\Rightarrow C(y)=y+C_1$$

将其代入通解 $u=C(y)y$ 中有

$$u=(y+C_1)y\Rightarrow y'=y^2+C_1y$$

即

$$\frac{\mathrm{d}y}{y(y+C_1)}=\mathrm{d}x\Rightarrow\frac{1}{C_1}\left[\frac{1}{y}-\frac{1}{y+C_1}\right]\mathrm{d}y=\mathrm{d}x$$

再对上式两端积分, 得到通解为 $\ln\left|\dfrac{y}{y+C_1}\right|=C_1x+C_2$。其中, C_1 和 C_2 均为任意常数。

 习　题　2

2.1　试求下列常微分方程的解。

(1) $\dfrac{\mathrm{d}y}{\mathrm{d}x}=\dfrac{x\mathrm{e}^{x^2}}{y}$

(2) $xy^3\mathrm{d}x+(y+1)\mathrm{e}^{-x}\mathrm{d}y=0$

(3) $\dfrac{\mathrm{d}y}{\mathrm{d}x}=y^2\sin x$

(4) $\dfrac{\mathrm{d}y}{\mathrm{d}x}=\dfrac{y}{x}+\cot\left(\dfrac{y}{x}\right)$

(5) $\dfrac{\mathrm{d}y}{\mathrm{d}x}=\dfrac{y}{x}(1+\ln y-\ln x)$

(6) $\dfrac{\mathrm{d}y}{\mathrm{d}x}=\dfrac{2x+y-1}{x-y-2}$

(7) $\dfrac{\mathrm{d}y}{\mathrm{d}x}=(x+y)^2$

(8) $\dfrac{\mathrm{d}y}{\mathrm{d}x}=\dfrac{x+2y+1}{2x+4y+3}$

(9) $\dfrac{\mathrm{d}y}{\mathrm{d}x}=\dfrac{1}{y-2xy}$

(10) $\dfrac{\mathrm{d}y}{\mathrm{d}x}=1+y\tan x$

(11) $(1+x)\dfrac{\mathrm{d}y}{\mathrm{d}x}=y+x(1+x)^2$

$(12) \dfrac{\mathrm{d}y}{\mathrm{d}x} = y + x\mathrm{e}^x$

$(13) \dfrac{\mathrm{d}y}{\mathrm{d}x} = \dfrac{y^4 + 2x^3}{xy^3}$

$(14) \dfrac{\mathrm{d}y}{\mathrm{d}x} = y \tan x + 2y^2 \cos x$

$(15) \dfrac{\mathrm{d}y}{\mathrm{d}x} = \dfrac{1}{xy - x^3 y^3}$

$(16) (3x^2 + \ln y)\mathrm{d}x + \dfrac{x}{y}\mathrm{d}y = 0$

$(17) (3 + y + 2y^2 \sin^2 x)\mathrm{d}x + (x + 2xy - y\sin 2x)\mathrm{d}y = 0$

$(18) (2 + y^2 + 2x)\mathrm{d}x + 2y\mathrm{d}y = 0$

$(19) y\mathrm{d}x + x(y^2 + \ln x)\mathrm{d}y = 0$

$(20) y\mathrm{d}x - x\mathrm{d}y - 2x^3 \tan \dfrac{y}{x}\mathrm{d}x = 0$

$(21) y = xy' + y'^3 \quad \left(y' = \dfrac{\mathrm{d}y}{\mathrm{d}x}\right)$

$(22) 2y'^2(y - xy') = 1 \quad \left(y' = \dfrac{\mathrm{d}y}{\mathrm{d}x}\right)$

$(23) x = \ln y' + \dfrac{1}{y'} \quad \left(y' = \dfrac{\mathrm{d}y}{\mathrm{d}x}\right)$

$(24) xy''' - (1-x)y'' = 0 \quad \left(y'' = \dfrac{\mathrm{d}^2 y}{\mathrm{d}x^2}; y''' = \dfrac{\mathrm{d}^3 y}{\mathrm{d}x^3}\right)$

$(25) yy'' = y'^2 + y'^3 \quad \left(y' = \dfrac{\mathrm{d}y}{\mathrm{d}x}; y'' = \dfrac{\mathrm{d}^2 y}{\mathrm{d}x^2}\right)$

$(26) \dfrac{\mathrm{d}y}{\mathrm{d}x} = \mathrm{e}^{x-y} - \mathrm{e}^x$

$(27) \dfrac{\mathrm{d}y}{\mathrm{d}x} = 6x\mathrm{e}^{x-y} + 1$

$(28) \dfrac{\mathrm{d}y}{\mathrm{d}x} + \dfrac{1 + xy^3}{1 + x^3 y} = 0$

2.2 设 $F(x) = f(x)g(x)$，其中函数 $f(x), g(x)$ 在 $(-\infty, +\infty)$ 上满足条件：$f'(x) = g(x), g'(x) = f(x), f(0) = 0, f(x) + g(x) = 2\mathrm{e}^x$。试求 $F(x)$ 的表达式。

2.3 试求连续函数 $f(x)$，使其满足 $\int_0^1 f(tx)\mathrm{d}t = f(x) + x\cos x$。

2.4 若对任意 $x > 0$，曲线 $y = f(x)$ 上点 $(x, f(x))$ 处的切线在 y 轴上的截距等于 $\dfrac{1}{x}\int_0^x f(t)\mathrm{d}t$。试求 $f(x)$ 的表达式。

2.5　设 $P(x),Q(x)$ 是连续函数,试:

(1)证明一阶非齐次线性微分方程 $\mathrm{d}y-(P(x)y+Q(x))\mathrm{d}x=0$ 有仅依赖于 x 的积分因子;

(2)利用积分因子法求方程 $\dfrac{\mathrm{d}y}{\mathrm{d}x}=-y+\sin x$ 的通解。

2.6　质量为 m 的子弹以初始速度 v_0 射向一块垂直的木板,假设木板的厚度为 L,子弹经过时间 T 后穿过木板时的速度为 v_1,穿越木板时遇到的阻力 F 与速度的平方成正比。试:

(1)求子弹的速度及位移的变化规律;

(2)确定子弹穿越木板的时间 T。

2.7　已知一阶线性微分方程 $\dfrac{\mathrm{d}y}{\mathrm{d}x}+y=f(x)$,其中 $f(x)$ 是 $\mathbb{R}$ 上的连续函数。

(1)若 $f(x)=x$,求微分方程的通解;

(2)若 $f(x)$ 是周期为 T 的函数,证明:方程存在唯一的以 T 为周期的解。

2.8　一个质量块 m 在和水平面呈 $\theta=30°$ 的斜面上由静止状态下滑,如习题 2.8 图所示,试求:

(1)若不计滑动摩擦,质量块下滑 5 s 后运动的距离及此时的速度 $v(t)$;

(2)若滑动摩擦系数为 0.25,质量块下滑 5 s 后运动的距离及此时的速度 $v(t)$。

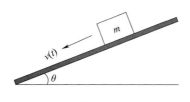

习题 2.8 图

2.9　RL 串联电路如习题 2.9 图所示,求通过电感的电流随时间变化而变化的规律。

2.10　RC 串联电路如习题 2.10 图所示,求电容两端的电压随时间变化而变化的规律。

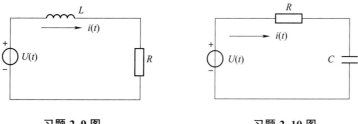

习题 2.9 图　　　　　习题 2.10 图

2.11　一条长为 L 且质量均匀的链条放在光滑的水平桌面上,链条线密度为 ρ,在初始位置,有长度为 l 的部分位于水平桌面下方,如习题 2.11 图所示。如果从 $t=0$ 时刻开始释放链条,求链条滑下桌面所需要的时间。

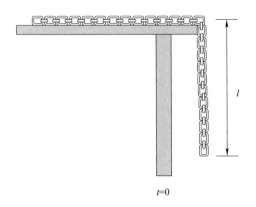

$t=0$

习题 2.11 图

2.12 如习题 2.12 图所示,一个高为 H、顶角为 2θ 的圆锥形漏斗,圆锥顶点处有一个横截面面积为 a 的漏洞。试求:

(1)其中所盛水面高度随时间变化而变化的规律;

(2)水完全漏完所需要的时间。

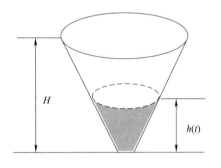

习题 2.12 图

2.13 如例 2.8 所示,桥式起重机跑车吊挂一质量为 G 的重物,沿水平横梁做匀速运动,速度为 v_0,重物中心至悬挂点 O 距离为 L。突然制动,重物因惯性绕悬挂点 O 向前摆动,此时钢丝绳与平衡位置之间的夹角为 θ。试求:

(1)重物运动的速度;

(2)钢丝绳的最大拉力。

第 3 章

常微分方程的基本定理

第 2 章主要介绍了一些可利用初等积分法来求解的典型方程,然而在工程实际问题中,有大量的一阶常微分方程是无法用初等函数表示其通解的。那么,对于不能用初等积分法求解的微分方程的初值问题,是否有解存在? 如果解存在,那么它的解是否唯一? 存在的区间有多大? 当初值发生变化时,方程的解该如何变化? 本章介绍常微分方程的基本定理,其是近代常微分方程定性理论、稳定性理论的基础。由于常微分方程可分为线性的和非线性的,因此在本章最后将介绍线性常微分方程的一些基本概念和基础理论。对于非线性常微分方程的基础理论将在后续章节介绍。

3.1 解的存在性与唯一性定理

对于一阶常微分方程的初值问题:

$$\begin{cases} \dfrac{\mathrm{d}y}{\mathrm{d}x} = F(x, y) \\ y(x_0) = y_0 \end{cases} \tag{3.1}$$

本节介绍了解的存在性和唯一性定理,明确指出了柯西(Augustin Louis Cauchy,1789—1857)初值问题(3.1)的解存在且唯一的充分条件,该定理是常微分方程中最基本的定理,具有重要的理论意义和实际应用价值。

定理 3.1(解的存在性和唯一性定理) 如果方程(3.1)的右端函数 $F(x, y)$ 在矩形域 $R: |x-x_0| \leqslant a, |y-y_0| \leqslant b$ 上满足如下条件:

(1)在 R 上连续;

(2)在 R 上关于变量 y 满足李普希茨(Lipschitz,1832—1903)条件,即存在常数 $L > 0$,使对 R 上任何一对点 (x, y_1) 和 (x, y_2) 满足不等式:

$$|F(x, y_1) - F(x, y_2)| \leqslant L|y_1 - y_2| \tag{3.2}$$

则柯西初值问题(3.1)在区间$|x-x_0| \leqslant h$上存在唯一的解$y=\varphi(x)$连续且满足初值条件

$\varphi(x_0)=y_0$,其中$h=\min\left(a, \dfrac{b}{M}\right), M=\max\limits_{(x,y) \in \mathbb{R}}|F(x,y)|$。

1. 定理 3.1 的分析说明

(1)在定理 3.1 中,李普希茨条件的检验是比较困难的。故在通常的应用中,可以用$|F_y(x,y)| \leqslant L$的条件来代替。事实上,根据拉格朗日中值定理有

$$|F(x,y_1)-F(x,y_2)|=|F_y(x,\xi)| \cdot |y_1-y_2| \quad (y_1 < \xi < y_2)$$

当函数$F(x,y)$在闭矩形域R上关于y的偏导数$F_y(x,y)$存在且有界$|F_y(x,y)| \leqslant L$,则李普希茨条件成立。但是,该替代条件比李普希茨条件的要求更强。例如,函数$F(x,y)=|y|$在任何区域都满足李普希茨条件,但它在$y=0$处没有导数,不满足替代条件。

(2)若方程(3.1)是一阶线性微分方程,即可表示为$\dfrac{\mathrm{d}y}{\mathrm{d}x}=p(x)y+q(x)$,那么定理 3.1 中条件(1)(2)退化为$p(x), q(x)$在区间$[a,b]$上连续。

(3)定理 3.1 中的条件(1)(2)是保证柯西初值问题(3.1)的解存在唯一的充分条件,而非必要条件。故当定理 3.1 中的条件(1)(2)不能同时满足时,解也可能是存在且唯一的。下面举两个反例进行说明:

①当定理 3.1 中连续条件(1)不满足时,解也可能存在且唯一。例如,方程(3.1)的右端函数$F(x,y)$取为

$$F(x,y)=\begin{cases} 1, y=x \\ 0, y \neq x \end{cases}$$

且满足零初值条件$y(0)=0$。显然,$F(x,y)$在以$(0,0)$为中心的矩形域中不连续,间断点为直线$y=x$,但满足初始条件$y(0)=0$的解为$y=x$,是存在且唯一的。

②当定理 3.1 中李普希茨条件(2)不满足时,解也可能存在且唯一。例如,方程(3.1)的右端函数$F(x,y)$取为[4]

$$F(x,y)=\begin{cases} 0, y=0 \\ y \ln|y|, y \neq 0 \end{cases}$$

且满足零初值条件$y(0)=0$。易知,$F(x,y)$在全平面上连续,但在点$(x_0,0)$的任意小的矩形邻域U内不满足李普希茨条件。事实上,设(x_0,y_1)是U内的任意一点,$y_1 \neq 0$。考虑

$$F(x_0,y_1)-F(x_0,0)=y_1 \ln|y_1|-0=y_1 \ln|y_1|$$

于是有$|F(x_0,y_1)-F(x_0,0)|=|\ln|y_1|||y_1-0|$。

当 $y_1 \to 0$ 时, $|\ln|y_1|| \to \infty$, 所以不存在常数 $L > 0$ 使 $|F(x_0, y_1) - F(x_0, 0)| \leqslant L|y_1|$。但通过具体求解可知, $y = 0$ 是方程的解。此外, $y \neq 0$ 时, 用变量分离法求得 $y > 0$ 和 $y < 0$ 区域内的通解为 $y = \pm e^{Ce^x} \neq 0$。因此, 存在积分曲线 $y = 0$ 是满足上述初值问题的唯一解。

2. 定理 3.1 的证明

定理 3.1 的证明是由皮卡(Picard, 1856—1941)和皮亚诺(Giuseppe Peano, 1858—1932)完成的, 证明方法也称为逐步逼近法。下面分五个步骤完成定理 3.1 的证明。

步骤 1: 证明微分方程的初值问题(3.1)的解等价于求积分方程:

$$y = y_0 + \int_{x_0}^{x} F(s, y) \mathrm{d}s \tag{3.3}$$

的连续解;

步骤 2: 利用积分方程(3.3), 在区间 $|x - x_0| \leqslant h$ 上构造一个连续函数序列 $\{y_n(x)\}$;

步骤 3: 证明 $\{y_n(x)\}$ 在区间 $|x - x_0| \leqslant h$ 上一致收敛;

步骤 4: 证明 $\{y_n(x)\}$ 的极限函数 $\varphi(x)$ 是积分方程(3.3)的解, 即也是微分方程(3.1)的解;

步骤 5: 证明 $\varphi(x)$ 的唯一性。

上述前四个步骤是解的存在性证明, 第五步是唯一性证明。

证明: 步骤 1　假设 $y = y(x)$ 是方程(3.1)的解, 故有

$$\frac{\mathrm{d}y(x)}{\mathrm{d}x} \equiv F(x, y(x)), y(x_0) = y_0$$

上式两边从 x_0 到 x 取定积分得到 $y(x) - y(x_0) \equiv \int_{x_0}^{x} F(s, y(s)) \mathrm{d}s, |x - x_0| \leqslant h$, 即

$$y(x) \equiv y_0 + \int_{x_0}^{x} F(s, y(s)) \mathrm{d}s, |x - x_0| \leqslant h$$

因此, $y = y(x)$ 是积分方程(3.3)的定义在 $|x - x_0| \leqslant h$ 的连续解。

反之, 若 $y = y(x)$ 是积分方程(3.3)的连续解, 则有

$$y(x) \equiv y_0 + \int_{x_0}^{x} F(s, y(s)) \mathrm{d}s, |x - x_0| \leqslant h \tag{3.4}$$

在方程(3.4)两端对 x 求导得: $\frac{\mathrm{d}y(x)}{\mathrm{d}x} \equiv F(x, y(x))$。将 $x = x_0$ 代入方程(3.4), 得到 $y(x_0) = y_0$。故 $y = y(x)$ 是方程(3.1)的定义在 $|x - x_0| \leqslant h$ 上, 且满足初值条件 $y(x_0) = y_0$ 的解。

因此, 下面只需证明等价的积分方程(3.3)在区间 $|x - x_0| \leqslant h$ 上有且仅有一个解即可。

步骤 2　在区间 $|x-x_0| \leqslant h$ 上,根据式(3.3)用逐次迭代法构造连续函数序列 $\{y_n(x)\}$。具体构造方式如下。

首先,取初值 y_0 为零次近似 $y_0(x)=y_0$。利用式(3.3),用零次近似 y_0 代替积分号下的 $y(x)$,得到函数

$$y_1(x) \equiv y_0 + \int_{x_0}^{x} F(s, y_0) \mathrm{d}s \tag{3.5}$$

易见, $y_1(x)$ 在区间 $|x-x_0| \leqslant h$ 上是连续可微的,且由式(3.5)推导出

$$|y_1(x)-y_0| \leqslant \left| \int_{x_0}^{x} |F(s, y_0)| \mathrm{d}s \right| \leqslant M|x-x_0| \leqslant Mh \leqslant b \tag{3.6}$$

因此,函数 $y=y_1(x)$ 在区间 $|x-x_0| \leqslant h$ 上是连续的,且位于矩形域 R 上,式(3.5)称为方程(3.3)的一次近似解。

再利用式(3.3),构造出二次近似解 $y_2(x) \equiv y_0 + \int_{x_0}^{x} F(s, y_1(s)) \mathrm{d}s$,其中 $y_1(x)$ 由式(3.5)确定。同样地,可以证明 $|y_2(x)-y_0| \leqslant \left| \int_{x_0}^{x} |F(s, y_1(s))| \mathrm{d}s \right| \leqslant M|x-x_0| \leqslant Mh \leqslant b$。

可以看出,当 $|x-x_0| \leqslant h$ 时,函数 $y=y_2(x)$ 也是连续的,且它也完全位于矩形域 R 上。

类似地,定义了 $n-1$ 次近似之后,利用式(3.3)得出 n 次近似解:

$$y_n(x) \equiv y_0 + \int_{x_0}^{x} F(s, y_{n-1}(s)) \mathrm{d}s \tag{3.7}$$

用数学归纳法可证, $|y_n(x)-y_0| \leqslant \left| \int_{x_0}^{x} |F(s, y_{n-1}(s))| \mathrm{d}s \right| \leqslant M|x-x_0| \leqslant Mh \leqslant b$。因此,式(3.7)确定了一个位于矩形域 R 上的连续函数序列 $\{y_n(x)\}$,其中每一个 $y_n(x)$ 在区间 $|x-x_0| \leqslant h$ 上都是连续的,且满足 $y_n(x_0)=y_0$。

步骤 3　往证步骤 2 中构造的连续函数序列 $\{y_n(x)\}$ 在区间 $|x-x_0| \leqslant h$ 上一致收敛。

由于函数项级数 $y_0 + \sum_{n=1}^{\infty} [y_n(x)-y_{n-1}(x)]$ 的前 n 项部分和为

$$y_0 + [y_1(x)-y_0] + [y_2(x)-y_1(x)] + \cdots + [y_{n-1}(x)-y_{n-2}(x)] + [y_n(x)-y_{n-1}(x)] = y_n(x)$$

要证 $\{y_n(x)\}$ 在区间 $|x-x_0| \leqslant h$ 上一致收敛,只需证明函数项级数 $y_0 + \sum_{n=1}^{\infty} [y_n(x)-y_{n-1}(x)]$ 在区间 $|x-x_0| \leqslant h$ 上一致收敛即可。

由式(3.6)可知,在区间 $|x-x_0| \leqslant h$ 上, $|y_1(x)-y_0| \leqslant M|x-x_0| \leqslant Mh$;根据式(3.7),在区间 $|x-x_0| \leqslant h$ 上有

$$\mid y_2(x) - y_1(x)\mid = \left|\int_{x_0}^{x}\left[F(s,y_1(s)) - F(s,y_0)\right]\mathrm{d}s\right|\leqslant L\int_{x_0}^{x}\mid y_1(s) - y_0\mid\mathrm{d}s$$

$$\leqslant LM\int_{x_0}^{x}\mid s - x_0\mid\mathrm{d}s = \frac{LM}{2!}\mid x - x_0\mid^2\leqslant\frac{LM}{2!}h^2$$

经过类似的推导,在区间 $\mid x - x_0\mid\leqslant h$ 上可得到

$$\mid y_{n+1}(x) - y_n(x)\mid\leqslant\frac{ML^n}{(n+1)!}\mid x - x_0\mid^{n+1}\leqslant\frac{ML^n}{(n+1)!}h^{n+1}\quad(n=0,1,2,\cdots)\quad(3.8)$$

事实上,当 $n=0$ 时,上式显然成立。假设 $n=k$ 时, $\mid y_{k+1}(x) - y_k(x)\mid\leqslant\frac{ML^k}{(k+1)!}\cdot$ $\mid x - x_0\mid^{k+1}$ 成立,则有 $n=k+1$ 时,

$$\mid y_{k+2}(x) - y_{k+1}(x)\mid = \left|\int_{x_0}^{x}\left[F(s,y_{k+1}(s)) - F(s,y_k(s))\right]\mathrm{d}s\right|\leqslant L\int_{x_0}^{x}\mid y_{k+1}(s) - y_k(s)\mid\mathrm{d}s$$

$$\leqslant\frac{ML^{k+1}}{(k+1)!}\int_{x_0}^{x}\mid s - x_0\mid^{k+1}\mathrm{d}s = \frac{ML^{k+2}}{(k+2)!}\mid x - x_0\mid^{k+2}$$

$$\leqslant\frac{ML^{k+2}}{(k+2)!}h^{k+2}$$

由数学归纳法可知,估计式(3.8)在 $\mid x - x_0\mid\leqslant h$ 上成立。

取正项级数 $\sum_{n=1}^{\infty}a_n = \sum_{n=1}^{\infty}\frac{ML^n}{(n+1)!}h^{n+1}$,由于 $\lim_{n\to\infty}\frac{a_{n+1}}{a_n} = \lim_{n\to\infty}\frac{Lh}{n+2} = 0$,根据正项级数的比值判别法可知,该正项级数收敛。因此,利用式(3.8)和 Weierstrass(魏尔斯特拉斯)判别法得到函数项级数 $y_0 + \sum_{i=1}^{\infty}\left[y_n(x) - y_{n-1}(x)\right]$ 在 $\mid x - x_0\mid\leqslant h$ 上一致收敛。

为了更好地理解以上证明过程,将"Weierstrass 判别法"和"正项级数的比值判别法"补充在下方。

【**Weierstrass 判别法**】　若函数项级数 $\sum_{n=1}^{\infty}u_n(x)$ 在区间 I 上满足:

(1) $\mid u_n(x)\mid\leqslant a_n$,$(n=1,2,3,\cdots)$;

(2)正项级数 $\sum_{n=1}^{\infty}a_n$ 收敛;

则函数项级数 $\sum_{n=1}^{\infty}u_n(x)$ 在区间 I 上一致收敛。

【**正项级数的比值判别法**】　若正项级数 $\sum_{n=1}^{\infty}a_n$ 的后项与前项的比值的极限等于 ρ ,即 $\lim_{n\to\infty}\frac{a_{n+1}}{a_n} = \rho$,则当 $\rho < 1$ 时,级数 $\sum_{n=1}^{\infty}a_n$ 收敛; $\rho > 1$ $\left(\text{或}\lim_{n\to\infty}\frac{u_{n+1}}{u_n} = \infty\right)$ 时,级数 $\sum_{n=1}^{\infty}a_n$ 发散; $\rho = 1$ 时,级数 $\sum_{n=1}^{\infty}a_n$ 可能收敛,也可能发散。

步骤 4 往证 $\{y_n(x)\}$ 的极限函数 $\varphi(x)$ 是积分方程(3.3)的解。

由步骤 3 可知,连续函数序列 $\{y_n(x)\}$ 在区间 $|x-x_0|\leqslant h$ 上一致收敛,故有 $\{y_n(x)\}$ 的极限函数存在 $\lim\limits_{n\to\infty}y_n(x)=\varphi(x)$,即对于任意的 $\varepsilon>0$,都存在一个 $N(\varepsilon)$,使得对于 $|x-x_0|\leqslant h$ 上的 x,当 $n>N(\varepsilon)$ 时,有 $|y_n(x)-\varphi(x)|<\varepsilon$。根据李普希茨条件,有

$$|F(x,y_n(x))-F(x,\varphi(x))|\leqslant L|y_n(x)-\varphi(x)|<L\varepsilon$$

故有 $\{F(x,y_n(x))\}$ 在 $|x-x_0|\leqslant h$ 上一致收敛于 $F(x,\varphi(x))$。现对式(3.7)两端取极限,当 $n\to\infty$ 时,得

$$\lim\limits_{n\to\infty}y_n(x)\equiv y_0+\int_{x_0}^x\lim\limits_{n\to\infty}F(s,y_{n-1}(s))\mathrm{d}s$$

即 $\varphi(x)=y_0+\int_{x_0}^x F(s,\varphi(s))\mathrm{d}s$,说明 $\varphi(x)$ 是积分方程(3.3)在 $|x-x_0|\leqslant h$ 上的连续解。

步骤 5 证明解 $\varphi(x)$ 的唯一性。

设积分方程(3.3)还有另一个解 $\psi(x)$,则有

$$|\varphi(x)-\psi(x)|\leqslant\left|\int_{x_0}^x F(s,\varphi(s))\mathrm{d}s-\int_{x_0}^x F(s,\psi(s))\mathrm{d}s\right|\leqslant L\left|\int_{x_0}^x|\varphi(s)-\psi(s)|\mathrm{d}s\right|$$

$$(3.9)$$

由于在 $|x-x_0|\leqslant h$ 上,$|\varphi(x)-\psi(x)|$ 是连续有界的,故可取它的一个上界 K,则由式(3.9)有 $|\varphi(x)-\psi(x)|\leqslant LK|x-x_0|$。然后,将其代入式(3.9)的右端,得到

$$|\varphi(x)-\psi(x)|\leqslant K\frac{(L|x-x_0|)^2}{2!}$$

类似地,在 $|x-x_0|\leqslant h$ 上,用数学归纳法得到

$$|\varphi(x)-\psi(x)|\leqslant K\frac{(L|x-x_0|)^n}{n!}\leqslant K\frac{(Lh)^n}{n!}$$

当 $n\to\infty$ 时,$K\dfrac{(Lh)^n}{n!}\to0$,则上述不等式的右端趋于零,故可推出 $\varphi(x)=\psi(x)$,即积分方程(3.3)的解 $\varphi(x)$ 在 $|x-x_0|\leqslant h$ 上是唯一的,从而定理 3.1 得证。

例 3.1 试用定理 3.1 确定一阶微分方程初值问题

$$\begin{cases}\dfrac{\mathrm{d}y}{\mathrm{d}x}=y^2-x^2,R:|x|\leqslant1,|y-1|\leqslant1\\ y(0)=1\end{cases}$$

的解的存在区间。试求第三次近似解及其与精确解的误差。

解:首先,$F(x,y)=y^2-x^2$ 在区间 R 上连续,且有 $|F'_y|=|2y|\leqslant4$,所以李普希茨常数可取为 $L=4$,满足定理 3.1 的条件,故该初值问题在区间 $|x|\leqslant h$ 上存在且唯一的解 $y=\varphi(x)$ 连续且满足初值条件 $\varphi(0)=1$。

由于 $M = \max\limits_{(x,y) \in \mathbb{R}} |F(x,y)| = 4$，则 $h = \min\left(1, \dfrac{1}{M}\right) = \dfrac{1}{4}$，解 $y = \varphi(x)$ 的存在区间为 $\left[-\dfrac{1}{4}, \dfrac{1}{4}\right]$。

根据方程 (3.7)，可得第三次近似解如下：

$$y_0(x) = 1$$

$$y_1(x) = 1 + \int_0^x \left[y_0^2(\xi) - \xi^2\right]\mathrm{d}\xi = 1 + x - \frac{x^3}{3}$$

$$y_2(x) = 1 + \int_0^x \left[y_1^2(\xi) - \xi^2\right]\mathrm{d}\xi = 1 + x + x^2 - \frac{x^4}{6} - \frac{2x^5}{15} + \frac{x^7}{63}$$

$$y_3(x) = 1 + \int_0^x \left[y_2^2(\xi) - \xi^2\right]\mathrm{d}\xi$$

$$= 1 + x + x^2 + \frac{2x^3}{3} + \frac{x^4}{2} + \frac{2x^5}{15} - \frac{x^6}{10} - \frac{3x^7}{35} - \frac{37x^8}{1\,260} + \frac{5x^9}{756} + \frac{4x^{10}}{525} + \frac{4x^{11}}{2\,475} -$$

$$\frac{x^{12}}{2\,268} - \frac{4x^{13}}{12\,285} + \frac{x^{15}}{59\,535}$$

由于第 n 次近似解与精确解满足 $|y_n(x) - \varphi(x)| \leqslant M\dfrac{L^n h^{n+1}}{(n+1)!}$，当 $n = 3$ 时，有

$$|\varphi_3(x) - \varphi(x)| \leqslant \frac{(4 \times 1/4)^4}{4!} = \frac{1}{24} \approx 0.042$$

即第三次近似解与精确解的误差不超过 0.042。图 3-1 所示的是两者的对比图，可见三次近似解与精确解吻合得非常好。

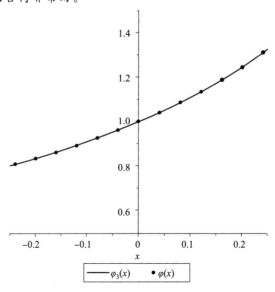

图 3-1　三次近似解与精确解的对比示意

注解 3.1:在定理 3.1 的证明过程中采用逐次逼近法构造一个连续函数序列,其通式由式(3.7)确定,同时式(3.7)也可作为精确解的 n 次近似解的计算公式,且 n 次近似解与精确解的误差由式(3.8)的右端函数确定。当 n 给定时,可计算出 n 次近似解与精确解之间的误差;当误差精度给定时,同样可以计算出满足该精度要求的 n 次近似解。

3.2　解的延拓定理

在 3.1 节中,根据解的存在性和唯一性定理 3.1,可以判断一阶常微分方程初值问题方程(3.1)的解的存在性和唯一性及存在区间。但是,由该定理确定的解的存在区间是局部的且往往范围比较小。而在工程实际问题中,通常需要解在大范围内存在,能否将解的存在区间进一步延拓成为关注的重点问题。因此,本小节主要介绍解的延拓定理。

定义 3.1　设 $y=\varphi_1(x)(x\in I_1\subset\mathbb{R})$ 和 $y=\varphi_2(x)(x\in I_2\subset\mathbb{R})$ 都是初值问题方程(3.1)的解。其中,I_1 和 I_2 既可以是开区间,也可以是闭区间。如果满足条件

(1)区间 $I_1\subset I_2$;

(2)当 $x\in I_1$ 时,$\varphi_1(x)=\varphi_2(x)$。

则称解 $y=\varphi_1(x)$ 是可延拓的,且 $\varphi_2(x)$ 是 $\varphi_1(x)$ 在 I_2 上的一个延拓解。

注解 3.2:显然,延拓具有传递性。例如,假设 $\varphi_i(x)(i=1,2,3)$ 均为方程(3.1)的解,若 $\varphi_2(x)$ 是 $\varphi_1(x)$ 在 I_2 上的一个延拓解,$\varphi_3(x)$ 是 $\varphi_2(x)$ 在 I_3 上的一个延拓解,则 $\varphi_3(x)$ 是 $\varphi_1(x)$ 在 I_3 上的一个延拓解,这里 $I_1\subset I_2\subset I_3$。

定义 3.2　设 $y=\varphi(x)(x\in I\subset\mathbb{R})$ 是初值问题(3.1)的一个解,如果该解不能延拓,则称 $y=\varphi(x)$ 是方程(3.1)的饱和解或不可延拓解,同时称区间 I 为饱和区间。

定义 3.3　设 $F(x,y)$ 定义在开区域 $D\subseteq\mathbb{R}^2$ 上,如果对于 D 上任一点 (x_0,y_0) 都存在以 (x_0,y_0) 为中心的,完全属于 D 的闭矩形域 U,使得在 U 上 $F(x,y)$ 关于 y 满足李普希茨条件,对于不同的点 (x_0,y_0),闭矩形域 U 的大小以及李普希茨常数 L 可以不同,则称 $F(x,y)$ 在 D 上关于 y 满足局部李普希茨条件。

定理 3.2　如果方程(3.1)的右端函数 $F(x,y)$ 在区域 $D\subseteq\mathbb{R}^2$ 上连续,且对 y 满足局部李普希茨条件,则对任何 $(x_0,y_0)\in D$,初值问题(3.1)存在唯一的不可延拓解。

证明:由于 $F(x,y)$ 在区域 $D\subseteq\mathbb{R}^2$ 上连续,且对 y 满足局部李普希茨条件,则对区域 D 内任意以 $p_0(x_0,y_0)$ 为中心的矩形域 R_1,方程(3.1)在 $I_0=[x_0-h_0,x_0+h_0]$ 上存在唯一解 $y=\varphi_0(x)$。令 $y=\varphi_0(x)$ 与 I_0 的右边界的交点为 $p_1(x_0+h_0,\varphi_0(x_0+h_0))\in D$,以 p_1 为新的初值点,根据解的存在性和唯一性定理,方程(3.1)在 $I_1=[x_0+h_0-h_1,x_0+h_0+h_1]$ 上存在唯一解 $y=\varphi_1(x)$。由解的唯一性,在 I_1 和 I_0 的公共区间上 $\varphi_0(x)=\varphi_1(x)$,根

据定义 3.1，$\varphi_1(x)$ 是 $\varphi_0(x)$ 在 I_1 上的一个延拓解，如图 3-2 所示。令 $y=\varphi_1(x)$ 与 I_1 的右边界的交点为 $p_2 \in D$，以 p_2 为新的初值点，继续类似的延拓过程，直到出现一个解 $y=\varphi(x),x\in I \subseteq D$，该解再也不能向右延拓了。同理，可以进行解向左的延拓过程。因此，最后得到的再也不能向左右方向进行延拓的解 $y=\varphi(x),x\in I$ 就是初值问题(3.1)存在的唯一不可延拓解。

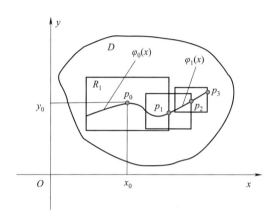

图 3-2　初值问题(3.1)的解延拓过程示意

注解 3.3：不可延拓解的存在区间 $I=(\alpha,\beta)$ 必定是一个开区间。假如区间 I 的右端点 β 是闭的，那么解 $y=\varphi(x)$ 的曲线可以达到 β。于是点 $(\beta,\varphi(\beta)) \subset D$，根据解的存在性和唯一性定理 3.1，可将 $y=\varphi(x)$ 延拓到 β 的右方，这与 $y=\varphi(x),x\in(\alpha,\beta)$ 是不可延拓解矛盾。同理，这个区间的左端点也必定是开的。

定理 3.3　设 $D \subset \mathbb{R}^2$ 是有界开区域，方程(3.1)的右端函数 $F(x,y)$ 在 D 上有界且对 y 满足局部李普希茨条件。如果 $y=\varphi(x),x\in(\alpha,\beta)$ 是初值问题(3.1)在 D 上的不可延拓解，则当 $x\to\alpha+0$ 或 $x\to\beta-0$ 时，解曲线 $y=\varphi(x)$ 上的点 $(x,\varphi(x))$ 都趋于 D 的边界。

证明：首先，需要证明当 $x\to\alpha+0$ 或 $x\to\beta-0$ 时，极限 $\varphi(\alpha+0)=\lim\limits_{x\to\alpha+0}\varphi(x)$，$\varphi(\beta-0)=\lim\limits_{x\to\beta-0}\varphi(x)$ 的存在性。

由于柯西初值问题方程(3.1)的解 $y=\varphi(x)$ 满足下列积分方程

$$\varphi(x) = y_0 + \int_{x_0}^{x} F(s,\varphi(s))\mathrm{d}s$$

故对任意 $\varepsilon>0$ 和任意的 x_1 和 $x_2\in(\alpha,\beta)$，取 $\delta=\dfrac{\varepsilon}{2M}>0$，这里 M 为 $F(x,y)$ 的上界，使得当 $|x_1-\alpha|<\delta,|x_2-\alpha|<\delta$ 时，有

$$|\varphi(x_1)-\varphi(x_2)| = \left|\int_{x_2}^{x_1}F(s,\varphi(s))\mathrm{d}s\right| \leqslant \int_{x_2}^{x_1}|F(s,\varphi(s))|\,\mathrm{d}s \leqslant M|x_1-x_2|$$

$$\leqslant M(|x_1-\alpha|+|x_2-\alpha|) \leqslant 2\delta M = \varepsilon$$

由柯西收敛判别准则可知，$\varphi(\alpha+0)$ 存在，同理可证得 $\varphi(\beta-0)$ 存在。

其次，记 D 的边界为 ∂D，现证明 $(\alpha,\varphi(\alpha+0))\in\partial D$。利用反证法，假如 $(\alpha,\varphi(\alpha+0))\notin\partial D$，则必为 D 的内点，由解的存在性和唯一性定理 3.1 可知，存在 $h>0$，使得解 $y=\varphi(x)$ 可以延拓到区间 $[\alpha-h,\alpha]$ 上，这与 α 是不可延拓解 $\varphi(x)$ 的存在区间的左端点的假设矛盾。因此，$(\alpha,\varphi(\alpha+0))\in\partial D$，同理可证 $(\beta,\varphi(\beta-0))$ 属于 D 的边界点。

推论 3.1 如果 $D\subset\mathbb{R}^2$ 是无界区域，则在定理 3.2 的条件下，方程(3.1)的过点 (x_0,y_0) 的解 $y=\varphi(x)$ 可以延拓。以向 x 增大的方向延拓来讲，分下面两种情况：

(1)解 $y=\varphi(x)$ 可以延拓到区间 $[x_0,+\infty)$；

(2)解 $y=\varphi(x)$ 只可以延拓到区间 $[x_0,\gamma)$，其中，γ 为有限数，则当 $x\to\gamma$ 时，或者无界，或者点 $(x,\varphi(x))$ 趋于区域 D 的边界。

例 3.2 试确定方程 $\dfrac{\mathrm{d}y}{\mathrm{d}x}=\dfrac{y^2-1}{2}$ 分别通过点 $(0,0)$，$(-\ln 2,3)$，$(\ln 2,-3)$ 的解的存在区间。

解：由于函数 $F(x,y)=\dfrac{y^2-1}{2}$ 在整个 xOy 平面上连续且关于 y 满足局部李普希茨条件，根据定理 3.1 知过点 $(0,0)$，$(-\ln 2,3)$，$(\ln 2,-3)$ 的解存在且唯一。显然，$y=\pm 1$ 是方程的解。当 $y\neq\pm 1$ 时，利用变量分离法，可得方程的通解为

$$\frac{2}{y^2-1}\mathrm{d}y=\mathrm{d}x\Rightarrow\left(\frac{1}{y-1}-\frac{1}{y+1}\right)\mathrm{d}y=\mathrm{d}x\Rightarrow y=\frac{1+ce^x}{1-ce^x}$$

故可得过点 $(0,0)$ 的解为 $y=\dfrac{1-\mathrm{e}^x}{1+\mathrm{e}^x}$，由图 3-3 所示可见，该解曲线在 $y=\pm 1$ 形成的带形区域内沿 x 轴向左右方向无限延展，因此解的存在区间为 $-\infty<x<+\infty$。

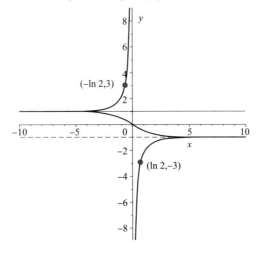

图 3-3 方程满足初值条件的解曲线

过点$(-\ln 2,3)$和$(\ln 2,-3)$的解为$y=\dfrac{1+\mathrm{e}^x}{1-\mathrm{e}^x}$，由图 3-3 所示可见，过点$(\ln 2,-3)$的解曲线位于$y=-1$的下方，沿 x 轴向右可以延拓到$+\infty$，但是沿 x 轴向左只能延展到 0，此时解的存在区间为$0<x<+\infty$。过点$(-\ln 2,3)$的解曲线位于$y=1$的上方，沿 x 轴向左可以延拓到$-\infty$，但是沿 x 轴向右只能延拓到 0，此时解的存在区间为$-\infty<x<0$。

3.3 解对初值的连续依赖和可微性定理

在第 2 章中，若微分方程可解，则其通解中包含任意常数，该常数由初值条件确定，因此不同的初值条件对应不同的解曲线。对于初值问题方程(3.1)，当初值条件发生变化时，对应的解该如何变化？即当初值发生微小变化时，方程(3.1)的解的变化是否也很微小呢？该问题在实际应用中是非常重要的。在实际问题建模过程中，测量得到的初始数据往往存在误差，如果初始值的微小差别会引起方程解的巨大差别，则该模型是不稳定的，所求的初值问题的解在实际应用中就失去了价值。因此，本节主要通过引入定理 3.4(解对初值的连续依赖定理)来回答该问题。为了方便定理 3.4 的证明，首先介绍 Bellman(贝尔曼)引理。

引理 3.1(Bellman 引理) 设 $y(x)$ 为区间$[a,b]$上非负的连续函数，若存在$\delta\geqslant 0,k\geqslant 0$，使得 $y(x)$ 满足不等式

$$y(x)\leqslant\delta+k\left|\int_{x_0}^x y(\tau)\mathrm{d}\tau\right|\quad(x,x_0\in[a,b])$$

则 $y(x)$ 满足不等式 $y(x)\leqslant\delta\mathrm{e}^{k|x-x_0|}\ (x,x_0\in[a,b])$。

Bellman 引理的证明过程可参见文献[2]。

定理 3.4(解对初值的连续依赖定理) 设方程(3.1)的右端函数 $F(x,y)$ 在区域$D\subseteq\mathbb{R}^2$ 内连续，且关于 y 满足局部李普希茨条件，$y=\varphi(x,x_0,y_0)$ 是初值问题方程(3.1)的解，且在区间$[a,b]$上有定义，则对任意$\varepsilon>0$，存在$\delta>0$ 使得对于满足$|\widetilde{x}_0-x_0|<\delta,|\widetilde{y}_0-y_0|<\delta$ 的一切$(\widetilde{x}_0,\widetilde{y}_0)$，初值问题方程(3.1)的满足条件 $y(\widetilde{x}_0)=\widetilde{y}_0$ 的解 $y=\varphi(x,\widetilde{x}_0,\widetilde{y}_0)$ 在区间$[a,b]$上有定义，且有$|\varphi(x,\widetilde{x}_0,\widetilde{y}_0)-\varphi(x,x_0,y_0)|<\varepsilon$。

证明： 对任意$\varepsilon>0$，取$0<\delta_1<\varepsilon$，则闭区域$U:a\leqslant x\leqslant b,|y-\varphi(x,x_0,y_0)|\leqslant\delta_1$ 包含在区域 D 内。再取$0<\delta<\dfrac{\delta_1}{M+1}\mathrm{e}^{-L(b-a)}$。其中，$L>0$ 为李普希茨常数；$M=\max\limits_{(x,y)\in U}|F(x,y)|$，此时保证闭正方形域 $V:|x-x_0|\leqslant\delta,|y-y_0|\leqslant\delta$ 包含在区域 U 内，如图 3-4 所示。

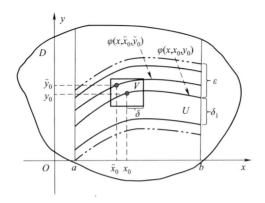

图 3 - 4　证明定理 3.4 示意

对于任意的 $(\widetilde{x}_0, \widetilde{y}_0) \in V$，由定理 3.1 知，在 $\widetilde{x}_0$ 的某领域上存在唯一解 $y = \varphi(x, \widetilde{x}_0, \widetilde{y}_0)$，且满足式（3.3），即 $\varphi(x, \widetilde{x}_0, \widetilde{y}_0) = \widetilde{y}_0 + \int_{\widetilde{x}_0}^{x} F(s, \varphi(s, \widetilde{x}_0, \widetilde{y}_0)) \mathrm{d}s$。

另外，$y = \varphi(x, x_0, y_0)$ 是初值问题方程（3.1）的解，且在区间 $[a, b]$ 上有定义，故有

$$\varphi(x, x_0, y_0) = y_0 + \int_{x_0}^{x} F(s, \varphi(s, x_0, y_0)) \mathrm{d}s 。$$

因此，有

$$|\varphi(x, \widetilde{x}_0, \widetilde{y}_0) - \varphi(x, x_0, y_0)| \leqslant |\widetilde{y}_0 - y_0| + A \tag{3.10}$$

其中，

$$
\begin{aligned}
A &\triangleq \left| \int_{\widetilde{x}_0}^{x} F(s, \varphi(s, \widetilde{x}_0, \widetilde{y}_0)) \mathrm{d}s - \int_{x_0}^{x} F(s, \varphi(s, x_0, y_0)) \mathrm{d}s \right| \\
&= \left| \int_{\widetilde{x}_0}^{x} F(s, \varphi(s, \widetilde{x}_0, \widetilde{y}_0)) \mathrm{d}s - \left(\int_{x_0}^{\widetilde{x}_0} F(s, \varphi(s, x_0, y_0)) \mathrm{d}s + \int_{\widetilde{x}_0}^{x} F(s, \varphi(s, x_0, y_0)) \mathrm{d}s \right) \right| \\
&\leqslant \left| \int_{\widetilde{x}_0}^{x} |F(s, \varphi(s, \widetilde{x}_0, \widetilde{y}_0)) - F(s, \varphi(s, x_0, y_0))| \, \mathrm{d}s \right| + \left| \int_{x_0}^{\widetilde{x}_0} |F(s, \varphi(s, x_0, y_0))| \, \mathrm{d}s \right| \\
&\leqslant L \left| \int_{\widetilde{x}_0}^{x} |\varphi(s, \widetilde{x}_0, \widetilde{y}_0) - \varphi(s, x_0, y_0)| \, \mathrm{d}s \right| + M\delta
\end{aligned}
$$

则式（3.10）可写为

$$|\varphi(x, \widetilde{x}_0, \widetilde{y}_0) - \varphi(x, x_0, y_0)| \leqslant (M+1)\delta + L \left| \int_{\widetilde{x}_0}^{x} |\varphi(s, \widetilde{x}_0, \widetilde{y}_0) - \varphi(s, x_0, y_0)| \, \mathrm{d}s \right|$$

$$\tag{3.11}$$

利用引理 3.1，式（3.11）满足

$$|\varphi(x, \widetilde{x}_0, \widetilde{y}_0) - \varphi(x, x_0, y_0)| \leqslant (M+1)\delta \mathrm{e}^{L|x - \widetilde{x}_0|} \leqslant (M+1)\delta \mathrm{e}^{L|b-a|} \leqslant \delta_1 < \varepsilon \tag{3.12}$$

下证，$y = \varphi(x, \widetilde{x}_0, \widetilde{y}_0)$ 在区间 $[a, b]$ 上有定义。根据式（3.12）知

$$-\varepsilon + \varphi(x, x_0, y_0) < \varphi(x, \widetilde{x}_0, \widetilde{y}_0) < \varepsilon + \varphi(x, x_0, y_0)$$

然而由解的延拓定理，$y=\varphi(x,\tilde{x}_0,\tilde{y}_0)$ 可以延拓到无限接近区域 D 的边界，因此向右延拓时必须由 $x=b$ 穿出区域 U，从而 $y=\varphi(x,\tilde{x}_0,\tilde{y}_0)$ 须在 $[x_0,b]$ 上有定义，同理可证 $y=\varphi(x,\tilde{x}_0,\tilde{y}_0)$ 在 $[a,x_0]$ 上有定义。

注解 3.4： 定理 3.4 中的 $\varphi(x,x_0,y_0)$ 是定义在有限闭区间 $[a,b]$ 上的，即微分方程解在有限闭区间上对初值的连续依赖性不能推广到无限区间上。当 $\varphi(x,x_0,y_0)$ 定义在无限区间上时，属于李雅普诺夫稳定性解决的问题，将在第 6 章中进行介绍。

定理 3.4 介绍了解对初值的连续依赖性，定理 3.5 将介绍在什么条件下，解对初值的连续偏导数存在。

定理 3.5(解对初值的可微性定理)　设方程(3.1)的右端函数 $F(x,y)$ 以及 $\dfrac{\partial F(x,y)}{\partial y}$ 在区域 $D\subseteq R^2$ 内连续，则初值问题方程(3.1)的解 $y=\varphi(x,x_0,y_0)$ 作为 x、x_0、y_0 的函数，在它有定义的区域内有连续偏导数 $\dfrac{\partial\varphi}{\partial y_0}$ 和 $\dfrac{\partial\varphi}{\partial x_0}$。

定理 3.5 的证明在此不再赘述，感兴趣的读者可参见文献[2]。

3.4　线性微分方程解的叠加性

3.1～3.3 节主要讨论了柯西问题，方程(3.1)的右端函数 $F(x,y)$ 可以是线性的，也可以是非线性的，由于非线性的微分方程很难得到解析解，而线性微分方程的理论和方法比较成熟，所以下面将给出线性常微分方程解的基本结构。一般地，n 阶线性常微分方程具有如下形式：

$$\frac{d^n y}{dx^n}+p_1(x)\frac{d^{n-1}y}{dx^{n-1}}+\cdots+p_{n-1}(x)\frac{dy}{dx}+p_n(x)y=f(x) \tag{3.13}$$

其中，系数 $p_i(x)(i=1,2,\cdots,n)$ 和右端函数 $f(x)$ 仅为 x 的函数。

当 $f(x)=0$ 时，方程(3.13)可写为

$$\frac{d^n y}{dx^n}+p_1(x)\frac{d^{n-1}y}{dx^{n-1}}+\cdots+p_{n-1}(x)\frac{dy}{dx}+p_n(x)y=0 \tag{3.14}$$

方程(3.14)称为 n 阶齐次线性常微分方程。当 $f(x)\neq0$ 时，方程(3.13)称为 n 阶非齐次线性常微分方程。需要说明的是，这里的"齐次"(Homogeneous)与第 2 章 2.2 节中的"齐次微分方程"的含义不同，这里是指对应的微分方程有零解。

假设方程(3.13)满足初始条件

$$y(x_0)=y_0,\frac{dy(x_0)}{dx}=y_0',\cdots,\frac{d^{n-1}y(x_0)}{dx^{n-1}}=y_0^{(n-1)} \tag{3.15}$$

类似于一阶线性常微分方程，n 阶线性常微分方程(3.13)的初值问题也有解的存在性和唯一性定理，具体如下：

定理 3.6　如果方程(3.13)的系数 $p_i(x)(i=1,2,\cdots,n)$ 和右端函数 $f(x)$ 均为区间 $[a,b]$ 上的连续函数，则对于任意 $x_0 \in [a,b]$ 及任意给定的 $y_0,y'_0,\cdots,y_0^{(n-1)}$，方程(3.13)满足初始条件方程(3.15)的解在 $[a,b]$ 上存在且唯一。

由于该定理的证明类似于一阶线性微分方程的情形，故在此不再赘述。以下为了表述方便，引入如下线性微分算子 l，即

$$l[y] = \frac{\mathrm{d}^n y}{\mathrm{d}x^n} + p_1(x)\frac{\mathrm{d}^{n-1} y}{\mathrm{d}x^{n-1}} + \cdots + p_{n-1}(x)\frac{\mathrm{d}y}{\mathrm{d}x} + p_n(x)y \tag{3.16}$$

由式(3.16)定义的线性微分算子 l 满足如下可叠加性，即

$$l[c_1 y_1 + c_2 y_2] = c_1 l[y_1] + c_2 l[y_2] \tag{3.17}$$

事实上，

$$l[c_1 y_1 + c_2 y_2] = \frac{\mathrm{d}^n[c_1 y_1 + c_2 y_2]}{\mathrm{d}x^n} + p_1(x)\frac{\mathrm{d}^{n-1}[c_1 y_1 + c_2 y_2]}{\mathrm{d}x^{n-1}} + \cdots + p_n(x)[c_1 y_1 + c_2 y_2]$$

$$= c_1 \left(\frac{\mathrm{d}^n y_1}{\mathrm{d}x^n} + p_1(x)\frac{\mathrm{d}^{n-1} y_1}{\mathrm{d}x^{n-1}} + \cdots + p_n(x)y_1 \right) + c_2 \left(\frac{\mathrm{d}^n y_2}{\mathrm{d}x^n} + p_1(x)\frac{\mathrm{d}^{n-1} y_2}{\mathrm{d}x^{n-1}} + \cdots + p_n(x)y_2 \right)$$

$$= c_1 l[y_1] + c_2 l[y_2]$$

由叠加性质(3.17)可得 n 阶齐次线性常微分方程解的叠加定理。

定理 3.7　若 $y_i(x)(i=1,2,\cdots,n)$ 为 n 阶齐次线性常微分方程(3.14)的 n 个解，则对于任意的常数 $C_i(i=1,2,\cdots,n)$，它们的线性组合

$$y(x) = C_1 y_1(x) + C_2 y_2(x) + \cdots + C_n y_n(x) = \sum_{i=1}^{n} C_i y_i(x) \tag{3.18}$$

也是方程(3.14)的解。

证明：根据线性微分算子 l 的定义方程(3.16)，可将 n 阶齐次线性常微分方程(3.14)写为 $l[y]=0$。由于 $y_i(x)(i=1,2,\cdots,n)$ 为方程(3.14)的解，故有 $l[y_i(x)]=0(i=1,2,\cdots,n)$。

此时，考虑叠加性质(3.17)有

$$l[y] = l\left[\sum_{i=1}^{n} C_i y_i(x) \right] = \sum_{i=1}^{n} l[C_i y_i(x)] = \sum_{i=1}^{n} C_i l[y_i(x)] = 0$$

因此，$\sum_{i=1}^{n} C_i y_i(x)$ 是方程(3.14)的解。

3.5　n 阶齐次线性常微分方程的基本定理

由定理 3.7 可知，n 阶齐次线性常微分方程任意 n 个解的线性组合仍然是方程的解，

那么在什么条件下，$\sum\limits_{i=1}^{n} C_i y_i(x)$ 是方程(3.14)的通解呢？为了回答上述问题，引入函数组线性相关和线性无关的定义。

定义 3.4　对于函数组 $y_1(x), y_2(x), \cdots, y_n(x)$，若存在不全为零的常数 $\alpha_1, \alpha_2, \cdots, \alpha_n$，使得 $\alpha_1 y_1(x) + \alpha_2 y_2(x) + \cdots + \alpha_n y_n(x) = 0$ 在区间 $[a, b]$ 恒成立，则函数组 $y_1(x), y_2(x), \cdots, y_n(x)$ 称为在区间 $[a, b]$ 上是线性相关的；否则，函数组 $y_1(x), y_2(x), \cdots, y_n(x)$ 称为在区间 $[a, b]$ 上是线性无关的。

例 3.3　试分别判断函数组 $[y_1, y_2] = [\cos x, \sin x]$ 和 $[y_3, y_4] = [\cos^2 x - 1, \sin^2 x]$ 在任何区间上的线性相关性。

解： 对于线性组合 $\alpha_1 y_1 + \alpha_2 y_2 = \alpha_1 \cos x + \alpha_2 \sin x = 0$，易知 $\alpha_1 = \alpha_2 = 0$，根据定义 3.4 知函数组 $[y_1, y_2] = [\cos x, \sin x]$ 在任何区间上是线性无关的。由于 $y_3 + y_4 = \cos^2 x - 1 + \sin^2 x = 0$，故存在 $\alpha_3 = \alpha_4 = 1$，使 $\alpha_3 y_3 + \alpha_4 y_4 = 0$ 在任何区间上恒成立，函数组 $[y_3, y_4] = [\cos^2 x - 1, \sin^2 x]$ 是线性相关的。

推论 3.2　若函数组 $y_1(x), y_2(x), \cdots, y_n(x)$ 在区间 $[a, b]$ 上线性无关，对于任意两个不等于零的常数 β_1 和 β_2，则函数组 $\beta_1 [y_1(x) + y_2(x)], \beta_2 [y_1(x) - y_2(x)], y_3(x), \cdots, y_n(x)$ 在区间 $[a, b]$ 上仍是线性无关的。

证明： 利用反证法。若 $\beta_1 [y_1(x) + y_2(x)], \beta_2 [y_1(x) - y_2(x)], y_3(x), \cdots, y_n(x)$ 在 $[a, b]$ 上线性相关，则存在不全为零的常数 $\alpha_1, \alpha_2, \cdots, \alpha_n$，使

$$\alpha_1 \beta_1 (y_1(x) + y_2(x)) + \alpha_2 \beta_2 (y_1(x) - y_2(x)) + \cdots + \alpha_n y_n(x) = 0$$

即　　　　$(\alpha_1 \beta_1 + \alpha_2 \beta_2) y_1(x) + (\alpha_1 \beta_1 - \alpha_2 \beta_2) y_2(x) + \cdots + \alpha_n y_n(x) = 0$

已知 $y_1(x), y_2(x), \cdots, y_n(x)$ 线性无关，故有

$$\left. \begin{array}{l} \alpha_1 \beta_1 + \alpha_2 \beta_2 = 0 \\ \alpha_1 \beta_1 - \alpha_2 \beta_2 = 0 \\ \quad\quad \vdots \\ \alpha_n = 0 \end{array} \right\} \Rightarrow \alpha_i = 0 \; (i = 1, 2, \cdots, n)$$

与上述 $\alpha_i (i = 1, 2, \cdots, n)$ 不全为零矛盾，因此推论 3.2 结论成立。

为了更加方便地判断函数组的相关性，下面引入朗斯基(Wronskian)行列式的定义。

定义 3.5　对于定义在区间 $[a, b]$ 上的任意阶可微函数组 $y_1(x), y_2(x), \cdots, y_n(x)$，构造如下行列式

$$W(x) = \begin{vmatrix} y_1(x) & y_2(x) & \cdots & y_n(x) \\ y_1'(x) & y_2'(x) & \cdots & y_n'(x) \\ \vdots & \vdots & & \vdots \\ y_1^{(n-1)}(x) & y_2^{(n-1)}(x) & \cdots & y_n^{(n-1)}(x) \end{vmatrix}$$

则称 $W(x)$ 为函数组 $y_1(x), y_2(x), \cdots, y_n(x)$ 的朗斯基行列式。

定理 3.8 若函数组 $y_1(x), y_2(x), \cdots, y_n(x)$ 在区间 $[a,b]$ 上线性相关,则其朗斯基行列式在 $[a,b]$ 上恒为零,即 $W(x) \equiv 0$。

证明: 由于 $y_1(x), y_2(x), \cdots, y_n(x)$ 在区间 $[a,b]$ 上线性相关,由定义 3.4 可知,存在不全为零的常数 $\alpha_1, \alpha_2, \cdots, \alpha_n$,使

$$\alpha_1 y_1(x) + \alpha_2 y_2(x) + \cdots + \alpha_n y_n(x) = 0, x \in [a,b] \tag{3.19}$$

对式(3.19)逐次微分 $n-1$ 次,可得

$$\begin{cases} \alpha_1 y_1(x) + \alpha_2 y_2(x) + \cdots + \alpha_n y_n(x) = 0 \\ \alpha_1 y_1'(x) + \alpha_2 y_2'(x) + \cdots + \alpha_n y_n'(x) = 0 \\ \vdots \\ \alpha_1 y_1^{(n-1)}(x) + \alpha_2 y_2^{(n-1)}(x) + \cdots + \alpha_n y_n^{(n-1)}(x) = 0 \end{cases} \quad x \in [a,b] \tag{3.20}$$

式(3.20)可看作关于 $\alpha_1, \alpha_2, \cdots, \alpha_n$ 的齐次线性代数方程组,其系数行列式即为 $W(x)$。由于对于任意的 $x \in [a,b]$,$\alpha_1, \alpha_2, \cdots, \alpha_n$ 不全为零,即方程组(3.20)存在非零解,根据线性代数的知识可知,此时要求其系数行列式 $W(x) \equiv 0$。

注解 3.5: 定理 3.8 的逆定理不一定成立,即函数组 $y_1(x), y_2(x), \cdots, y_n(x)$ 的朗斯基行列式 $W(x)$ 为 0,但 $y_1(x), y_2(x), \cdots, y_n(x)$ 不一定线性相关。

例如,对于定义在区间 $[-1,1]$ 上的函数组 $y_1(x) = \begin{cases} x^4, & -1 \leqslant x < 0 \\ 0, & 0 \leqslant x \leqslant 1 \end{cases}$ 和 $y_2(x) = \begin{cases} 0, & -1 \leqslant x < 0 \\ x^4, & 0 \leqslant x \leqslant 1 \end{cases}$,易知在区间 $[-1,1]$ 上 $W(x) \equiv 0$,但是 $y_1(x), y_2(x)$ 在 $[-1,1]$ 上线性无关。

由定理 3.8 可以判断,当存在一点 $x_0 \in [a,b]$ 使 $W(x_0) \neq 0$ 时,函数组 $y_1(x), y_2(x), \cdots, y_n(x)$ 在区间 $[a,b]$ 上线性无关。

定理 3.9 若 $y_1(x), y_2(x), \cdots, y_n(x)$ 是齐次线性微分方程(3.14)在区间 $[a,b]$ 上的 n 个线性无关的解,则其朗斯基行列式 $W(x)$ 在 $[a,b]$ 的任何点上都不等于 0,即 $W(x) \neq 0$。

证明(反证法): 假设存在一点 $x_0 \in [a,b]$ 使得 $W(x_0) = 0$。构造如下代数方程组

$$\begin{cases} \alpha_1 y_1(x_0) + \alpha_2 y_2(x_0) + \cdots + \alpha_n y_n(x_0) = 0 \\ \alpha_1 y'_1(x_0) + \alpha_2 y'_2(x_0) + \cdots + \alpha_n y'_n(x_0) = 0 \\ \quad\quad\quad\quad\quad\quad \vdots \\ \alpha_1 y_1^{(n-1)}(x_0) + \alpha_2 y_2^{(n-1)}(x_0) + \cdots + \alpha_n y_n^{(n-1)}(x_0) = 0 \end{cases} \quad x \in [a,b] \quad (3.21)$$

若方程(3.21)看作是关于 $\alpha_1, \alpha_2, \cdots, \alpha_n$ 的齐次线性代数方程组,其系数行列式 $W(x_0) = 0$,故方程(3.21)存在非零解 $\widetilde{\alpha}_1, \widetilde{\alpha}_2, \cdots, \widetilde{\alpha}_n$。

考虑如下解 $y_1(x), y_2(x), \cdots, y_n(x)$ 组成的线性组合:

$$y(x) = \widetilde{\alpha}_1 y_1(x) + \widetilde{\alpha}_2 y_2(x) + \cdots + \widetilde{\alpha}_n y_n(x) \quad x \in [a,b] \quad (3.22)$$

由定理 3.7 可知,式(3.22)也是方程(3.14)的解。又根据方程(3.21)可得

$$\begin{cases} y(x_0) = \widetilde{\alpha}_1 y_1(x_0) + \widetilde{\alpha}_2 y_2(x_0) + \cdots + \widetilde{\alpha}_n y_n(x_0) = 0 \\ y'(x_0) = \widetilde{\alpha}_1 y'_1(x_0) + \widetilde{\alpha}_2 y'_2(x_0) + \cdots + \widetilde{\alpha}_n y'_n(x_0) = 0 \\ \quad\quad\quad\quad\quad\quad \vdots \\ y^{(n-1)}(x_0) = \widetilde{\alpha}_1 y_1^{(n-1)}(x_0) + \widetilde{\alpha}_2 y_2^{(n-1)}(x_0) + \cdots + \widetilde{\alpha}_n y_n^{(n-1)}(x_0) = 0 \end{cases} \quad x \in [a,b]$$

即解(3.22)满足初始条件 $y(x_0) = 0, y'(x_0) = 0, \cdots, y^{(n-1)}(x_0) = 0$。由于 $y(x) = 0$ 也是满足上述初始条件的解,根据解的唯一性可知:

$$y(x) = \widetilde{\alpha}_1 y_1(x) + \widetilde{\alpha}_2 y_2(x) + \cdots + \widetilde{\alpha}_n y_n(x) \equiv 0 \quad x \in (a,b)$$

由于 $\widetilde{\alpha}_1, \widetilde{\alpha}_2, \cdots, \widetilde{\alpha}_n$ 不全为零,故 $y_1(x), y_2(x), \cdots, y_n(x)$ 线性相关,与定理条件中 $y_i(x)(i = 1,2,\cdots,n)$ 线性无关的假设矛盾。证毕。

注解 3.6: 由定理 3.9 可知,当存在一点 $x_0 \in [a,b]$ 使得 $W(x_0) = 0$ 时,解 $y_1(x)$, $y_2(x), \cdots, y_n(x)$ 在区间 $[a,b]$ 上线性相关。

定理 3.10　设 $y_1(x), y_2(x), \cdots, y_n(x)$ 是齐次线性微分方程(3.14)的任意 n 个解,其朗斯基行列式为 $W(x)$,则 $W(x)$ 满足一阶线性微分方程 $W'(x) + p_1(x)W(x) = 0$,且对于任意 $x_0 \in [a,b]$ 有 $W(x) = W(x_0)\mathrm{e}^{-\int_{x_0}^{x} p_1(s)\mathrm{d}s}$。

证明: 根据定义 3.5,可知

$$W(x) = \begin{vmatrix} y_1(x) & y_2(x) & \cdots & y_n(x) \\ y'_1(x) & y'_2(x) & \cdots & y'_n(x) \\ \vdots & \vdots & & \vdots \\ y_1^{(n-1)}(x) & y_2^{(n-1)}(x) & \cdots & y_n^{(n-1)}(x) \end{vmatrix}$$

对上面的行列式求导,有

$$W'(x)=\begin{vmatrix} y_1(x) & y_2(x) & \cdots & y_n(x) \\ y_1'(x) & y_2'(x) & \cdots & y_n'(x) \\ \vdots & \vdots & & \vdots \\ y_1^{(n-2)}(x) & y_2^{(n-2)}(x) & \cdots & y_n^{(n-2)}(x) \\ y_1^{(n)}(x) & y_2^{(n)}(x) & \cdots & y_n^{(n)}(x) \end{vmatrix}$$

因为 $y_i(x)(i=1,2,\cdots,n)$ 是方程(3.14)的任意 n 个解，所以每个解都满足方程(3.14)，即有

$$y_i^{(n)}(x)+p_1(x)y_i^{(n-1)}(x)+\cdots+p_n(x)y_i(x)=0 \quad (i=1,2,\cdots,n) \qquad (3.23)$$

式(3.23)通过移项可得

$$y_i^{(n)}(x)=-(p_1(x)y_i^{(n-1)}(x)+\cdots+p_n(x)y_i(x)) \quad (i=1,2,\cdots,n)$$

将 $W'(x)$ 中的第 i 行都乘以 $p_{n-i+1}(x)(i=1,2,\cdots,n-1)$ 后，再分别加到最后一行，则行列式 $W'(x)$ 最后一行的元素是

$$y_i^{(n)}(x)+p_2(x)y_i^{(n-2)}(x)+\cdots+p_{n-1}(x)y_i'(x)+p_n(x)y_i(x) \quad (i=1,2,\cdots,n)$$

利用式(3.23)可将上式化简为

$$y_i^{(n)}(x)+p_2(x)y_i^{(n-2)}(x)+\cdots+p_{n-1}(x)y_i'(x)+p_n(x)y_i(x)=-p_1(x)y_i^{(n-1)}(x)$$

因此，有

$$W'(x)=-p_1(x)\begin{vmatrix} y_1(x) & y_2(x) & \cdots & y_n(x) \\ y_1'(x) & y_2'(x) & \cdots & y_n'(x) \\ \vdots & \vdots & & \vdots \\ y_1^{(n-2)}(x) & y_2^{(n-2)}(x) & \cdots & y_n^{(n-2)}(x) \\ y_1^{(n-1)}(x) & y_2^{(n-1)}(x) & \cdots & y_n^{(n-1)}(x) \end{vmatrix}=-p_1(x)W(x)$$

上式属于变量分离方程，通过分离变量有

$$\frac{\mathrm{d}W(x)}{W(x)}=-p_1(x)\mathrm{d}x \quad (W(x)\neq0)$$

上式两边从 x_0 到 x 积分，可得

$$W(x)=W(x_0)\mathrm{e}^{-\int_{x_0}^{x}p_1(s)\mathrm{d}s} \quad x_0\in[a,b] \qquad (3.24)$$

注解 3.7：式(3.24)就是著名的"刘维尔公式"[4]。由于 $\mathrm{e}^{-\int_{x_0}^{x}p_1(s)\mathrm{d}s}\neq0$，故判断 $W(x)$ 是否为零就转化为是否存在一点 $x_0\in[a,b]$，使得 $W(x_0)=0$，说明齐次线性微分方程(3.14)的 n 个解 $y_1(x),y_2(x),\cdots,y_n(x)$ 对应的朗斯基行列式 $W(x)$ 在 $[a,b]$ 上要么恒等于零，要么恒不为零。与定理 3.8 和定理 3.9 的结论一致。

定义 3.6 若 $y_1(x),y_2(x),\cdots,y_n(x)$ 是齐次线性微分方程(3.14)在区间 $[a,b]$ 上的

n 个线性无关的解,则称其为方程(3.14)的基本解组。

定理 3.11　若 $y_1(x),y_2(x),\cdots,y_n(x)$ 是齐次线性微分方程(3.14)的一个基本解组,则

$$y(x)=C_1 y_1(x)+C_2 y_2(x)+\cdots+C_n y_n(x) \tag{3.25}$$

为方程(3.14)的通解。其中,$C_1,C_2,\cdots,C_n$ 为任意常数。

证明:首先,由定理 3.7 可知,式(3.25)是方程(3.14)的解。接着,只需要证明方程(3.14)的任意一个解均包含在式(3.25)中即可。

设 $y(x)$ 是方程(3.14)的任意一个解,且满足如下初始条件:

$$y(x_0)=y_0,y'(x_0)=y'_0,\cdots,y^{(n-1)}(x_0)=y_0^{(n-1)} \tag{3.26}$$

构造如下关于 $C_1,C_2,\cdots,C_n$ 的非齐次线性代数方程组,可得

$$\begin{cases} y_0=C_1 y_1(x_0)+C_2 y_2(x_0)+\cdots+C_n y_n(x_0) \\ y'_0=C_1 y'_1(x_0)+C_2 y'_2(x_0)+\cdots+C_n y'_n(x_0) \\ \qquad\qquad\qquad\qquad\vdots \\ y_0^{(n-1)}=C_1 y_1^{(n-1)}(x_0)+C_2 y_2^{(n-1)}(x_0)+\cdots+C_n y_n^{(n-1)}(x_0) \end{cases} \tag{3.27}$$

上式的系数行列式是

$$W(x_0)=\begin{vmatrix} y_1(x_0) & y_2(x_0) & \cdots & y_n(x_0) \\ y'_1(x_0) & y'_2(x_0) & \cdots & y'_n(x_0) \\ \vdots & \vdots & & \vdots \\ y_1^{(n-1)}(x_0) & y_2^{(n-1)}(x_0) & \cdots & y_n^{(n-1)}(x_0) \end{vmatrix}$$

由于基本解组线性无关,故根据定理 3.9 知 $W(x_0)\neq 0$,即方程组(3.27)可解得一组非零解 $\widetilde{C}_1,\widetilde{C}_2,\cdots,\widetilde{C}_n$。现令函数 $\widetilde{y}(x)=\widetilde{C}_1 y_1(x)+\widetilde{C}_2 y_2(x)+\cdots+\widetilde{C}_n y_n(x)$,由定理 3.7 可知,$\widetilde{y}(x)$ 也是方程(3.14)的解。又根据 $\widetilde{C}_1,\widetilde{C}_2,\cdots,\widetilde{C}_n$ 是方程(3.27)的解,可得

$$\begin{cases} y_0=\widetilde{C}_1 y_1(x_0)+\widetilde{C}_2 y_2(x_0)+\cdots+\widetilde{C}_n y_n(x_0) \\ y'_0=\widetilde{C}_1 y'_1(x_0)+\widetilde{C}_2 y'_2(x_0)+\cdots+\widetilde{C}_n y'_n(x_0) \\ \qquad\qquad\qquad\qquad\vdots \\ y_0^{(n-1)}=\widetilde{C}_1 y_1^{(n-1)}(x_0)+\widetilde{C}_2 y_2^{(n-1)}(x_0)+\cdots+\widetilde{C}_n y_n^{(n-1)}(x_0) \end{cases}$$

即 $\widetilde{y}(x)$ 也是方程(3.14)的满足初值条件(3.26)的解。因此,根据解的唯一性,$\widetilde{y}(x)=y(x)$,说明 $y(x)$ 是方程(3.14)的通解。

定理 3.12　如果 n 阶齐次线性微分方程(3.13)中所有系数 $p_i(x)$ 都是实值函数,而 $z(x)=\varphi(x)+\mathrm{i}\psi(x)$ 是方程(3.13)的复值解,则 $z(x)$ 的实部 $\varphi(x)$、虚部 $\psi(x)$ 和共轭复值

函数 $\bar{z}(x)$ 也都是方程(3.14)的解。

证明:由线性微分算子 l 的定义,可将方程(3.14)表示为 $l[y]=0$。根据 $z(x)=\varphi(x)+\mathrm{i}\psi(x)$ 是方程(3.14)的复值解可知,$l[\varphi(x)+\mathrm{i}\psi(x)]=0$,利用可叠加性,即

$$l[\varphi(x)+\mathrm{i}\psi(x)]=l[\varphi(x)]+\mathrm{i}l[\psi(x)]=0$$

由上式可知,$l[\varphi(x)]=l[\psi(x)]=0$,$l[\bar{z}(x)]=l[\varphi(x)]-\mathrm{i}l[\psi(x)]=0$。

因此,实部 $\varphi(x)$、虚部 $\psi(x)$ 和共轭复值函数 $\bar{z}(x)$ 也都是方程(3.14)的解。

3.6　n 阶非齐次线性常微分方程通解的结构定理

n 阶非齐次线性常微分方程(3.12)的通解结构定理如下:

定理 3.13　若 $y_i(x)(i=1,2,\cdots,n)$ 是 n 阶齐次线性常微分方程(3.14)的基本解组,$\widetilde{y}(x)$ 是 n 阶非齐次线性常微分方程(3.1)的一个特解,则方程(3.13)的通解可写为

$$y(x)=C_1y_1(x)+C_2y_2(x)+\cdots+C_ny_n(x)+\widetilde{y}(x) \tag{3.28}$$

其中,$C_1,C_2,\cdots,C_n$ 为任意常数。

证明:由于 $y_i(x)(i=1,2,\cdots,n)$ 是 n 阶齐次线性常微分方程(3.14)的基本解组,根据定理 3.11 可知,$\bar{y}(x)=C_1y_1(x)+C_2y_2(x)+\cdots+C_ny_n(x)$ 是方程(3.14)的通解,即有 $l[\bar{y}(x)]=0$。又因为 $\widetilde{y}(x)$ 是 n 阶非齐次线性常微分方程(3.13)的一个特解,所以满足 $l[\widetilde{y}(x)]=f(x)$。根据线性算子的可叠加性,有

$$l[y(x)]=l[\bar{y}(x)+\widetilde{y}(x)]=l[\bar{y}(x)]+l[\widetilde{y}(x)]=f(x)$$

即 $y(x)$ 是方程(3.13)的解。

设 $\hat{y}(x)$ 是方程(3.13)的任一解,根据线性叠加性易见,$\hat{y}(x)-\widetilde{y}(x)$ 是方程(3.14)的解,故存在一组常数 $\widetilde{C}_i(i=1,2,\cdots,n)$ 使 $\hat{y}(x)-\widetilde{y}(x)=\widetilde{C}_1y_1(x)+\widetilde{C}_2y_2(x)+\cdots+\widetilde{C}_ny_n(x)$,即有

$$\hat{y}(x)=\widetilde{C}_1y_1(x)+\widetilde{C}_2y_2(x)+\cdots+\widetilde{C}_ny_n(x)+\widetilde{y}(x)$$

说明方程(3.13)的任一解均可由式(3.28)表示,由于 $\hat{y}(x)$ 的任意性,证明了式(3.28)包含了方程(3.13)的所有解,定理得证。

注解 3.8:定理 3.12 说明要求 n 阶非齐次线性常微分方程(3.13)的通解,只需知道方程(3.13)的一个特解和对应的齐次线性微分方程(3.14)的基本解组即可。

定理 3.14　如果 n 阶非齐次线性微分方程 $l[y]=u(x)+\mathrm{i}v(x)$ 有复值解 $y=U(x)+\mathrm{i}V(x)$,这里 $p_i(x)(i=1,2,\cdots,n)$ 及 $u(x),v(x),U(x),V(x)$ 都是实值函数,那么该复值解的实部 $U(x)$ 和虚部 $V(x)$ 分别是方程 $l[y]=u(x)$ 和 $l[y]=v(x)$ 的解。

证明：由线性微分算子 l 的定义，可将 n 阶非齐次线性微分方程表示为 $l[y]=u(x)+iv(x)$。由于 $y=U(x)+iV(x)$ 是方程的复值解，故有 $l[U(x)+iV(x)]=u(x)+iv(x)$，即

$$l[U(x)]+il[V(x)]=u(x)+iv(x)$$

由上式可知，$l[U(x)]=u(x)$，$l[V(x)]=v(x)$，证毕。

高阶非齐次线性微分方程的常数变易法

在第 2 章中，对于一阶非齐次线性微分方程，在已知对应齐次线性方程通解的基础上，利用常数变易法对非齐次线性微分方程求通解。对于高阶线性微分方程，同样可以在方程(3.14)通解已知的基础上，利用常数变易法求解方程(3.13)的通解。为了便于理解，先以二阶非齐次线性微分方程为例进行说明。

考虑如下二阶非齐次线性微分方程

$$y''(x)+p_1(x)y'(x)+p_2(x)y(x)=f(x) \tag{3.29}$$

已知方程(3.29)对应的齐次方程的通解为

$$y(x)=C_1y_1(x)+C_2y_2(x) \tag{3.30}$$

利用常数变易法，设非齐次方程(3.29)的解为

$$y(x)=C_1(x)y_1(x)+C_2(x)y_2(x) \tag{3.31}$$

对解(3.31)两边进行求导，得到

$$y'(x)=C_1'(x)y_1(x)+C_2'(x)y_2(x)+C_1(x)y_1'(x)+C_2(x)y_2'(x) \tag{3.32}$$

由式(3.32)可求得 $y''(x)$，将式(3.31)、式(3.32)及 $y''(x)$ 代入式(3.29)后，发现仅能得到一个方程，而现在需要确定两个未知函数 $C_1(x)$ 和 $C_2(x)$，故要附加一个条件。由于方程(3.32)中包含 $C_1'(x)$ 和 $C_2'(x)$，在此基础上求 $y''(x)$ 时，会出现 $C_1''(x)$ 和 $C_2''(x)$，导致计算非常复杂。因此，为了简化计算，在方程(3.32)中令

$$C_1'(x)y_1(x)+C_2'(x)y_2(x)=0 \tag{3.33}$$

由式(3.32)和式(3.33)可得

$$y''(x)=C_1'(x)y_1'(x)+C_2'(x)y_2'(x)+C_1(x)y_1''(x)+C_2(x)y_2''(x) \tag{3.34}$$

将式(3.32)～式(3.34)代入方程(3.29)得到

$$\begin{aligned}&C_1'(x)y_1'(x)+C_2'(x)y_2'(x)+C_1(x)(y_1''(x)+p_1(x)y_1'(x)+\\&p_2(x)y_1(x))+C_2(x)(y_2''(x)+p_1(x)y_2'(x)+p_2(x)y_2(x))=f(x)\end{aligned} \tag{3.35}$$

由于 $y_1(x)$ 和 $y_2(x)$ 是方程(3.29)对应的齐次方程的基本解组，故满足

$$y_i''(x)+p_1(x)y_i'(x)+p_2(x)y_i(x)=0 \quad (i=1,2)$$

此时，方程(3.35)简化为

$$C_1'(x)y_1'(x)+C_2'(x)y_2'(x)=f(x) \tag{3.36}$$

方程(3.33)和方程(3.36)联立得到以下方程组

$$\begin{cases} C_1'(x)y_1(x)+C_2'(x)y_2(x)=0 \\ C_1'(x)y_1'(x)+C_2'(x)y_2'(x)=f(x) \end{cases} \tag{3.37}$$

因为系数行列式 $W(x) = \begin{vmatrix} y_1 & y_2 \\ y_1' & y_2' \end{vmatrix} \neq 0$，所以，$C_1'(x) = -\dfrac{y_2 f(x)}{W(x)}, C_2'(x) = \dfrac{y_1 f(x)}{W(x)}$。对

其积分可得

$$C_1(x) = \int -\frac{y_2 f(x)}{W(x)}\mathrm{d}x + C_1, C_2(x) = \int \frac{y_1 f(x)}{W(x)}\mathrm{d}x + C_2 \tag{3.38}$$

将式(3.38)代入解方程(3.31)中，可得非齐次线性微分方程的通解为

$$y(x) = C_1 y_1 + C_2 y_2 - y_1 \int \frac{y_2 f(x)}{W(x)}\mathrm{d}x + y_2 \int \frac{y_1 f(x)}{W(x)}\mathrm{d}x$$

那么，对于 n 阶非齐次线性常微分方程(3.13)，若其对应的齐次线性微分方程(3.14)的通解可写为

$$y(x) = C_1 y_1(x) + C_2 y_2(x) + \cdots + C_n y_n(x)$$

则根据常数变易法，设方程(3.13)的通解为

$$y(x) = C_1(x)y_1(x) + C_2(x)y_2(x) + \cdots + C_n(x)y_n(x)$$

对上式分别求 j 阶导数 $y^{(j)}(x)(j=1,2,\cdots,n-1)$，令每个 $y^{(j)}(x)$ 中所有的含有 $C_i'(x)(i=1,2,\cdots,n)$ 的项的和等于零，得到如下 $n-1$ 个方程

$$\begin{cases} C_1'(x)y_1(x)+C_2'(x)y_2(x)+\cdots+C_n'(x)y_n(x)=0 \\ C_1'(x)y_1'(x)+C_2'(x)y_2'(x)+\cdots+C_n'(x)y_n'(x)=0 \\ \quad\vdots \qquad\quad\vdots \qquad\quad\vdots \qquad\qquad\vdots \\ C_1'(x)y_1^{(n-2)}(x)+C_2'(x)y_2^{(n-2)}(x)+\cdots+C_n'(x)y_n^{(n-2)}(x)=0 \end{cases} \tag{3.39}$$

然后，再将 $y^{(j)}(x)(j=1,2,\cdots,n)$ 代入方程(3.13)中，可得

$$C_1'(x)y_1^{(n-1)}(x)+C_2'(x)y_2^{(n-1)}(x)+\cdots+C_k'(x)y_k^{(n-1)}(x)=f(x) \tag{3.40}$$

方程(3.39)和方程(3.40)构成了关于 $C_i'(x)(i=1,2,\cdots,n)$ 的线性代数方程组，由于其系数行列式正好等于 $y_1(x),y_2(x),\cdots,y_n(x)$ 的朗斯基行列式 $W(x)$，根据定理3.9知 $W(x) \neq 0$。利用克莱姆法则可求得唯一的解 $C_i'(x)(i=1,2,\cdots,n)$，然后积分算出 $C_i(x)$ $(i=1,2,\cdots,n)$，得到方程(3.13)的通解。值得说明的是，用常数变易法求解 n 阶非齐次线性微分方程时，若 n 值较大，需要计算 $n \times n$ 矩阵的行列式，则计算较为复杂。故常数变易法常用于较低阶非齐次线性微分方程的求解。

例3.4 已知方程 $y''+y=0$ 的一个基本解组为 $\cos x, \sin x$，求方程 $y''+y=\dfrac{1}{\sin x}$ 的通解。

解：由于齐次线性微分方程 $y''+y=0$ 的通解为 $y=c_1\cos x+c_2\sin x$，应用常数变易法，令对应非齐次线性微分方程的解为 $y=c_1(x)\cos x+c_2(x)\sin x$，将其代入方程 $y''+y=\dfrac{1}{\sin x}$ 中可得

$$
\begin{cases}
c_1'(x)\cos x+c_2'(x)\sin x=0 \\
-c_1'(x)\sin x+c_2'(x)\cos x=\dfrac{1}{\sin x}
\end{cases}
$$

解之得：$c_1'(x)=-1$，$c_2'(x)=\dfrac{\cos x}{\sin x}$。

上式两边积分可得：$c_1(x)=-x+\gamma_1$，$c_2(x)=\ln|\sin x|+\gamma_2$。

于是，原方程的通解为 $y(x)=\gamma_1\cos x+\gamma_2\sin x+\sin x\ln|\sin x|-x\cos x$。其中，$\gamma_1$，$\gamma_2$ 为任意常数。

注解 3.9：可以思考：如果选择 $n-1$ 个不同于方程(3.39)的约束条件，对非齐次线性微分方程的通解有什么影响？感兴趣的读者可参考文献[5]。

 习 题 3

3.1 讨论方程 $\dfrac{\mathrm{d}y}{\mathrm{d}x}=1+\ln x$ 通过 $(1,0)$ 的解的最大存在区间。

3.2 求方程 $\dfrac{\mathrm{d}y}{\mathrm{d}x}=y^2-x^2$ 通过点 $(0,1)$ 的第三次近似解。

3.3 利用解的存在性和唯一性定理求出柯西问题

$$
\begin{cases}
\dfrac{\mathrm{d}y}{\mathrm{d}x}=x^2+y^2, & |x|\leqslant 2, |y|\leqslant 2 \\
y(0)=0
\end{cases}
$$

的解的存在区间，并求过点 $(0,0)$ 的第二次近似解及其与精确解误差。

3.4 设方程 $\dfrac{\mathrm{d}^2 y}{\mathrm{d}x^2}+p_1(x)\dfrac{\mathrm{d}y}{\mathrm{d}x}+p_2(x)y=0$ 的系数 $p_i(x)(i=1,2)$ 在区间 $[a,b]$ 上连续，且 $p_2(x)<0$。试证：对于方程的任一非零解 $y=y(x)$，$g(x)=\mathrm{e}^{\int_{x_0}^{x}p_1(x)\mathrm{d}x}y(x)y'(x)(x_0\in[a,b])$ 为区间 $[a,b]$ 上的单调递增函数。

3.5 (Gronwall 不等式)设 K 为非负常数，$f(x)$ 和 $g(x)$ 为区间 $[a,b]$ 上的非负连续函数，且满足 $f(x)\leqslant K+\displaystyle\int_a^x f(s)g(s)\mathrm{d}s(x\in[a,b])$。试证明：$f(x)\leqslant K\mathrm{e}^{\int_a^x g(s)\mathrm{d}s}$，$x\in[a,b]$。

3.6 判断下列函数组的线性相关性：

(1)$[y_1,y_2]=[x,x\ln x]$

(2)$[y_1,y_2,y_3]=[\sin 2x,\cos x,\sin x]$

(3)$[y_1,y_2,y_3]=[e^x,xe^x,x^2e^x]$

3.7 试求下列方程的通解。其中，y_1,y_2 为对应齐次线性微分方程的基本解组。

(1)$y''-y=1-e^{2x}$，$y_1=e^{-x}$，$y_2=e^x$

(2)$y''+y=\cos^2 x$，$y_1=\cos x$，$y_2=\sin x$

(3)$y''+2y'+y=(e^{-x}+1)^2$，$y_1=e^{-x}$，$y_2=xe^{-x}$

(4)$y''+3y'+2y=10(e^x\sin x+\cos x)$，$y_1=e^{-2x}$，$y_2=e^{-x}$

(5)$x^2y''-4xy'+6y=4x\ln x$，$y_1=x^2$，$y_2=x^3$

(6)$x^2y''-xy'+y=x^2(1+\ln x)$，$y_1=x$，$y_2=x\ln x$

3.8 试利用刘维尔定理求方程$(1-x^2)\dfrac{d^2y}{dx^2}-2x\dfrac{dy}{dx}+2y=0$ 的通解，已知方程的一个特解为 $y_1=x$。

3.9 在方程 $y''(x)+p_1(x)y'(x)+p_2(x)y(x)=0$ 中，系数 $p_i(x)(i=1,2)$在$(-\infty,+\infty)$上连续。试证明：若$p_1(x)$恒不为零，则方程的任一基本解组的朗斯基行列式 $W(x)$ 在$(-\infty,+\infty)$上严格单调。

第 4 章

线性常微分方程

线性微分方程不仅在工程实际问题中有着广泛的应用,而且在常微分方程理论中起着重要作用。相比于非线性微分方程,线性微分方程的理论和方法比较成熟,为后续非线性微分方程的研究打下基础。本章主要介绍高阶常系数线性微分方程的求解方法、二阶变系数线性微分方程的幂级数解法及在工程实际问题中的应用。

4.1 n 阶常系数齐次线性微分方程

n 阶常系数非齐次线性微分方程通常具有如下形式

$$\frac{\mathrm{d}^n y}{\mathrm{d}x^n} + p_1 \frac{\mathrm{d}^{n-1} y}{\mathrm{d}x^{n-1}} + \cdots + p_{n-1} \frac{\mathrm{d}y}{\mathrm{d}x} + p_n y = f(x) \tag{4.1}$$

当 $f(x) = 0$ 时,方程(4.1)称为 n 阶常系数齐次线性微分方程,即

$$\frac{\mathrm{d}^n y}{\mathrm{d}x^n} + p_1 \frac{\mathrm{d}^{n-1} y}{\mathrm{d}x^{n-1}} + \cdots + p_{n-1} \frac{\mathrm{d}y}{\mathrm{d}x} + p_n y = 0 \tag{4.2}$$

下面主要介绍 n 阶常系数齐次线性微分方程(4.2)的特征根解法。假设方程(4.2)具有形如 $y = \mathrm{e}^{rx}$ (r 为待定常数)的解,将其代入方程(4.2)中可得

$$r^n + p_1 r^{n-1} + \cdots + p_{n-1} r + p_n = 0 \tag{4.3}$$

方程(4.3)称为方程(4.2)对应的特征方程。这样,就将方程(4.2)的求解转化为求特征方程(4.3)的特征根问题。下面将分两种情况进行讨论。

1. 具有 n 个不相等的特征根

假设方程(4.3)有 n 个单根 $r_1, r_2, \cdots, r_n$,则 $y_i = \mathrm{e}^{r_i x}$ ($i = 1, 2, \cdots, n$) 都是方程(4.2)的解。由于解组 $y_i = \mathrm{e}^{r_i x}$ ($i = 1, 2, \cdots, n$) 对应的朗斯基行列式为

$$W(x) = \exp\left(\sum_{i=1}^{n} r_i\right) \cdot \begin{vmatrix} 1 & 1 & \cdots & 1 \\ r_1 & r_2 & \cdots & r_n \\ \vdots & \vdots & & \vdots \\ r_1^{n-1} & r_2^{n-1} & \cdots & r_n^{n-1} \end{vmatrix} = \exp\left(\sum_{i=1}^{n} r_i\right) \cdot \prod_{1 \leqslant j < i \leqslant n} (r_i - r_j) \neq 0$$

故根据定理 3.9 和定理 3.10 知，$y_i = e^{r_i x} (i=1,2,\cdots,n)$ 线性无关，是方程（4.2）的一个基本解组，因此方程（4.2）的通解表示为

$$y = C_1 e^{r_1 x} + C_2 e^{r_2 x} + \cdots + C_n e^{r_n x} \tag{4.4}$$

其中，$C_i(i=1,2,\cdots,n)$ 为任意常数。

当 $r_1, r_2, \cdots, r_n$ 中有共轭复根时，例如 $r_k = a + bi$，$r_{k+1} = a - bi$，此时通解（4.4）为复值解。

下面来找对应的实值解。由欧拉公式 $e^{(a \pm bi)x} = e^{ax}(\cos bx \pm i \sin bx)$ 可知，

$$\begin{cases} e^{ax} \cos bx = \dfrac{e^{(a+bi)x} + e^{(a-bi)x}}{2} = \dfrac{e^{r_k x} + e^{r_{k+1} x}}{2} \\ e^{ax} \sin bx = \dfrac{e^{(a+bi)x} - e^{(a-bi)x}}{2i} = \dfrac{e^{r_k x} - e^{r_{k+1} x}}{2i} \end{cases} \tag{4.5}$$

由推论 3.2 可知，复值解 $e^{r_k x}$ 的实部函数 $e^{ax} \cos bx$ 和虚部函数 $e^{ax} \sin bx$ 也是方程（4.2）的解。利用 $e^{ax} \cos bx$，$e^{ax} \sin bx$ 替换通解（4.4）中相应的部分 $e^{r_k x}$，$e^{r_{k+1} x}$ 得到实值解。根据式（4.5）和定理 3.12 知，替换后的实值解仍然是方程（4.2）的通解，且具有如下形式

$$y = C_1 e^{r_1 x} + \cdots + C_{k-1} e^{r_{k-1} x} + C_k e^{ax} \cos bx + C_{k+1} e^{ax} \sin bx + \cdots + C_n e^{r_n x} \tag{4.6}$$

其中，$C_i(i=1,2,\cdots,n)$ 为任意常数。

例 4.1 求方程 $\dfrac{d^2 y}{dx^2} - 3\dfrac{dy}{dx} + 2y = 0$ 的通解。

解： 设方程的解为 $y = e^{rx}$，则原方程对应的特征方程为 $r^2 - 3r + 2 = 0$，故解得特征根为 $r_1 = 1$，$r_2 = 2$，属于特征根是单实根的情形。故所求通解为

$$y = C_1 e^x + C_2 e^{2x} \quad (C_1, C_2 \text{ 为任意常数})$$

例 4.2 求方程 $\dfrac{d^3 y}{dx^3} + y = 0$ 的通解。

解： 设方程的解为 $y = e^{rx}$，则原方程对应的特征方程 $r^3 + 1 = 0$，可解得特征根为 $r_1 = -1$，$r_{2,3} = \dfrac{1}{2} \pm \dfrac{\sqrt{3}}{2}i$，属于特征根有一个实根和一对共轭复根的情形。故所求通解为

$$y = C_1 e^{-x} + e^{\frac{x}{2}}\left(C_2 \cos \frac{\sqrt{3}}{2}x + C_3 \sin \frac{\sqrt{3}}{2}x\right)$$

其中，$C_i(i=1,2,3)$ 为任意常数。

2. 特征根中含有 m 重根

假设 r_1 是特征方程(4.3)的 m 重根,此时将所有特征根直接代入 $y=\mathrm{e}^{rx}$ 中,只能得到方程(4.2)的 $n-m+1$ 个线性无关的解,即 $y_i=\mathrm{e}^{r_i x}(i=1,2,\cdots,n-m+1)$。那么,如何找到 r_1 对应的 $m-1$ 个线性无关的解成为关键。

(1) r_1 是 m 重实根的情形。

定理 4.1　如果 r_1 是方程(4.3)的 $m(1<m<n)$ 重实根,则可得方程(4.2)的 m 个与 r_1 相应的线性无关的特解 $\mathrm{e}^{r_1 x},x\mathrm{e}^{r_1 x},\cdots,x^{m-1}\mathrm{e}^{r_1 x}$。

证明: 首先,往证 $x^k\mathrm{e}^{r_1 x}(k=0,1,\cdots,m-1)$ 是方程(4.2)的解,即 $l[x^k\mathrm{e}^{r_1 x}]=0$。由于 r_1 为 m 重实根,对于方程(4.2)的特征多项式 $P(r)=r^n+p_1 r^{n-1}+\cdots+p_{n-1}r+p_n$ 有:$P(r_1)=P'(r_1)=\cdots=P^{(m-1)}(r_1)=0,P^{(m)}(r_1)\neq 0$。因为,

$$l[x^k\mathrm{e}^{r_1 x}]=l\left[\frac{\partial^k(\mathrm{e}^{r_1 x})}{\partial r_1^k}\right]=\frac{\partial^k}{\partial r_1^k}l[\mathrm{e}^{r_1 x}]=\frac{\partial^k}{\partial r_1^k}(P(r_1)\mathrm{e}^{r_1 x})$$

利用莱布尼茨公式对上式右端进行计算,可得

$$l[x^k\mathrm{e}^{r_1 x}]=[P^{(k)}(r_1)+kP^{(k-1)}(r_1)x+\cdots+x^k P(r_1)]\mathrm{e}^{r_1 x}=0$$

证得 $x^k\mathrm{e}^{r_1 x}(k=0,1,\cdots,m-1)$ 是方程(4.2)的解。

接着,往证 $x^k\mathrm{e}^{r_1 x}(k=0,1,\cdots,m-1)$ 线性无关。

利用反证法,假设 $x^k\mathrm{e}^{r_1 x}(k=0,1,\cdots,m-1)$ 线性相关,即存在不全为零的常数 $\alpha_k(k=0,1,\cdots,m-1)$,使得 $\sum_{k=0}^{m-1}\alpha_k(x^k\mathrm{e}^{r_1 x})=0$。由于 $\mathrm{e}^{r_1 x}\neq 0$,使得 $\sum_{k=0}^{m-1}\alpha_k x^k=0$,即

$$\alpha_0+\alpha_1 x+\cdots+\alpha_{m-1}x^{m-1}=0 \tag{4.7}$$

上式两端对 x 求 $m-1$ 阶导数得到 $(m-1)!\ \alpha_{m-1}=0$,故有 $\alpha_{m-1}=0$。将其代入式(4.7)中得到

$$\alpha_0+\alpha_1 x+\cdots+\alpha_{m-2}x^{m-2}=0 \tag{4.8}$$

式(4.8)两端再对 x 求 $m-2$ 阶导数得到 $(m-2)!\ \alpha_{m-2}=0$,故有 $\alpha_{m-2}=0$。依此推导下去得到 $\alpha_k=0(k=0,1,\cdots,m-1)$,与假设中 α_k 不全为零矛盾,命题得证。

根据定理 4.1,将通解(4.4)中的前 m 项替换为 $(C_1+C_2 x+\cdots+C_m x^{m-1})\mathrm{e}^{r_1 x}$,可得方程(4.2)的通解为

$$y=(C_1+C_2 x+\cdots+C_m x^{m-1})\mathrm{e}^{r_1 x}+C_{m+1}\mathrm{e}^{r_{m+1}x}+\cdots+C_n\mathrm{e}^{r_n x} \tag{4.9}$$

其中,$C_i(i=1,2,\cdots,n)$ 为任意常数。

例 4.3　求方程 $\dfrac{\mathrm{d}^3 y}{\mathrm{d}x^3}-3\dfrac{\mathrm{d}^2 y}{\mathrm{d}x^2}+3\dfrac{\mathrm{d}y}{\mathrm{d}x}-y=0$ 的通解。

解: 设方程的解为 $y=\mathrm{e}^{rx}$,则原方程对应的特征方程为 $r^3-3r^2+3r-1=0$,即 $(r-1)^3=0$,故解得特征根为 $r_{1,2,3}=1$,属于 3 重根的情形。根据式(4.9)知,所求通解为

$$y=(C_1+C_2x+C_3x^2)e^x$$

其中,$C_i(i=1,2,3)$为任意常数。

(2)r_1是 m 重复根的情形。

假设 $r_1=a+ib$ 是特征方程(4.3)的 m 重根,则 $\overline{r}_1=a-ib$ 也是 m 重特征根。由推论 3.2 和定理 3.12 可知,$x^k e^{ax}\cos bx$ 和 $x^k e^{ax}\sin bx(k=0,1,\cdots,m-1)$是方程(4.2)的 $2m$ 个线性无关的实值解,则相应的通解具有如下形式:

$$y=e^{ax}\big[(C_1+C_2x+\cdots+C_mx^{m-1})\cos bx+(C_{m+1}+C_{m+2}x+\cdots+$$
$$C_{2m}x^{m-1})\sin bx\big]+C_{2m+1}e^{r_{2m+1}x}+\cdots+C_ne^{r_nx} \tag{4.10}$$

例 4.4 求方程$\dfrac{d^4y}{dx^4}+2\dfrac{d^2y}{dx^2}+y=0$ 的通解。

解:设方程的解为 $y=e^{rx}$,则原方程对应的特征方程为 $r^4+2r^2+1=0$,故解得特征根为 $r=\pm i$,属于 2 重复根的情形。根据式(4.10)知所求通解为

$$y=(C_1+C_2x)\cos x+(C_3+C_4x)\sin x$$

其中,$C_i(i=1,2,3,4)$为任意常数。

例 4.5 求方程$\dfrac{d^8y}{dx^8}+18\dfrac{d^6y}{dx^6}+81\dfrac{d^4y}{dx^4}=0$ 的通解。

解:设方程的解为 $y=e^{rx}$,原方程对应的特征方程为 $r^8+18r^6+81r^4=0$,即 $r^4(r^2+9)^2=0$,故解得特征根为 $r_1=0(4$ 重根$)$,$r_{2,3}=\pm 3i(2$ 重复根$)$,根据式(4.10)知所求通解为

$$y=C_1+C_2x+C_3x^2+C_4x^3+(C_5+C_6x)\cos 3x+(C_7+C_8x)\sin 3x$$

其中,$C_i(i=1,2,\cdots,8)$为任意常数。

注解 4.1:求 n 阶常系数齐次线性微分方程(4.2)通解的一般步骤:

(1)令方程的解为 $y=e^{rx}$,代入方程(4.2)得到其对应的特征方程(4.3);

(2)求出特征方程(4.3)的特征根 $r_i(i=1,2,\cdots,n)$;

(3)根据特征根的不同情形,写出微分方程(4.2)的通解,如表 4-1 所示。

表 4-1 n 阶常系数齐次线性微分方程(4.2)通解的形式

特征方程(4.3)的特征根的情形	微分方程(4.2)通解的形式
单实根 $r_1,r_2,\cdots,r_n$	$y=\sum\limits_{j=1}^{n}C_je^{r_jx}$
单实根 $r_1,\cdots,r_{n-2}$ 和一对共轭复根 $r_{n-1,n}=a\pm bi$	$y=\sum\limits_{j=1}^{n-2}C_je^{r_jx}+e^{ax}(C_{n-1}\cos bx+C_n\sin bx)$
m 重实根 r_1 和单实根 r_{m+1},$\cdots,r_n$	$y=\sum\limits_{k=1}^{m}C_kx^{k-1}e^{r_1x}+\sum\limits_{j=m+1}^{n}C_je^{r_jx}$
m 重复根 $r_1=a\pm bi$ 和单实根 $r_{2m+1},\cdots,r_n$	$y=e^{ax}\Big[\sum\limits_{k=1}^{m}C_kx^{k-1}\cos bx+\sum\limits_{l=1}^{m}C_{m+l}x^{l-1}\sin bx\Big]+\sum\limits_{j=2m+1}^{n}C_je^{r_jx}$

4.2　欧拉方程

考虑具有如下形式的方程

$$x^n y^{(n)} + p_1 x^{n-1} y^{(n-1)} + \cdots + p_{n-1} xy' + p_n y = 0 \quad (p_1, p_2, \cdots, p_n \text{ 为常数}) \quad (4.11)$$

易见,方程(4.11)是 n 阶变系数齐次线性微分方程,其特点是各项未知函数导数的阶数与乘积因子自变量的幂次数相同,方程(4.11)称为欧拉方程。为了将欧拉方程(4.11)化为 n 阶常系数齐次线性微分方程,下面介绍两种求解方法。

方法一　引入中间变量 t,作自变量变换 $x = e^t$ 或 $t = \ln x$,此时有

$$\frac{dy}{dx} = \frac{dy}{dt} \frac{dt}{dx} = \frac{1}{x} \frac{dy}{dt}$$

$$\frac{d^2 y}{dx^2} = -\frac{1}{x^2} \frac{dy}{dt} + \frac{1}{x} \frac{dt}{dx} \frac{d}{dt}\left(\frac{dy}{dt}\right) = \frac{1}{x^2}\left(\frac{d^2 y}{dt^2} - \frac{dy}{dt}\right)$$

$$\frac{d^3 y}{dx^3} = \frac{-2}{x^3}\left(\frac{d^2 y}{dt^2} - \frac{dy}{dt}\right) + \frac{1}{x^2}\left(\frac{1}{x} \frac{d^3 y}{dt^3} - \frac{1}{x} \frac{d^2 y}{dt^2}\right) = \frac{1}{x^3}\left(\frac{d^3 y}{dt^3} - 3\frac{d^2 y}{dt^2} + 2\frac{dy}{dt}\right)$$

按照求导法则依次求 y 对 x 的各阶导数,并记 $D = \dfrac{d}{dt}$,可得

$$xy' = Dy, \quad x^2 y'' = D(D-1)y, \quad x^3 y''' = D(D-1)(D-2)y, \cdots$$

一般地,$x^k y^{(k)} = D(D-1) \cdot \cdots \cdot (D-k+1)y$。将该推导结果代入欧拉方程(4.11),则方程(4.11)化为以 t 为自变量的 n 阶常系数线性微分方程

$$\frac{d^n y}{dt^n} + b_1 \frac{d^{n-1} y}{dt^{n-1}} + \cdots + b_{n-1} \frac{dy}{dt} + b_n y = 0 \quad (b_1, b_2, \cdots, b_n \text{ 为常数}) \quad (4.12)$$

由特征根法可求得方程(4.12)的通解,再将 t 换为 $\ln x$ 即得欧拉方程的通解。

方法二　易知方程(4.12)的解为 $y = e^{rt} = x^r$,这里 r 为方程(4.12)对应的特征方程的特征根。设欧拉方程(4.11)的解为 $y = x^r$,此时有

$$y^{(k)} = r(r-1) \cdot \cdots \cdot (r-k+1) x^{r-k} \quad (k=1, 2, \cdots, n)$$

将上式代入方程(4.11)中,得到以 r 为未知量的一元 n 次方程

$$r^n + b_1 r^{n-1} + \cdots + b_{n-1} r + b_n = 0 \quad (4.13)$$

通过求解方程(4.13)得到 r,根据特征根的形式写出方程的通解。为了便于理解上述求解方法,下面针对二阶欧拉方程 $x^2 y'' + p_1 xy' + p_2 y = 0$,在表 4-2 中给出其通解形式。

表 4 - 2 二阶欧拉方程的通解形式

方程(4.13)的特征根的情形	二阶欧拉方程的通解形式
两个不相等的实根 $r_1 \neq r_2$	$y = C_1 x^{r_1} + C_2 x^{r_2}$
一对共轭复根 $r_{1,2} = a \pm bi$	$y = x^a [C_1 \cos(b \ln x) + C_2 \sin(b \ln x)]$
两个相等的实根 $r_1 = r_2$	$y = (C_1 + C_2 \ln x) x^{r_1}$

例 4.6 求欧拉方程 $x^2 y'' - xy' + 2y = 0$ 的通解。

解:方法一 作变量变换 $x = e^t$，则原方程化为 $D(D-1)y - Dy + 2y = 0$，即

$$\frac{d^2 y}{dt^2} - 2\frac{dy}{dt} + 2y = 0$$

上式对应的特征方程为 $r^2 - 2r + 2 = 0$，特征根为 $r_{1,2} = 1 \pm i$，所以欧拉方程的通解为

$$y = (C_1 \cos t + C_2 \sin t) e^t = (C_1 \cos(\ln x) + C_2 \sin(\ln x)) x$$

其中，C_1, C_2 为任意常数。

方法二 设欧拉方程的解为 $y = x^r$，则有 $y'' = r(r-1)x^{r-2}$，$y' = rx^{r-1}$，将其代入原方程有

$$r^2 - 2r + 2 = 0$$

解得特征根为 $r_{1,2} = 1 \pm i$，根据表 4 - 2 得到方程的通解为

$$y = (C_1 \cos(\ln x) + C_2 \sin(\ln x)) x \quad (C_1, C_2 \text{ 为任意常数})$$

例 4.7 求欧拉方程 $x^2 y'' - 3xy' + 4y = 0$ 的通解。

解:方法一 作变量变换 $x = e^t$，则原方程化为 $D(D-1)y - 3Dy + 4y = 0$，即

$$\frac{d^2 y}{dt^2} - 4\frac{dy}{dt} + 4y = 0$$

上式对应的特征方程为 $r^2 - 4r + 4 = 0$，特征根为 $r_{1,2} = 2$(2 重根)，所以欧拉方程的通解为

$$y = (C_1 + C_2 t) e^{2t} = (C_1 + C_2 \ln x) x^2 \quad (C_1, C_2 \text{ 为任意常数})$$

方法二 设欧拉方程的解为 $y = x^r$，将其代入原方程有 $r^2 - 4r + 4 = 0$，解得特征根为 $r_{1,2} = 2$(2 重根)，根据表 4 - 2 得到方程的通解为

$$y = (C_1 + C_2 \ln x) x^2 \quad (C_1, C_2 \text{ 为任意常数})$$

例 4.8 求方程 $x^2 y''' + xy'' + y' = 0$ 的通解。

解:首先在原方程两端同时乘以 x，则原方程化为欧拉方程 $x^3 y''' + x^2 y'' + xy' = 0$，作变量变换 $x = e^t$，则有 $D(D-1)(D-2)y + D(D-1)y + Dy = 0$，即

$$\frac{d^3 y}{dt^3} - 2\frac{d^2 y}{dt^2} + 2\frac{dy}{dt} = 0$$

上式对应的特征方程为 $r^3 - 2r^2 + 2r = 0$，特征根为 $r_1 = 0$，$r_{2,3} = 1 \pm i$，所以方程的通解为

$$y = C_1 + e^t(C_2\cos t + C_3\sin t) = C_1 + x[C_2\cos(\ln x) + C_3\sin(\ln x)]$$

其中，$C_i(i=1,2,3)$ 为任意常数。

4.3　n 阶常系数非齐次线性微分方程

当 $f(x) \neq 0$ 时，方程（4.1）称为 n 阶常系数非齐次线性常微分方程。根据定理 3.13 可知，方程（4.1）的通解由它的一个特解和齐次线性微分方程（4.2）的通解构成。在 4.1 节中，由于已经给出了方程（4.2）通解的求解方法，因此本节主要介绍方程（4.1）的解法——比较系数法和拉普拉斯变换方法。

4.3.1　比较系数法

该方法的基本思想是根据先验假设出方程（4.2）解的形式，虽然解的形式确定了，但是其中含有未知参数，将其代入方程（4.2），通过比较对应项的系数来确定未知参数。该方法的关键在于根据非齐次项 $f(x)$，假设给出方程（4.2）解的正确形式，故仅对 $f(x)$ 取某些简单的初等函数时，例如，指数函数、多项式函数、正弦函数和余弦函数以及它们的组合形式，比较系数法比较合适。

情形 1：$f(x) = (b_0 x^m + b_1 x^{m-1} + \cdots + b_{m-1}x + b_m)e^{\alpha x}$

n 阶常系数线性微分方程（4.2）满足线性叠加原理，故根据 $f(x)$ 的表达式，假设方程（4.2）的特解具有如下形式：

$$y^* = x^k Q_m(x)e^{\alpha x}, k = \begin{cases} 0 & \alpha \text{ 不是特征根} \\ l & \alpha \text{ 是 } l \text{ 重特征根} \end{cases} \tag{4.14}$$

其中，$Q_m(x) = q_0 x^m + q_1 x^{m-1} + \cdots + q_{m-1}x + q_m (q_i, i = 0,1,\cdots,m$ 为待定系数）。

例 4.9　求方程 $y'' - 3y' + 2y = xe^{2x}$ 的通解。

解：方法一（比较系数法）　此方程对应的齐次线性微分方程的特征方程为 $r^2 - 3r + 2 = 0$，解得特征根 $r_1 = 1, r_2 = 2$，故齐次线性微分方程的通解为 $\tilde{y} = C_1 e^x + C_2 e^{2x}$，因为非齐次项 $f(x) = xe^{2x}$，所以 $\alpha = 2$ 是特征单根，根据式（4.14）设原方程的特解为 $y^* = x(Ax + B)e^{2x}$，对其求一、二阶导数有

$$(y^*)' = [2Ax^2 + 2(A+B)x + B]e^{2x}$$
$$(y^*)'' = 2[2Ax^2 + 2(2A+B)x + (A+2B)]e^{2x}$$

将上式代入原方程得 $2Ax + B + 2A = x$，通过比较上式同次幂的系数，得到 $A = \dfrac{1}{2}$，$B = -1$。

故非齐次线性微分方程的特解为 $y^* = x\left(\dfrac{1}{2}x - 1\right)e^{2x}$，由此可得原方程的通解为

$$y = y^* + \widetilde{y} = C_1 e^x + C_2 e^{2x} + x\left(\dfrac{1}{2}x - 1\right)e^{2x} \quad (C_1, C_2 \text{ 为任意常数})$$

方法二(常数变易法) 对应的齐次线性微分方程的通解为 $y = C_1 e^x + C_2 e^{2x}$，根据常数变易法假设非齐次线性微分方程的通解为 $y = C_1(x)e^x + C_2(x)e^{2x}$，将其代入原方程后可得

$$\begin{cases} C_1'(x)e^x + C_2'(x)e^{2x} = 0 \\ C_1'(x)e^x + 2C_2'(x)e^{2x} = xe^{2x} \end{cases}$$

通过求解上述方程组得到

$$\begin{cases} C_1'(x) = -xe^x \\ C_2'(x) = x \end{cases}$$

对上式两边进行积分得到 $C_1(x) = -xe^x + e^x + c_1, C_2(x) = \dfrac{x^2}{2} + c_2$。将其代入通解 $y = C_1(x)e^x + C_2(x)e^{2x}$ 中，则原方程的通解为

$$y = c_1 e^x + c_2 e^{2x} + e^{2x}(1-x) + \dfrac{1}{2}x^2 e^{2x} = C_1 e^x + C_2 e^{2x} + x\left(\dfrac{1}{2}x - 1\right)e^{2x}$$

其中，C_1, C_2 为任意常数。

例 4.10 求方程 $y'' - 4y' = -4x^2 + x$ 的通解。

解：此方程对应齐次线性微分方程的特征方程为 $r^2 - 4r = 0$，解得特征根 $r_1 = 0, r_2 = 4$，故齐次线性微分方程的通解是 $\widetilde{y} = C_1 + C_2 e^{4x}$。因为非齐次项 $f(x) = (-4x^2 + x)e^{0x}$，所以 $\alpha = 0$ 是特征单根，根据式(4.14)设非齐次线性微分方程的特解为 $y^* = x(Ax^2 + Bx + C)$，对其求一、二阶导数有

$$(y^*)' = 3Ax^2 + 2Bx + C$$
$$(y^*)'' = 6Ax + 2B$$

将上式代入原方程得

$$-12Ax^2 + (6A - 8B)x + (2B - 4C) = -4x^2 + x$$

通过比较上式同次幂的系数，得到

$$\left.\begin{array}{r} -12A = -4 \\ 6A - 8B = 1 \\ 2B - 4C = 0 \end{array}\right\} \Rightarrow A = \dfrac{1}{3}, B = \dfrac{1}{8}, C = \dfrac{1}{16}$$

故原方程的通解为

$$y = \widetilde{y} + y^* = C_1 + C_2 e^{4x} + \dfrac{1}{48}(16x^3 + 6x^2 + 3x) \quad (C_1, C_2 \text{ 为任意常数})。$$

例 4.11 求方程 $y''' + 3y'' + 3y' + y = e^{-x}(x-5)$ 的通解。

解：此方程对应的齐次线性微分方程的特征方程为 $r^3 + 3r^2 + 3r + 1 = 0$，求得特征根 $r_{1,2,3} = -1$（3 重根），故齐次线性微分方程的通解是 $\widetilde{y} = (C_1 + xC_2 + x^2C_3)e^{-x}$。因为非齐次项 $f(x) = e^{-x}(x-5)$，所以 $\alpha = -1$ 是三重特征根，根据式(4.14)设非齐次线性微分方程的特解为 $y^* = x^3(Ax+B)e^{-x}$，对其求一、二、三阶导数有

$$(y^*)' = x^2[-Ax^2 + (4A-B)x + 3B]e^{-x}$$

$$(y^*)'' = x[Ax^3 - (8A-B)x^2 + 6(2A-B)x + 6B]e^{-x}$$

$$(y^*)''' = -[Ax^4 - (12A-B)x^3 + 9(4A-B)x^2 + 6(3B-4A)x - 6B]e^{-x}$$

将上式代入原方程得 $24Ax + 6B = x - 5$，通过比较同次幂的系数得到 $A = \dfrac{1}{24}, B = -\dfrac{5}{6}$。

故原方程的通解为

$$y = y^* + \widetilde{y} = (C_1 + C_2x + C_3x^2)e^{-x} + \frac{1}{24}x^3(x-20)e^{-x}$$

其中，C_1, C_2 为任意常数。

例 4.12 求方程 $x^2y'' - 3xy' - 8y = x\ln x$ 的通解。

解：方法一（比较系数法） 作变量变换 $x = e^t$ 或 $t = \ln x$，原方程化为

$$\frac{\mathrm{d}^2 y}{\mathrm{d}t^2} - 4\frac{\mathrm{d}y}{\mathrm{d}t} - 8y = te^t \tag{4.15}$$

上式对应的齐次线性微分方程的特征方程为 $r^2 - 4r - 8 = 0$，解得特征根为 $r_1 = 2 + 2\sqrt{3}$，$r_2 = 2 - 2\sqrt{3}$，其通解为 $\widetilde{y} = C_1e^{(2+2\sqrt{3})t} + C_2e^{(2-2\sqrt{3})t} = C_1x^{2+2\sqrt{3}} + C_2x^{2-2\sqrt{3}}$。

方程(4.15)中非齐次项 $f(t) = e^t t$，$\alpha = 1$ 不是特征根，根据式(4.14)设非齐次线性微分方程的特解为 $y^* = (At + B)e^t$，对其求一、二阶导数得

$$\frac{\mathrm{d}y^*}{\mathrm{d}t} = (At + A + B)e^t$$

$$\frac{\mathrm{d}^2 y^*}{\mathrm{d}t^2} = (At + 2A + B)e^t$$

将上式代入式(4.15)得到

$$-11At - 11B - 2A = t$$

通过比较同次幂的系数得到

$$A = -\frac{1}{11}, B = \frac{2}{121}$$

故原方程的通解为

$$y = \widetilde{y} + y^* = C_1x^{2+2\sqrt{3}} + C_2x^{2-2\sqrt{3}} + \left(-\frac{1}{11}\ln x + \frac{2}{121}\right)x$$

其中，C_1，C_2 为任意常数。

方法二(常数变易法) 将原方程化为

$$y'' - \frac{3}{x}y' - \frac{8}{x^2}y = \frac{\ln x}{x} \tag{4.16}$$

由上述分析知齐次线性微分方程的通解为 $\widetilde{y} = C_1 x^{2+2\sqrt{3}} + C_2 x^{2-2\sqrt{3}}$，根据常数变易法假设非齐次方程(4.16)的通解为 $y = C_1(x) x^{2+2\sqrt{3}} + C_2(x) x^{2-2\sqrt{3}}$，将其代入式(4.16)得

$$\begin{cases} C_1'(x) x^{2+2\sqrt{3}} + C_2'(x) x^{2-2\sqrt{3}} = 0 \\ (2+2\sqrt{3}) C_1'(x) x^{1+2\sqrt{3}} + (2-2\sqrt{3}) C_2'(x) x^{1-2\sqrt{3}} = \frac{\ln x}{x} \end{cases}$$

解之得

$$\begin{cases} C_1'(x) = \dfrac{\ln x}{4\sqrt{3}} x^{-(2+2\sqrt{3})} \\ C_2'(x) = -\dfrac{\ln x}{4\sqrt{3}} x^{(-2+2\sqrt{3})} \end{cases}$$

对上式利用分部积分法，可得

$$C_1(x) = \frac{1}{4\sqrt{3}} \int x^{-(2+2\sqrt{3})} \ln x \, \mathrm{d}x = \frac{1}{4\sqrt{3}} \left[\frac{x^{-(1+2\sqrt{3})}}{-1-2\sqrt{3}} \ln x + \frac{1}{1+2\sqrt{3}} \int x^{-(2+2\sqrt{3})} \, \mathrm{d}x \right]$$

$$= -\frac{x^{-(1+2\sqrt{3})}}{48+52\sqrt{3}} \left[(1+2\sqrt{3}) \ln x + 1 \right] + C_1$$

$$C_2(x) = -\frac{1}{4\sqrt{3}} \int x^{(-2+2\sqrt{3})} \ln x \, \mathrm{d}x = \frac{-1}{4\sqrt{3}} \left[\frac{x^{(-1+2\sqrt{3})}}{-1+2\sqrt{3}} \ln x - \frac{1}{-1+2\sqrt{3}} \int x^{(-2+2\sqrt{3})} \, \mathrm{d}x \right]$$

$$= -\frac{x^{(-1+2\sqrt{3})}}{52\sqrt{3}-48} \left[(-1+2\sqrt{3}) \ln x - 1 \right] + C_2$$

将 $C_1(x)$，$C_2(x)$ 代入 $y = C_1(x) x^{2+2\sqrt{3}} + C_2(x) x^{2-2\sqrt{3}}$ 中，可得方程的通解为

$$y = C_1 x^{2+2\sqrt{3}} + C_2 x^{2-2\sqrt{3}} + \left(-\frac{1}{11} \ln x + \frac{2}{121} \right) x$$

其中，C_1，C_2 为任意常数。

情形 2： $f(x) = \mathrm{e}^{\alpha x} [A(x)\cos\beta x + B(x)\sin\beta x]$，其中 $A(x)$，$B(x)$ 是 x 的次数不高于 m 的多项式，但二者至少有一个的次数为 m。

根据 $f(x)$ 的表达式，利用欧拉公式将其写成

$$f(x) = \mathrm{e}^{\alpha x} \left[A(x) \frac{\mathrm{e}^{\mathrm{i}\beta x} + \mathrm{e}^{-\mathrm{i}\beta x}}{2} + B(x) \frac{\mathrm{e}^{\mathrm{i}\beta x} - \mathrm{e}^{-\mathrm{i}\beta x}}{2i} \right]$$

$$= P(x) \mathrm{e}^{(\alpha+\mathrm{i}\beta)x} + \bar{P}(x) \mathrm{e}^{(\alpha-\mathrm{i}\beta)x} \tag{4.17}$$

这里 $P(x) = \dfrac{A(x) - \mathrm{i}B(x)}{2}$，$\bar{P}(x) = \dfrac{A(x) + \mathrm{i}B(x)}{2}$。

由式(4.17)可见,此时 $f(x)$ 属于情形 1,故其特解可假设为:

(1)若 $\alpha \pm i\beta$ 是特征方程的根,方程(4.2)有如下形式的解

$$y^* = e^{\alpha x}\left[Q_m(x)e^{i\beta x} + \bar{Q}_m(x)e^{-i\beta x}\right] \tag{4.18}$$

其中,$Q_m(x) = q_0 x^m + q_1 x^{m-1} + \cdots + q_{m-1}x + q_m$,$\bar{Q}_m(x)$ 为其共轭函数。

式(4.18)可根据欧拉公式进一步化简为

$$y^* = e^{\alpha x}\left[V(x)\cos \beta x + Q(x)\sin \beta x\right] \tag{4.19}$$

其中,$V(x) = 2\mathrm{Re}(Q_m(x))$,$Q(x) = -2\mathrm{Im}(Q_m(x))$。

(2)若 $\alpha \pm i\beta$ 是特征方程的 k 重根,方程(4.2)有如下形式的解:

$$y^* = x^k e^{\alpha x}\left[V(x)\cos \beta x + Q(x)\sin \beta x\right] \tag{4.20}$$

例 4.13　求方程 $y'' - 4y' + 3y = e^x(2\sin 2x - 3\cos 2x)$ 的通解。

解:此方程对应的齐次线性微分方程的特征方程为 $r^2 - 4r + 3 = 0$,求得特征根 $r_1 = 3$,$r_2 = 1$,故齐次线性微分方程的通解是 $y = C_1 e^x + C_2 e^{3x}$。因为非齐次项 $f(x) = e^x(2\sin 2x - 3\cos 2x)$,所以 $\alpha \pm i\beta = 1 \pm 2i$ 不是特征根,根据式(4.19)设非齐次线性微分方程的特解为 $y^* = e^x(A\cos 2x + B\sin 2x)$,对其求一、二阶导数有

$$(y^*)' = \left[-(2A-B)\sin 2x + (A+2B)\cos 2x\right]e^x$$

$$(y^*)'' = -\left[(4A+3B)\sin 2x + (3A-4B)\cos 2x\right]e^x$$

将上式代入原方程得 $-4e^x\left[(A+B)\cos 2x - (A-B)\sin 2x\right] = e^x(2\sin 2x - 3\cos 2x)$

通过比较对应项的系数得到

$$A = \frac{5}{8},\ B = \frac{1}{8}$$

故原方程的通解为 $y = C_1 e^x + C_2 e^{3x} + \dfrac{1}{8}e^x(5\cos 2x + \sin 2x)$　（C_1,C_2 为任意常数）。

例 4.14　求方程 $y'' - y = 3e^{2x} + 10\cos 3x$ 的通解。

解:此方程对应的齐次线性微分方程的特征方程为 $r^2 - 1 = 0$,求得特征根 $r_1 = -1$,$r_2 = 1$,故齐次线性微分方程的通解是 $\tilde{y} = C_1 e^x + C_2 e^{-x}$。设 $y'' - y = 3e^{2x}$ 的特解为 y_1^*,$y'' - y = 10\cos 3x$ 的特解为 y_2^*,则原方程的特解为 $y^* = y_1^* + y_2^*$。根据非齐次项的形式,可写出 y_1^* 和 y_2^* 的表达式

$$y_1^* = Ae^{2x},\ y_2^* = B_1\cos 3x + B_2\sin 3x$$

将特解 $y^* = y_1^* + y_2^*$ 代入原方程可得

$$3Ae^{2x} - 10B_1\cos 3x - 10B_2\sin 3x = 3e^{2x} + 10\cos 3x$$

通过比较对应项的系数得到

$$A = 1,\ B_1 = -1,\ B_2 = 0$$

故可得 $y^* = e^{2x} - \cos 3x$。因此，原方程的通解为

$$y = \tilde{y} + y^* = C_1 e^x + C_2 e^{-x} + e^{2x} - \cos 3x$$

其中，C_1,C_2 为任意常数。

注解 4.2：若 $y_j(j=1,2,\cdots,n)$ 是方程 $y'' + a_1 y' + a_2 y = f_j(x)(j=1,2,\cdots,n)$ 的解，则

$$y = \sum_{j=1}^{n} k_j y_j \text{ 是 } y'' + a_1 y' + a_2 y = \sum_{j=1}^{n} k_j f_j(x) \text{ 的解。}$$

情形 3：$f(x) = A(x)e^{\alpha x}\cos\beta x$ 或 $f(x) = A(x)e^{\alpha x}\sin\beta x$，其中 $A(x)$ 是 x 的次数为 m 的多项式。

由欧拉公式知 $A(x)e^{(\alpha+i\beta)x} = A(x)e^{\alpha x}(\cos\beta x + i\sin\beta x)$，故 $f(x) = A(x)e^{\alpha x}\cos\beta x$ 和 $f(x) = A(x)e^{\alpha x}\sin\beta x$ 分别是 $A(x)e^{\alpha+i\beta x}$ 对应的实部和虚部，根据定理 3.14 可知，线性方程 $l[y] = A(x)e^{(\alpha+i\beta)x}$ 的复值解的实部和虚部分别是线性方程 $l[y] = A(x)e^{\alpha x}\cos\beta x$ 和 $l[y] = A(x)e^{\alpha x}\sin\beta x$ 的解，这就是复数法的基本思想。为了便于大家进一步理解复数法，下面利用该方法对方程 $l[y] = A(x)e^{\alpha x}\sin\beta x$ 或 $l[y] = A(x)e^{\alpha x}\cos\beta x$ 进行求解。

例 4.15 求方程 $y'' + 4y' + 4y = \sin 2x$ 的通解。

解：方法一（复数法） 此方程对应齐次线性微分方程的特征方程为 $r^2 + 4r + 4 = 0$，求得特征根 $r_{1,2} = -2$，故齐次线性微分方程的通解是 $y = (C_1 + C_2 x)e^{-2x}$。这里采用复数法，根据非齐次项 $f(x) = \sin 2x$，首先作辅助方程 $y'' + 4y' + 4y = e^{2ix}$，因为 $\alpha = 2i$ 不是特征根，设辅助方程的特解为 $y^* = Ae^{2ix}$，将其代入辅助方程中可得 $8Ai = 1 \Rightarrow A = -\dfrac{i}{8}$。

即 $y^* = -\dfrac{i}{8}e^{2ix} = -\dfrac{i}{8}\cos 2x + \dfrac{1}{8}\sin 2x$，由于原方程中非齐次项 $f(x) = \sin 2x$ 对应 e^{2ix} 的虚部，根据定理 3.14 可知，应该取 y^* 的虚部 $-\dfrac{1}{8}\cos 2x$ 作为原方程的特解。故原方程的通解为

$$y = (C_1 + xC_2)e^{-2x} - \frac{1}{8}\cos 2x \quad (C_1,C_2 \text{ 为任意常数})$$

方法二（比较系数法） 因为非齐次项 $f(x) = \sin 2x$，所以 $\alpha \pm i\beta = \pm 2i$ 不是特征根，根据式（4.18）设非齐次线性微分方程的特解为 $y^* = A\cos 2x + B\sin 2x$，对其求一、二阶导数得

$$(y^*)' = -2A\sin 2x + 2B\cos 2x, (y^*)'' = -4A\cos 2x - 4B\sin 2x$$

将上式代入原方程得

$$8B\cos 2x - 8A\sin 2x = \sin 2x$$

通过比较对应项的系数得到

$$A=-\frac{1}{8},B=0$$

故原方程的通解为

$$y=(C_1+xC_2)\mathrm{e}^{-2x}-\frac{1}{8}\cos 2x \quad (C_1,C_2 \text{ 为任意常数})$$

例 4.16 求方程 $y''+y=x\cos 2x$ 的通解。

解: 此方程对应齐次线性微分方程的特征方程为 $r^2+1=0$，求得特征根 $r_{1,2}=\pm\mathrm{i}$，故齐次线性微分方程的通解是 $y=C_1\cos x+C_2\sin x$。根据非齐次项 $f(x)=x\cos 2x$，首先作辅助方程 $y''+y=x\mathrm{e}^{2\mathrm{i}x}$，因为 $r=\pm 2\mathrm{i}$ 不是特征方程的根，设辅助方程的特解为 $y^*=(Ax+B)\mathrm{e}^{2\mathrm{i}x}$，将其代入辅助方程可得

$$\left.\begin{array}{r}4A\mathrm{i}-3B=0\\-3A=1\end{array}\right\}\Rightarrow A=-\frac{1}{3},B=-\frac{4}{9}\mathrm{i}$$

即可得

$$y^*=\left(-\frac{1}{3}x\cos 2x+\frac{4}{9}\sin 2x\right)-\mathrm{i}\left(\frac{4}{9}\cos 2x+\frac{1}{3}x\sin 2x\right)$$

故原方程的特解为 $y_1^*=-\frac{1}{3}x\cos 2x+\frac{4}{9}\sin 2x$（取 y^* 的实部）。因此,原方程的通解为

$$y=C_1\cos x+C_2\sin x-\frac{1}{3}x\cos 2x+\frac{4}{9}\sin 2x(C_1,C_2 \text{ 为任意常数})。$$

例 4.17 如图 4-1 所示,质量为 m 的滑块 A 可以在水平光滑槽中运动,自重不计的刚度为 k 的弹簧一端与滑块 A 连接,另一端固定。自重不计的杆 AB 的长度为 L,A 端与滑块铰接,B 端是质量为 m_1 的小球。设在力偶 M 作用下转动角速度 ω 为常数。求滑块 A 的运动微分方程并求解。

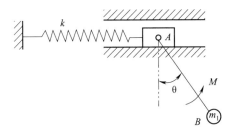

图 4-1　例 4.17 示意

解: 根据系统质心坐标公式可以写出质心水平方向的坐标 x_C 为

$$x_C=\frac{mx+m_1(x+L\sin\omega t)}{m+m_1}=x+\frac{m_1L\sin\omega t}{m+m_1}$$

由质心运动定理可知,$(m+m_1)\ddot{x}_C=\sum F_x^{(e)}$,即 $(m+m_1)\ddot{x}-m_1\omega^2L\sin\omega t=-kx$。

因此,滑块 A 的运动微分方程为

$$(m+m_1)\ddot{x}+kx=m_1\omega^2 L\sin\omega t$$

其中,x 为滑块 A 的水平位移。

由于该方程是一个二阶非齐次线性微分方程,首先利用特征根法,可求出齐次线性微分方程对应的特征根为 $r_{1,2}=\pm\sqrt{k/(m+m_1)}\,i$,故齐次线性微分方程的通解是 $x=C_1\cos\sqrt{k/(m+m_1)}\,t+C_2\sin\sqrt{k/(m+m_1)}\,t$。根据非齐次项 $f(t)=m_1\omega^2 L\sin\omega t$,假设原方程的特解为 $x^*=A_1\cos\omega t+A_2\sin\omega t$,将其代入非齐次线性微分方程中得到

$$A_1=0,A_2=\frac{m_1\omega^2 L}{k-\omega^2(m+m_1)}$$

因此,原方程的通解为

$$x=C_1\cos\sqrt{k/(m+m_1)}\,t+C_2\sin\sqrt{k/(m+m_1)}\,t+\frac{m_1\omega^2 L\sin\omega t}{k-\omega^2(m+m_1)}$$

其中,C_1,C_2 可由初始条件确定。

4.3.2 拉普拉斯变换方法

考虑 n 阶非齐次常系数线性微分方程

$$\frac{\mathrm{d}^n y}{\mathrm{d}t^n}+p_1\frac{\mathrm{d}^{n-1}y}{\mathrm{d}t^{n-1}}+\cdots+p_{n-1}\frac{\mathrm{d}y}{\mathrm{d}t}+p_n y=f(t)\quad(t>0) \tag{4.21}$$

其满足如下初始条件

$$y(t_0)=y_0,\frac{\mathrm{d}y(t_0)}{\mathrm{d}t}=\dot{y}_0,\cdots,\frac{\mathrm{d}^{n-1}y(t_0)}{\mathrm{d}t^{n-1}}=y_0^{(n-1)} \tag{4.22}$$

对于上述问题,可以先求得方程(4.21)的通解,然后通过初始条件方程(4.22)来确定 n 个任意常数,也可以利用拉普拉斯变换方法直接求得方程(4.21)满足初始条件的特解,其求解基本步骤如下。

(1)考虑初始条件(4.22),利用拉普拉斯变换的微分定理,对方程(4.21)中的每一项进行拉普拉斯变换得到

$$\left[s^n Y(s)-\sum_{k=0}^{n-1}s^{n-1-k}y_0^{(k)}\right]+p_1\left[s^{n-1}Y(s)-\sum_{l=0}^{n-2}s^{n-2-l}y_0^{(l)}\right]+\cdots+$$
$$p_{n-1}\left[sY(s)-y_0\right]+p_n Y(s)=F(s)$$

其中,$F(s)=L[f(t)]=\int_0^{+\infty}f(t)\mathrm{e}^{-st}\mathrm{d}t,Y(s)=L[y(t)]=\int_0^{+\infty}y(t)\mathrm{e}^{-st}\mathrm{d}t(s>0)$,将上式进一步整理成关于变量 s 的代数方程

$$\sum_{k=0}^{n}p_k s^{n-k}Y(s)=F(s)+\sum_{m=0}^{n-1}p_m s^{n-1-m}y_0+\sum_{l=0}^{n-2}p_l s^{n-2-l}\dot{y}_0+\cdots+y_0^{(n-1)}$$

其中，$p_0 = 1$。

（2）由上述代数方程求出解 $y(t)$ 的象函数 $Y(s)$ 的表达式为

$$A(s)Y(s) = F(s) + B(s) \Rightarrow Y(s) = \frac{F(s) + B(s)}{A(s)}$$

其中，$A(s) = \sum_{k=0}^{n} p_k s^{n-k}$，$B(s) = \sum_{m=0}^{n-1} p_m s^{n-1-m} y_0 + \sum_{l=0}^{n-2} p_l s^{n-2-l} \dot{y}_0 + \cdots + y_0^{(n-1)}$。

（3）若 $r_j (j = 1, 2, \cdots, n)$ 是 $A(s) = 0$ 的 n 个根，则可以根据 $r_j (j = 1, 2, \cdots, n)$ 是单根和包含重根的情况，利用留数公式将 $Y(s)$ 表示为单项和的形式，再利用拉普拉斯逆变换表写出象函数对应的原函数，即求得解 $y(t)$。具体如表 4-3 所示。

表 4-3　拉普拉斯变换法求出解的象函数和原函数的形式

$A(s) = 0$ 的 n 个根的情形	解对应的象函数 $Y(s)$ 的形式	解函数 $y(t)$ 的形式
n 个单根 $r_j (j = 1, 2, \cdots, n)$	$Y(s) = \sum_{j=1}^{n} \frac{A_j}{s + r_j}$，$A_j = [Y(s) \cdot (s + r_j)]_{s=-r_j}$	$y(t) = L^{-1}[Y(s)] = \sum_{j=1}^{n} A_j e^{-r_j t}$
n 个根中含一对共轭复根 $r_{1,2} = a \pm bi$	$Y(s) = \frac{A_1 s + A_2}{(s+a)^2 + b^2} + \sum_{j=3}^{n} \frac{A_j}{s + r_j}$，$(A_1 s + A_2)_{s=-a-ib} = [Y(s)((s+a)^2 + b^2)]_{s=-a-ib}$	$y(t) = L^{-1}[Y(s)] = \sum_{j=3}^{n} A_j e^{-r_j t} + A_1 e^{-at} \cos bt + \frac{A_2 - A_1 a}{b} e^{-at} \sin bt$
n 个根中 r_1 是 m 重实根	$Y(s) = \sum_{k=1}^{m} \frac{A_k}{(s+r_1)^k} + \sum_{l=m+1}^{n} \frac{A_l}{s + r_l}$，$A_l = [Y(s)(s + r_l)]_{s=-r_l} \quad (l = m+1, \cdots, n)$ $A_m = [Y(s)(s+r_1)^m]_{s=-r_1}$ $\vdots$ $A_{m-j} = \frac{1}{j!} \left\{ \frac{\mathrm{d}^j}{\mathrm{d}s^j} [Y(s)(s+r_1)^m] \right\}_{s=-r_1}$ $\vdots$ $A_1 = \frac{1}{(m-1)!} \left\{ \frac{\mathrm{d}^{m-1}}{\mathrm{d}s^{m-1}} [Y(s)(s+r_1)^m] \right\}_{s=-r_1}$	$y(t) = L^{-1}[Y(s)] = \sum_{l=m+1}^{n} A_l e^{-r_l t} + \sum_{k=1}^{m} \frac{A_k t^{k-1}}{(k-1)!} e^{-r_1 t}$

例 4.18　求方程 $\ddot{y} + 3\dot{y} + 2y = 5 \cdot 1(t)$ 满足初始条件 $y(0) = -1, \dot{y}(0) = 4$ 的解，其中 $1(t)$ 为单位阶跃函数。

解：对方程两端进行拉氏变换

$$s^2Y(s) - sy(0) - \dot{y}(0) + 3[sY(s) - y(0)] + 2Y(s) = \frac{5}{s}$$

将初始条件 $y(0) = -1, \dot{y}(0) = 4$ 代入上式得

$$Y(s) = \frac{5}{s^2+3s+2} \cdot \frac{1}{s} + \frac{1-s}{s^2+3s+2}$$

$$= \frac{5+s-s^2}{(s^2+3s+2)s}$$

$$= \frac{A_1}{s+2} + \frac{A_2}{s+1} + \frac{A_3}{s}$$

其中, $Y(s)$ 为 $y(t)$ 的象函数, $A_1 = \frac{5+s-s^2}{s(s+1)}\Big|_{s=-2} = -\frac{1}{2}$, $A_2 = \frac{5+s-s^2}{s(s+2)}\Big|_{s=-1} = -3$, $A_3 = $

$\frac{5+s-s^2}{s^2+3s+2}\Big|_{s=0} = \frac{5}{2}$。

根据表 4 − 3 可知, $y(t) = \frac{5}{2} - \frac{1}{2}\mathrm{e}^{-2t} - 3\mathrm{e}^{-t}$。

例 4.19 如图 4 − 2 所示的 RC 一阶控制系统电路,其运动微分方程为 $T\dot{c}(t) + c(t) = r(t)$。其中, $c(t)$ 为电路输出电压; $r(t)$ 为电路输入电压; $T = RC$, 为时间常数。当输入信号为单位脉冲函数 $\delta(t)$ 时,求系统的输出响应解。

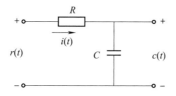

图 4 − 2 RC 电路系统

解: 考虑零初值条件,对方程两端进行拉氏变换得

$$(sT+1)C(s) = 1 \Rightarrow C(s) = \frac{1}{sT+1}$$

其中, $C(s)$ 为 $c(t)$ 的象函数,根据表 4 − 3 可知, $c(t) = \frac{1}{T}\mathrm{e}^{-\frac{t}{T}}$, 即一阶系统的单位脉冲响应曲线为单调下降的指数曲线。

4.4 二阶变系数线性常微分方程

前面几节主要讲了常系数线性微分方程的解法,然而很多工程实际问题中建立的数学模型均是变系数的常微分方程,且其解往往不能用基本初等函数表示出来,此时特征根法、比较系数法等就失效了,需要提出新的求解方法。本节主要介绍幂级数解法。

考虑如下二阶齐次线性微分方程

$$\frac{\mathrm{d}^2 y}{\mathrm{d}x^2} + p_1(x)\frac{\mathrm{d}y}{\mathrm{d}x} + p_2(x)y = 0 \tag{4.23}$$

其满足初始条件

$$y(x_0) = y_0, \frac{\mathrm{d}y(x_0)}{\mathrm{d}x} = y_0' \tag{4.24}$$

首先,引入如下两个定理:

定理 4.2　如果方程(4.23)中的系数 $p_i(x)(i=1,2)$ 在 $|x-x_0|<R$ 内解析,即可展成 $(x-x_0)$ 的幂级数,则方程(4.23)有形如

$$y(x) = \sum_{n=0}^{\infty} a_n (x-x_0)^n \tag{4.25}$$

的特解,其收敛区间 $|x-x_0|<R, R = \lim_{n\to\infty}\left|\frac{a_n}{a_{n+1}}\right|$ 为级数的收敛半径。

定理 4.3　如果 x_0 是方程(4.23)中的系数 $p_i(x)(i=1,2)$ 的奇点,$xp_1(x)$ 和 $x^2 p_2(x)$ 在 $|x-x_0|<R(x\neq x_0)$ 内可展成 $(x-x_0)$ 的幂级数,则方程(4.23)有形如

$$y(x) = \sum_{n=0}^{\infty} a_n (x-x_0)^{n+\gamma} \tag{4.26}$$

的特解,其收敛区间 $|x-x_0|<R(x\neq x_0)$,γ 是某一实数。

根据定理 4.2 和定理 4.3,方程(4.23)具有形如式(4.25)或式(4.26)的解,将其及其各阶导数代入方程(4.23)中,比较等式两端 x 的同次幂的系数,便可得到 $y(x)$ 的表达式。

例 4.20　求方程 $y'' - xy = 0$ 的通解。

解: 由于方程的系数在 $x=0$ 点解析,满足定理 4.2 的条件,故假设方程的解为 $y = \sum_{n=0}^{\infty} a_n x^n$,对其求一、二阶导数有 $y' = \sum_{n=1}^{\infty} a_n n x^{n-1}, y'' = \sum_{n=2}^{\infty} a_n n(n-1)x^{n-2}$。将 y, y'' 代入原方程中,并比较 x 的同次幂的系数,得到

$$2\cdot 1 a_2 = 0, 3\cdot 2 a_3 - a_0 = 0, 4\cdot 3 a_4 - a_1 = 0, 5\cdot 4 a_5 - a_2 = 0, \cdots$$

即 $a_2 = 0, a_3 = \frac{a_0}{3\cdot 2}, a_4 = \frac{a_1}{4\cdot 3}, a_5 = \frac{a_2}{5\cdot 4}, \cdots$

得到以下更一般的等式:

$$a_{3m} = \frac{a_0}{3m\cdot(3m-1)\cdot\cdots\cdot 6\cdot 5\cdot 3\cdot 2}, a_{3m+1} = \frac{a_1}{(3m+1)\cdot 3m\cdot\cdots\cdot 7\cdot 6\cdot 4\cdot 3}, a_{3m+2} = 0$$

其中,a_0, a_1 是任意的常数。故有

$$y = a_0\left[1 + \frac{x^3}{2\cdot 3} + \cdots + \frac{x^{3n}}{3n\cdot(3n-1)\cdot\cdots\cdot 6\cdot 5\cdot 3\cdot 2} + \cdots\right] +$$

$$a_1\left[x+\frac{x^4}{3\cdot4}+\cdots+\frac{x^{3n+1}}{(3n+1)\cdot3n\cdots7\cdot6\cdot3\cdot4}+\cdots\right]$$

该幂级数的收敛半径是无限大的,因而级数的和(包括任意的常数 a_0 和 a_1)就是所求的通解。

例 4.21 求 Legendre 方程 $(1-x^2)y''-2xy'+l(l+1)y=0,(l>0)$ 的解。

解: 首先,可将 Legendre 方程重新写为

$$y''-\frac{2x}{1-x^2}y'+\frac{l(l+1)}{1-x^2}y=0$$

由于方程的系数在 $x=0$ 点解析,在 $|x|<1$ 内可展成 x 的幂级数,满足定理 4.2 的条件,假设方程的解为 $y=\sum\limits_{n=0}^{\infty}a_nx^n(|x|<1)$,对其求一、二阶导数得 $y'=\sum\limits_{n=1}^{\infty}a_nnx^{n-1}$,$y''=\sum\limits_{n=2}^{\infty}a_nn(n-1)x^{n-2}$。将 y、y' 和 y'' 代入原方程中,得到

$$(1-x^2)\sum_{n=2}^{\infty}a_nn(n-1)x^{n-2}-2x\sum_{n=1}^{\infty}a_nnx^{n-1}+l(l+1)\sum_{n=0}^{\infty}a_nx^n=0$$

即 $\sum\limits_{n=0}^{\infty}a_{n+2}(n+2)(n+1)x^n-\sum\limits_{n=2}^{\infty}a_nn(n-1)x^n-2\sum\limits_{n=1}^{\infty}a_nnx^n+l(l+1)\sum\limits_{n=0}^{\infty}a_nx^n=0$

比较 x 的同次幂的系数,得到:

x^0 的系数:$2\cdot1a_2+l(l+1)a_0=0$;x^1 的系数:$3\cdot2a_3-2a_1+l(l+1)a_1=0$;

$x^n(n\geqslant2)$ 的系数:$(n+2)(n+1)a_{n+2}-n(n-1)a_n-2na_n+l(l+1)a_n=0$。

即

$$a_2=-\frac{l(l+1)}{2!}a_0,a_3=-\frac{(l-1)(l+2)}{3!}a_1,a_{n+2}=-\frac{(l-n)(l+n+1)}{(n+2)\cdot(n+1)}a_n\quad(n\geqslant2)$$

更一般的归纳得到以下等式:

$$a_{2m}=\frac{(-1)^m}{(2m)!}\prod_{j=1}^{m}\left[(l-2j+2)(l+2j-1)\right]a_0$$

$$a_{2m+1}=\frac{(-1)^m}{(2m+1)!}\prod_{j=1}^{m}\left[(l-2j+1)(l+2j)\right]a_1$$

其中,a_0 和 a_1 是任意常数。故有

$$y=a_0\sum_{m=0}^{\infty}\frac{(-1)^m}{(2m)!}\prod_{j=1}^{m}\left[(l-2j+2)(l+2j-1)\right]x^{2m}+$$

$$a_1\sum_{m=0}^{\infty}\frac{(-1)^m}{(2m+1)!}\prod_{j=1}^{m}\left[(l-2j+1)(l+2j)\right]x^{2m+1}\quad(|x|<1)$$

例 4.22 求 Bessel 方程 $x^2y''+xy'+(x^2-v^2)y=0(x>0;v$ 为正整数$)$ 的解。

解: 首先,可将 Bessel 方程重新写为

$$y'' + \frac{1}{x}y' + \frac{x^2 - v^2}{x^2}y = 0$$

显然 $x = 0$ 是上式系数的奇点，$xp_1(x) = 1$ 和 $x^2 p_2(x) = x^2 - v^2$ 在 $0 < x < +\infty$ 内可展成 x 的幂级数，满足定理 4.3 的条件，故假设方程的解为 $y = \sum\limits_{n=0}^{\infty} a_n x^{n+\gamma}$，对其求一、二阶导数：

$$y' = \sum_{n=0}^{\infty} a_n (n+\gamma) x^{n+\gamma-1}, \quad y'' = \sum_{n=0}^{\infty} a_n (n+\gamma)(n+\gamma-1) x^{n+\gamma-2}$$

将 y、y' 和 y'' 代入原方程中，得到

$$\sum_{n=0}^{\infty} \left[(n+\gamma)^2 - v^2 \right] a_n x^{n+\gamma} + \sum_{n=0}^{\infty} a_n x^{n+\gamma+2} = 0$$

比较 x 的同次幂的系数，得到

$$a_0 \left[\gamma^2 - v^2 \right] = 0, \quad a_1 \left[(\gamma+1)^2 - v^2 \right] = 0, \quad a_n \left[(\gamma+n)^2 - v^2 \right] + a_{n-2} = 0 \quad (n \geqslant 2)$$

由于 $a_0 \neq 0$，根据上面第一个方程得到 $\gamma = \pm v$。下面先讨论 $\gamma = v$ 的情况：

$$a_1 = 0, \quad a_n = -\frac{a_{n-2}}{(2v+n)n} \quad (n \geqslant 2)$$

即

$$a_{2n-1} = 0, \quad a_{2n} = -\frac{a_{2n-2}}{2n(2v+2n)} \quad (n = 1, 2, \cdots)$$

由上述关系式推得

$$a_2 = -\frac{a_0}{2^2(v+1)}, \quad a_4 = (-1)^2 \frac{a_0}{2^4 \cdot 2! \ (v+1)(v+2)}, \cdots$$

$$a_{2n} = (-1)^n \frac{a_0}{2^{2n} \cdot n! \ (v+1)(v+2) \cdot \cdots \cdot (v+n)}$$

故有

$$y = a_0 x^v \sum_{n=0}^{\infty} (-1)^n \frac{1}{n!(v+1)(v+2) \cdot \cdots \cdot (v+n)} \left(\frac{x}{2} \right)^{2n} \quad (0 < x < +\infty)$$

$$(4.27)$$

为了简化上面的结果，令 $a_0 = \dfrac{1}{2^v \Gamma(v+1)}$，其中 Gamma 函数 $\Gamma(v+1) = \displaystyle\int_0^{\infty} t^v e^{-t} dt$，$v > 0$，且满足 $\Gamma(v+1) = v\Gamma(v)$。将 a_0 代入解的表达式 (4.27) 中，得到方程的一个特解：

$$y_1 = \sum_{n=0}^{\infty} (-1)^n \frac{1}{\Gamma(n+v+1)n!} \left(\frac{x}{2} \right)^{2n+v} \triangleq J_v(x)$$

其中，$J_v(x)$ 称为 v 阶的 Bessel 函数。

接着讨论 $\gamma = -v$ 的情况，来得到方程的另一个与 y_1 线性无关的特解。与 $\gamma = v$ 的情

况类似,可得到

$$a_{2n-1}=0, a_{2n}=(-1)^n \frac{a_0}{2^{2n} \cdot n! (-v+1)(-v+2) \cdot \cdots \cdot (-v+n)} \quad (n=1,2,\cdots)$$

故有

$$y = a_0 x^{-v} \sum_{n=0}^{\infty} (-1)^n \frac{1}{n!(-v+1)(-v+2) \cdot \cdots \cdot (-v+n)} \left(\frac{x}{2}\right)^{2n} \quad (0 < x < +\infty)$$

$$(4.28)$$

在上式中取 $a_0 = \dfrac{1}{2^{-v}\Gamma(-v+1)}$,则由式(4.28)可得方程的另一个特解:

$$y_2 = \sum_{n=0}^{\infty} (-1)^n \frac{1}{\Gamma(n-v+1)n!} \left(\frac{x}{2}\right)^{2n-v} \triangleq J_{-v}(x)$$

其中,$J_{-v}(x)$ 称为 $-v$ 阶的 Bessel 函数。

由此可得方程的通解为

$$y = c_1 J_v(x) + c_2 J_{-v}(x)$$

4.5 单自由度振动系统

本节通过分析简谐激励下的单自由度振动系统,展示了常系数线性常微分方程在工程实际问题求解中的应用。

例 4.23 简谐激励 $F(t) = F_0 \sin \Omega t$ 作用下,单自由度系统力学模型如图 $4-3$(a)所示,m 为质量块的质量,k 为弹簧系数,c 为黏性阻尼系数,求系统在初始条件 $x(0) = x_0$,$\dot{x}(0) = \dot{x}_0$ 下的响应解。

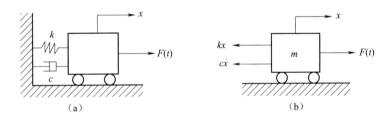

图 4-3 单自由度振动系统
(a)简化模型;(b)受力分析

解:首先,对质量块进行如图 $4-3$(b)所示的受力分析,根据牛顿第二定理有

$$m \frac{\mathrm{d}^2 x}{\mathrm{d}t^2} = -kx - c\frac{\mathrm{d}x}{\mathrm{d}t} + F(t)$$

其中,x、$\dfrac{\mathrm{d}x}{\mathrm{d}t}$、$\dfrac{\mathrm{d}^2 x}{\mathrm{d}t^2}$ 分别表示质量块的运动位移、速度和加速度。上式可简化为

$$\frac{\mathrm{d}^2 x}{\mathrm{d}t^2} + \frac{c}{m}\frac{\mathrm{d}x}{\mathrm{d}t} + \frac{k}{m}x = \frac{F_0}{m}\sin\Omega t \tag{4.29}$$

记 $\dfrac{k}{m} = \omega_0^2, \dfrac{c}{m} = 2\xi\omega_0, \dfrac{F_0}{m} = F$，其中 ω_0 为系统的固有频率，ξ 为无量纲化的阻尼系数，F 为无量纲化的外激励振幅，则式(4.29)可写为

$$\frac{\mathrm{d}^2 x}{\mathrm{d}t^2} + 2\xi\omega_0\frac{\mathrm{d}x}{\mathrm{d}t} + \omega_0^2 x = F\sin\Omega t \tag{4.30}$$

式(4.30)是一个二阶常系数非齐次线性微分方程，也是单自由度系统振动方程的一般形式。

首先，式(4.30)对应的齐次线性微分方程即单自由度系统自由振动方程如下：

$$\frac{\mathrm{d}^2 x}{\mathrm{d}t^2} + 2\xi\omega_0\frac{\mathrm{d}x}{\mathrm{d}t} + \omega_0^2 x = 0 \tag{4.31}$$

上式对应的特征方程为 $r^2 + 2\xi\omega_0 r + \omega_0^2 = 0$，解得特征根为 $r_{1,2} = -\xi\omega_0 \pm \omega_0\sqrt{\xi^2-1}$，可见特征根的形式依赖于 ξ，故对阻尼 ξ 分下列四种情形来讨论。

情形 1：$\xi > 1$（过阻尼情形）

由特征根法可知，方程(4.31)的通解为

$$x(t) = C_1 \mathrm{e}^{-\omega_0(\xi - \sqrt{\xi^2-1})t} + C_2 \mathrm{e}^{-\omega_0(\xi + \sqrt{\xi^2-1})t}$$

其中，C_1 和 C_2 由初始条件 $x(0) = x_0, \dot{x}(0) = \dot{x}_0$ 来确定，即满足

$$\begin{cases} C_1 + C_2 = x_0 \\ (\xi - \sqrt{\xi^2-1})C_1 + (\xi + \sqrt{\xi^2-1})C_2 = -\dfrac{\dot{x}_0}{\omega_0} \end{cases}$$

由上式解得 $\begin{cases} C_1 = \dfrac{(\xi + \sqrt{\xi^2-1})\omega_0 x_0 + \dot{x}_0}{2\omega_0\sqrt{\xi^2-1}} \\ C_2 = -\dfrac{(\xi - \sqrt{\xi^2-1})\omega_0 x_0 + \dot{x}_0}{2\omega_0\sqrt{\xi^2-1}} \end{cases}$

故在过阻尼情形下，系统由初始扰动引起的自由振动为

$$x(t) = \frac{1}{2\omega_0\sqrt{\xi^2-1}}\left\{\left[(\xi + \sqrt{\xi^2-1})\omega_0 x_0 + \dot{x}_0\right]\mathrm{e}^{-\omega_0(\xi - \sqrt{\xi^2-1})t} - \right.$$

$$\left.\left[(\xi - \sqrt{\xi^2-1})\omega_0 x_0 + \dot{x}_0\right]\mathrm{e}^{-\omega_0(\xi + \sqrt{\xi^2-1})t}\right\} \tag{4.32}$$

由式(4.32)的形式可知，过阻尼自由振动系统的解为随时间指数衰减的函数，当 $t \to 0$ 时，$x(t) \to 0$，至多只过平衡位置一次就会逐渐回到平衡位置，无振荡特性，如图 4-4(a)所示。另外，随着阻尼系数的增加，过阻尼自由振动系统的输出振幅减小，如图 4-4(b)所示。

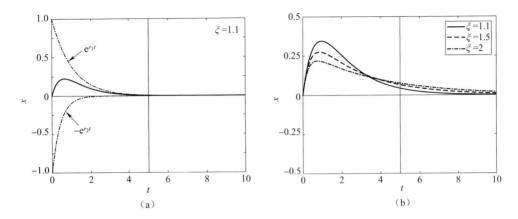

图 4 - 4 在过阻尼情形下,单自由度自由振动系统的响应

(a)固定 $\xi=1.1$;(b)不同阻尼 ξ

情形 2:$0<\xi<1$(欠阻尼情形)

此时,$r_{1,2}=-\xi\omega_0\pm\mathrm{i}\omega_0\sqrt{1-\xi^2}$ 为一对共轭复根,由特征根法可知,方程(4.31)的通解为

$$x(t)=\mathrm{e}^{-\xi\omega_0 t}\left[C_1\cos(\omega_\mathrm{d}t)+C_2\sin(\omega_\mathrm{d}t)\right]$$

其中,$\omega_\mathrm{d}=\omega_0\sqrt{1-\xi^2}$ 为阻尼振荡频率;C_1 和 C_2 由初始条件 $x(0)=x_0$,$\dot{x}(0)=\dot{x}_0$ 来确定,即满足

$$\left.\begin{array}{l}C_1=x_0 \\ -\xi\omega_0 C_1+\omega_\mathrm{d}C_2=\dot{x}_0\end{array}\right\}\Rightarrow\left\{\begin{array}{l}C_1=x_0 \\ C_2=\dfrac{\xi\omega_0 x_0+\dot{x}_0}{\omega_\mathrm{d}}\end{array}\right.$$

故在欠阻尼情形下,系统由初始扰动引起的自由振动为

$$x(t)=A\mathrm{e}^{-\xi\omega_0 t}\sin(\omega_\mathrm{d}t+\varphi) \tag{4.33}$$

其中,$A=\sqrt{x_0^2+\left(\dfrac{\xi\omega_0 x_0+\dot{x}_0}{\omega_d}\right)^2}$;$\varphi=\arctan\dfrac{\omega_\mathrm{d}x_0}{\xi\omega_0 x_0+\dot{x}_0}$。

由式(4.33)的形式可知,欠阻尼系统的自由振动振幅按指数规律衰减,其相邻两次沿同一方向经过平衡位置的时间间隔为 $T_\mathrm{d}=\dfrac{2\pi}{\omega_0\sqrt{1-\xi^2}}$,说明该振动具有等时性但是非周期振动[6],如图 4 - 5 所示。

情形 3:$\xi=0$(无阻尼情形)

此时,$r_{1,2}=\pm\mathrm{i}\omega_0$ 为一对纯虚根,由特征根法可知,方程(4.31)的通解为

$$x(t)=C_1\cos(\omega_0 t)+C_2\sin(\omega_0 t)$$

其中,C_1 和 C_2 由初始条件 $x(0)=x_0$,$\dot{x}(0)=\dot{x}_0$ 来确定,即 $C_1=x_0$,$C_2=\dfrac{\dot{x}_0}{\omega_0}$。故无阻尼系

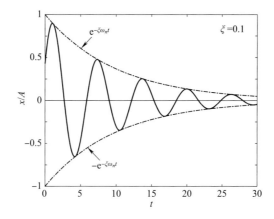

图 4-5　在欠阻尼情形下,单自由度自由振动系统的响应

统由初始扰动引起的自由振动为

$$x(t) = A \sin(\omega_0 t + \varphi) \tag{4.34}$$

其中,$A = \sqrt{x_0^2 + \left(\dfrac{\dot{x}_0}{\omega_0}\right)^2}$；$\varphi = \arctan \dfrac{\omega_0 x_0}{\dot{x}_0}$。

需要说明的是,由式(4.34)确定的振动为简谐振动,它是一种周期运动,依赖于固有频率 ω_0、振幅 A 和初相位 φ。其中,振幅 A 和初相位 φ 由初始条件 $x(0) = x_0$,$\dot{x}(0) = \dot{x}_0$ 和 ω_0 确定。

情形 4:$\xi = 1$(临界阻尼情形)

此时,$r_{1,2} = -\omega_0$ 为二重根,由特征根法可知,方程(4.31)的通解为

$$x(t) = e^{-\omega_0 t}[C_1 + C_2 t]$$

其中,C_1、C_2 由初始条件 $x(0) = x_0$,$\dot{x}(0) = \dot{x}_0$ 来确定,即解得 $\begin{cases} C_1 = x_0, \\ C_2 = \dot{x}_0 + \omega_0 x_0. \end{cases}$

故临界阻尼系统由初始扰动引起的自由振动为

$$x(t) = e^{-\omega_0 t}[x_0 + (\dot{x}_0 + \omega_0 x_0)t] \tag{4.35}$$

由式(4.35)的形式可知,自由振动系统的解为随时间指数的增加而衰减的函数,至多只过平衡位置一次,无振荡特性,如图 4-6 所示。

情形 1～情形 4 给出了齐次线性常微分方程(4.31)的解。对于非齐次线性常微分方程(4.30)的特解,可由比较系数法求得。当 $\Omega \neq \omega_0$ 时,根据非齐次项 $F(t) = F \sin \Omega t$,设非齐次线性常微分方程(4.30)的特解为 $x^* = B_1 \cos \Omega t + B_2 \sin \Omega t$,对其求一、二阶导数

$$\dot{x}^* = \Omega(-B_1 \sin \Omega t + B_2 \cos \Omega t), \ddot{x}^* = -\Omega^2(B_1 \cos \Omega t + B_2 \sin \Omega t)$$

将上式代入方程(4.30)得 $\begin{cases} (\omega_0^2 - \Omega^2)B_1 + 2\xi\omega_0\Omega B_2 = 0 \\ (\omega_0^2 - \Omega^2)B_2 - 2\xi\omega_0\Omega B_1 = F \end{cases}$

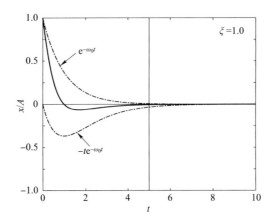

图 4-6 在临界阻尼情形下,单自由度自由振动系统的响应

通过比较对应项的系数得到

$$B_1 = -\frac{2\xi\omega_0\Omega F}{(\omega_0^2-\Omega^2)^2+(2\xi\omega_0\Omega)^2}, B_2 = \frac{(\omega_0^2-\Omega^2)F}{(\omega_0^2-\Omega^2)^2+(2\xi\omega_0\Omega)^2}$$

即有

$$x^* = B\sin(\Omega t+\psi) \tag{4.36}$$

其中,$B = \sqrt{B_1^2+B_2^2} = \dfrac{F}{\sqrt{(\omega_0^2-\Omega^2)^2+(2\xi\omega_0\Omega)^2}}$;$\tan\psi = -\dfrac{2\xi\omega_0\Omega}{\omega_0^2-\Omega^2}$。

故方程(4.30)的解为 $x = x(t)+x^*$,其中瞬态解 $x(t)$ 由式(4.32)~式(4.35)确定,稳态解 x^* 由式(4.36)确定。对于有阻尼的振动系统,瞬态振动 $x(t)$ 随着时间的增加逐渐衰减为零,系统的振动响应以稳态振动 x^* 为主。

为了便于分析式(4.36)描述的稳态振动,定义无量纲的参数为

$$\lambda \triangleq \frac{\Omega}{\omega_0}, \beta \triangleq \frac{B}{(F/\omega_0^2)} = \frac{1}{\sqrt{(1-\lambda^2)^2+(2\xi\lambda)^2}} \tag{4.37}$$

其中,λ 称为频率比;β 称为位移振幅放大因子。

由式(4.37)显见,β 为 λ 的函数。当 $\lambda\to 0$ 时,$\beta\to 1$,即当激励频率相对于系统固有频率很小时,稳态振动的振幅接近于拟静态位移($B\approx F/\omega_0^2$);当 $\lambda\to\infty$ 时,$\beta\to 0$,即当激励频率相对于系统固有频率很大时,稳态振动的振幅接近于零($B\approx 0$),此时受迫振动系统在稳态时几乎静止不动;当 $\lambda\to 1$ 时,即当激励频率接近于系统固有频率时,稳态振动的振幅较大,为了求出 β 的极大值,计算 $\mathrm{d}\beta/\mathrm{d}\lambda=0$,为了方便计算可写为

$$\frac{\mathrm{d}(\beta^2)}{\mathrm{d}(\lambda^2)} = -\frac{4\xi^2-2(1-\lambda^2)}{[(1-\lambda^2)^2+4\xi^2\lambda^2]} = 0$$

由上式可知,$\lambda = \sqrt{1-2\xi^2}$ 时,β 达到极大值 $\beta_{\max} = 1/(2\xi\sqrt{1-\xi^2})$。对于常见的小阻

尼系统，$\lambda = \sqrt{1-2\xi^2} \approx 1$，此时 β 的极大值 $\beta_{\max} = 1/2\xi$，即极大值与阻尼成反比。图 4-7 所示为不同阻尼情形下，β 随 λ 变化而变化的位移幅频特性曲线，可见在 $\lambda = 1$ 附近位移幅频特性曲线出现共振峰，该峰值随着阻尼 ξ 的增加而减小。

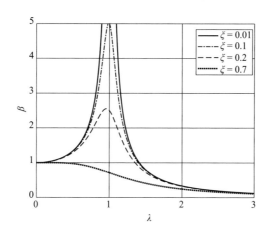

图 4-7　在不同阻尼情形下，位移振幅放大因子随频率比的变化曲线

例 4.24　如图 4-8 所示[7]，1/4 车由质量—弹簧—阻尼系统来描述，m 为车身的质量，k 为悬架和轮胎的等效刚度系数，c 为减振器、悬架和轮胎的等效阻尼系数。假设在光滑的地面上，车辆以常速度 v 行驶，车辆悬架的纵向绝对位移为 $y(t)$。当车辆在减速带上行驶时，其纵向位移为

$$y_0(t) = \begin{cases} h \sin\left(\dfrac{\pi v t}{L}\right) & \left(0 \leqslant t < \dfrac{L}{v}\right) \\ 0, & \text{其他} \end{cases} \tag{4.38}$$

求 1/4 车通过减速带时系统的响应解。

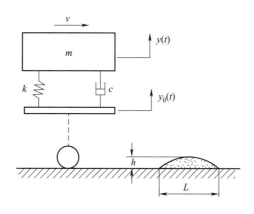

图 4-8　1/4 车穿越减速带的简化模型

解：根据牛顿第二定理有

$$m\frac{\mathrm{d}^2 y}{\mathrm{d}t^2} = -k(y-y_0) - c\left(\frac{\mathrm{d}y}{\mathrm{d}t} - \frac{\mathrm{d}y_0}{\mathrm{d}t}\right)$$

令悬架的相对位移为 $Y(t) = y(t) - y_0(t)$，则上式可写为

$$m\frac{\mathrm{d}^2 Y}{\mathrm{d}t^2} + c\frac{\mathrm{d}Y}{\mathrm{d}t} + kY = -m\frac{\mathrm{d}^2 y_0}{\mathrm{d}t^2} \tag{4.39}$$

其中，

$$\frac{\mathrm{d}^2 y_0}{\mathrm{d}t^2} = \begin{cases} -\dfrac{\pi^2 v^2 h}{L^2} \sin\left(\dfrac{\pi v t}{L}\right) & \left(0 \leqslant t < \dfrac{L}{v}\right) \\ 0, \text{其他} \end{cases}$$

对方程(4.39)进行无量纲化，当 $0 \leqslant t < \dfrac{L}{v}$ 时，可得如下方程：

$$\frac{\mathrm{d}^2 Y}{\mathrm{d}t^2} + 2\xi\omega\frac{\mathrm{d}Y}{\mathrm{d}t} + \omega^2 Y = h\Omega\sin(\Omega t) \tag{4.40}$$

其中，$\omega = \sqrt{\dfrac{k}{m}}$；$\xi = \dfrac{c}{2m\omega}$；$\Omega = \dfrac{\pi v}{L}$。可见，方程(4.40)为一个二阶常系数非齐次线性微分方程。

假设 $0 < \xi < 1$，由特征根法可得方程(4.40)对应的齐次线性常微分方程的通解为

$$\widetilde{Y}(t) = \mathrm{e}^{-\xi\omega t}\left[C_1\cos(\omega\sqrt{1-\xi^2}\,t) + C_2\sin(\omega\sqrt{1-\xi^2}\,t)\right] \tag{4.41}$$

由式(4.36)可知，方程(4.40)对应的非齐次线性常微分方程特解为

$$Y^*(t) = A\sin(\Omega t + \varphi) \tag{4.42}$$

其中，$A = \dfrac{h\Omega^2}{\sqrt{(\omega^2-\Omega^2)^2 + (2\xi\omega\Omega)^2}}$；$\tan\varphi = -\dfrac{2\xi\omega\Omega}{\omega^2-\Omega^2}$。

式(4.41)中的 C_1 和 C_2 由初始条件 $Y(0) = 0$，$\dot{Y}(0) = 0$ 来确定，即

$$\begin{cases} C_1 = -A\sin\varphi \\ C_2 = -\dfrac{A}{\omega\sqrt{1-\xi^2}}(\Omega\cos\varphi + \xi\omega\sin\varphi) \end{cases}$$

故方程(4.40)的解为

$$Y(t) = \widetilde{Y}(t) + Y^*(t) \quad \left(0 \leqslant t < \frac{L}{v}\right)$$

为了便于理解车辆悬架的纵向振动，在上式中取 $m = 500\ \mathrm{kg}$，$\omega = 6\pi\ \mathrm{rad/sec}$，$\xi = 0.1$，$h = 0.1\ \mathrm{m}$，$L = 0.5\ \mathrm{m}$，当常速度分别为 $v = 1.8\ \mathrm{km/h} = 0.5\ \mathrm{m/s}$ 和 $v = 3.6\ \mathrm{km/h} = 1\ \mathrm{m/s}$ 时，车辆通过减速带的时间 L/v 分别为 1 s 和 0.5 s。此时，$Y(t)$ 随时间的变化而变化的曲线如图 4-9 所示，可见车速越快，车辆产生的纵向振动位移越大。

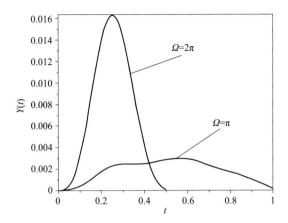

图 4-9 $Y(t)$ 随时间的变化而变化的曲线

 习 题 4

4.1 求下列常系数齐次线性微分方程的通解：

(1) $y'' - 5y' + 6y = 0$

(2) $y'' + 2y' + 3y = 0$

(3) $y'' - 2y' + y = 0$

(4) $y''' + 4y'' + y' - 6y = 0$

(5) $y^{(4)} - 10y'' + 24y = 0$

(6) $y^{(4)} - y = 0$

4.2 求下列常系数非齐次线性微分方程的通解：

(1) $y'' - 13y' + 36y = e^x$

(2) $y'' - 8y' + 12y = 4e^{2x}$

(3) $y'' + 9y = 4\sin x + 3\cos 3x$

(4) $y'' + 4y' + 4y = (x+1)e^{-2x}$

(5) $y''' - y'' + y' - y = 15\sin 2x$

(6) $y'' - 2y' + 2y = (x + e^x)\sin x$

(7) $y'' - 2y' + 10y = 18e^x \cos 3x$

(8) $y^{(4)} - 8y'' + 16y = 8x^3 + 16x^2 + 32e^{2x}$

4.3 求下列方程的通解：

(1) $x^2 y'' + 3xy' + 5y = 0$

(2) $x^3 y''' + 3x^2 y'' + xy' - y = 0$

(3) $x^2 y'' - 2x y' + 2y = \ln^2 x - 2\ln x$

(4) $x^3 y''' + x^2 y'' - 4x y' = 3x^2$

4.4 利用幂级数方法求方程 $y'' - x y' - x = 0$ 的解。

4.5 利用拉普拉斯变换求下列方程满足初值条件的解:

(1) $\ddot{y} + 4\dot{y} + 20y = 0$ $(y(0)=0, \dot{y}(0)=12)$

(2) $\ddot{y} + 4y = \dfrac{1}{2}(t + \cos 2t)$ $(y(0)=0, \dot{y}(0)=0)$

(3) $\ddot{y} - 4\dot{y} + 4y = t\mathrm{e}^{2t}$ $(y(0)=0, \dot{y}(0)=0)$

(4) $\ddot{y} + 3\dot{y} + 2y = 4t$ $(y(0)=-1, \dot{y}(0)=4)$

4.6 RLC 串联电路如习题 4.6 图所示,试:

(1) 建立电路中电流满足的微分方程;

(2) 讨论电流随时间的变化规律。

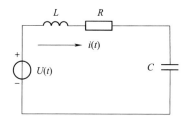

习题 4.6 图

4.7 求如图 4 - 3(a)所示的单自由度系统在单位阶跃激励 $F(t)=1(t)$ 下的响应解。

4.8 在如图 4 - 3(a)所示的单自由度振动系统中,若固有频率 $\omega_0 = 4$ Hz,黏性阻尼系数 $c = 2$ kg · s/cm,弹簧系数 $k = 4$ kg/cm。求系统在简谐激励 $F(t) = \sin 2t$ 下的稳态解。

4.9 考虑如习题 4.9 图所示的摆阵系统,不计刚性摆杆质量,求系统绕 O 点小幅摆动时的位移(提示:根据动量矩定理,可建立系统运动方程 $mL^2\ddot{\theta} = -ka^2 \sin\theta\cos\theta - ca^2\dot{\theta}\cos^2\theta$,$\theta$ 为小量,利用近似 $\sin\theta \doteq \theta, \cos\theta \doteq 1$ 对方程线性化)。

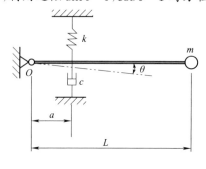

习题 4.9 图

4.10　在重力和空气阻力的作用下,以仰角 θ 初速度 v_0 抛射出一物体,假设空气阻力与速度 $v(t)$ 成正比,阻力系数为 λ,方向与之相反。试确定抛射体的运动方程及速度 $v(t)$。

4.11　考虑如习题 4.11 图所示的单自由度系统在简谐激励 $F(t)=F_0\sin\Omega t$ 下的运动,其中,m 为质量块的质量;k_1 和 k_2 为弹簧系数;c 为黏性阻尼系数。试求:

(1)系统的位移响应满足的微分方程;

(2)在零初始条件下的系统位移响应解;

(3)系统的位移振幅放大因子。

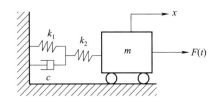

习题 4.11 图

第5章

线性常微分方程组

在工程实际问题中,往往含有多个未知函数,此时涉及常微分方程组的求解和分析,同时高阶常微分方程也可化成一阶常微分方程组,并且从数学的理论研究来说,线性常微分方程组的研究可以借助于线性代数的知识给出适当和充分的解释。因此,在微分方程理论中,线性常微分方程组的求解非常重要。

在前面几章,研究了含有一个未知函数的常微分方程的解法及其解的性质。但是,在很多实际和理论问题中,要求求解含有多个未知函数的微分方程组,或者研究它们解的性质。本章主要介绍线性常微分方程组的概念和基础理论、常系数线性微分方程组、周期系数线性微分方程组的求解方法及其在工程问题中的应用。

5.1 一阶线性常微分方程组

一阶线性常微分方程组通常具有如下形式

$$\frac{\mathrm{d}\boldsymbol{y}}{\mathrm{d}x} = \boldsymbol{A}(x)\boldsymbol{y} + \boldsymbol{f}(x) \tag{5.1}$$

其中,$\boldsymbol{A}(x),\boldsymbol{y},\dfrac{\mathrm{d}\boldsymbol{y}}{\mathrm{d}x},\boldsymbol{f}(x)$分别为$n\times n$矩阵和$n$维列向量,其定义如下

$$\boldsymbol{A}(x) = \begin{bmatrix} a_{11} & a_{12} & \cdots & a_{1n} \\ a_{21} & a_{22} & \cdots & a_{2n} \\ \vdots & \vdots & \ddots & \vdots \\ a_{n1} & a_{n2} & \cdots & a_{nn} \end{bmatrix}, \boldsymbol{y} = \begin{bmatrix} y_1 \\ y_2 \\ \vdots \\ y_n \end{bmatrix}, \frac{\mathrm{d}\boldsymbol{y}}{\mathrm{d}x} = \begin{bmatrix} \dfrac{\mathrm{d}y_1}{\mathrm{d}x} \\ \dfrac{\mathrm{d}y_2}{\mathrm{d}x} \\ \vdots \\ \dfrac{\mathrm{d}y_n}{\mathrm{d}x} \end{bmatrix}, \boldsymbol{f}(x) = \begin{bmatrix} f_1(x) \\ f_2(x) \\ \vdots \\ f_n(x) \end{bmatrix}$$

如果$\boldsymbol{f}(x) = \boldsymbol{0}$,方程组(5.1)可写为

$$\frac{\mathrm{d}\boldsymbol{y}}{\mathrm{d}x}=\boldsymbol{A}(x)\boldsymbol{y} \tag{5.2}$$

式(5.2)称为齐次线性常微分方程组;如果 $\boldsymbol{f}(x)\neq\boldsymbol{0}$,则式(5.1)称为非齐次线性常微分方程组。

根据上述定义,方程组(5.1)的初值问题可以表述为

$$\begin{cases} \dfrac{\mathrm{d}\boldsymbol{y}}{\mathrm{d}x}=\boldsymbol{A}(x)\boldsymbol{y}+\boldsymbol{f}(x) \\ \boldsymbol{y}(x_0)=\boldsymbol{y}_0 \end{cases} \tag{5.3}$$

其中,$\boldsymbol{y}_0\in\mathbb{R}^n$,为已知向量。

定理 5.1　如果 $\boldsymbol{A}(x)$ 和 $\boldsymbol{f}(x)$ 均在区间 $[a,b]$ 上连续,则对于任意 $x_0\in[a,b]$ 及任意给定的 $\boldsymbol{y}_0$,方程组的初值问题(5.3)的解在 $[a,b]$ 上存在且唯一。

定理 5.1 给出了方程组的初值问题(5.3)解的存在性和唯一性定理,该定理的证明与定理 3.1 的证明类似,在此不再给出详细证明过程。

定义 5.1　设 $\boldsymbol{y}_i(x)(i=1,2,\cdots,m)$ 是 m 个定义在区间 $[a,b]$ 上的 n 维列向量函数,如果存在 m 个不全为零的常数 $C_i(i=1,2,\cdots,m)$ 使得 $C_1\boldsymbol{y}_1(x)+C_2\boldsymbol{y}_2(x)+\cdots+C_m\boldsymbol{y}_m(x)=0$ 在区间 $[a,b]$ 上恒成立,则称 $\boldsymbol{y}_i(x)(i=1,2,\cdots,m)$ 在区间 $[a,b]$ 上线性相关;否则,称 $\boldsymbol{y}_i(x)(i=1,2,\cdots,m)$ 在区间 $[a,b]$ 上线性无关。

为了进一步定义 $\boldsymbol{y}_i(x)(i=1,2,\cdots,m)$ 在区间 $[a,b]$ 上线性相关和线性无关的判断准则,引入下列定义 5.2、定理 5.2 和定理 5.3。

定义 5.2　设 $\boldsymbol{y}_i(x)=[y_{i1}\ \ y_{i2}\ \ \cdots\ \ y_{in}]^{\mathrm{T}}(i=1,2,\cdots,n)$ 是 n 个 n 维列向量函数组,其组成的行列式为

$$W(x)=\begin{vmatrix} y_{11}(x) & y_{21}(x) & \cdots & y_{n1}(x) \\ y_{12}(x) & y_{22}(x) & \cdots & y_{n2}(x) \\ \vdots & \vdots & \ddots & \vdots \\ y_{1n}(x) & y_{21}(x) & \cdots & y_{nn}(x) \end{vmatrix} \tag{5.4}$$

则称 $W(x)$ 为向量组 $\boldsymbol{y}_i(x)=[y_{i1}\ \ y_{i2}\ \ \cdots\ \ y_{in}]^{\mathrm{T}}(i=1,2,\cdots,n)$ 的朗斯基行列式。

定理 5.2　若向量函数组 $\boldsymbol{y}_i(x)=[y_{i1}\ \ y_{i2}\ \ \cdots\ \ y_{in}]^{\mathrm{T}}(i=1,2,\cdots,n)$ 在区间 $[a,b]$ 上线性相关,则其朗斯基行列式在 $[a,b]$ 上恒为零,即 $W(x)\equiv0$。

定理 5.3　若向量函数组 $\boldsymbol{y}_i(x)=[y_{i1}\ \ y_{i2}\ \ \cdots\ \ y_{in}]^{\mathrm{T}}(i=1,2,\cdots,n)$ 是齐次线性微分方程组(5.2)的 n 个解,则它们在区间 $[a,b]$ 上线性无关的充要条件是其朗斯基行列式 $W(x)$ 在 $[a,b]$ 上的任何点上都不等于 0。

鉴于定理 5.2 和定理 5.3 的证明过程和第 3 章中定理 3.8 和定理 3.9 的证明类似,

故在此不再具体给出。

定理 5.4 如果 $\boldsymbol{y}_i(x)(i=1,2,\cdots,n)$ 是齐次线性微分方程组(5.2)的 n 个线性无关解,则其线性组合

$$\boldsymbol{y}(x)=C_1\boldsymbol{y}_1(x)+C_2\boldsymbol{y}_2(x)+\cdots+C_n\boldsymbol{y}_n(x) \tag{5.5}$$

是方程组(5.3)的通解。

定理 5.5 如果 $\boldsymbol{y}_i(x)(i=1,2,\cdots,n)$ 是齐次线性微分方程组(5.2)的 n 个线性无关解,$\widetilde{\boldsymbol{y}}(x)$ 是非齐次线性微分方程组(5.1)的一个特解,则

$$\boldsymbol{y}(x)=\widetilde{\boldsymbol{y}}(x)+C_1\boldsymbol{y}_1(x)+C_2\boldsymbol{y}_2(x)+\cdots+C_n\boldsymbol{y}_n(x) \tag{5.6}$$

是非齐次线性微分方程组(5.1)的通解。

定理 5.4 和定理 5.5 分别给出了齐次和非齐次线性微分方程组的通解结构。

定义 5.3 设 $\boldsymbol{y}_i(x)=\begin{bmatrix} y_{i1} & y_{i2} & \cdots & y_{in} \end{bmatrix}^{\mathrm{T}}(i=1,2,\cdots,n)$ 是齐次线性微分方程组(5.2)的 n 个线性无关的解向量,其构成的矩阵

$$\boldsymbol{\Phi}(x)=\begin{bmatrix} y_{11}(x) & y_{21}(x) & \cdots & y_{n1}(x) \\ y_{12}(x) & y_{22}(x) & \cdots & y_{n2}(x) \\ \vdots & \vdots & \ddots & \vdots \\ y_{1n}(x) & y_{21}(x) & \cdots & y_{nn}(x) \end{bmatrix} \tag{5.7}$$

称为齐次线性微分方程组(5.2)的基本解矩阵。

根据定理 5.2 和定理 5.3 可知,可以利用 $W(x)$ 在 $[a,b]$ 上是否有零点来判断解矩阵 $\boldsymbol{\Phi}(x)$ 是否为基解矩阵。

例 5.1 证明 $\boldsymbol{\Phi}(x)=\begin{bmatrix} \mathrm{e}^x & x\mathrm{e}^x \\ 0 & \mathrm{e}^x \end{bmatrix}$ 是微分方程组 $\dfrac{\mathrm{d}\boldsymbol{y}}{\mathrm{d}x}=\begin{bmatrix} 1 & 1 \\ 0 & 1 \end{bmatrix}\boldsymbol{y}$ 的基解矩阵。

证明:首先,证明 $\boldsymbol{\Phi}(x)$ 是方程组的解矩阵,由于

$$\frac{\mathrm{d}\boldsymbol{\Phi}(x)}{\mathrm{d}x}=\begin{bmatrix} \mathrm{e}^x & (1+x)\mathrm{e}^x \\ 0 & \mathrm{e}^x \end{bmatrix}=\begin{bmatrix} 1 & 1 \\ 0 & 1 \end{bmatrix}\cdot\begin{bmatrix} \mathrm{e}^x & x\mathrm{e}^x \\ 0 & \mathrm{e}^x \end{bmatrix}=\begin{bmatrix} 1 & 1 \\ 0 & 1 \end{bmatrix}\boldsymbol{\Phi}(x)$$

即 $\boldsymbol{\Phi}(x)$ 满足 $\dfrac{\mathrm{d}\boldsymbol{y}}{\mathrm{d}x}=\begin{bmatrix} 1 & 1 \\ 0 & 1 \end{bmatrix}\boldsymbol{y}$,故 $\boldsymbol{\Phi}(x)$ 是原微分方程组的解矩阵。

又根据式(5.4),有 $W(x)=\begin{vmatrix} \mathrm{e}^x & x\mathrm{e}^x \\ 0 & \mathrm{e}^x \end{vmatrix}=\mathrm{e}^{2x}\neq 0$,所以 $\boldsymbol{\Phi}(x)$ 是微分方程组 $\dfrac{\mathrm{d}\boldsymbol{y}}{\mathrm{d}x}=\begin{bmatrix} 1 & 1 \\ 0 & 1 \end{bmatrix}\boldsymbol{y}$ 的基解矩阵。

1. 利用常数变易法求解非齐次线性微分方程组

由定理 5.5 可知非齐次线性微分方程组(5.1)的通解结构,那么如何在已知齐次线

性微分方程组(5.2)通解的基础上来求解对应的非齐次线性微分方程组(5.1)的通解呢? 下面将介绍利用常数变易法求解方程组(5.1)的基本步骤。

第一步,求得齐次线性微分方程组(5.2)的通解 $\boldsymbol{y}(x)=\boldsymbol{\Phi}(x)\cdot\boldsymbol{C}$,这里基本解矩阵 $\boldsymbol{\Phi}(x)$ 如式(5.7)定义,常数列向量 $\boldsymbol{C}=\begin{bmatrix} C_1 & C_2 & \cdots & C_n \end{bmatrix}^{\mathrm{T}}$。其中,$C_i(i=1,2,\cdots,n)$ 为任意常数。

第二步,设非齐次线性微分方程组(5.1)的解为 $\boldsymbol{y}(x)=\boldsymbol{\Phi}(x)\cdot\boldsymbol{C}(x)$,其中列向量函数 $\boldsymbol{C}(x)=\begin{bmatrix} C_1(x) & C_2(x) & \cdots & C_n(x) \end{bmatrix}^{\mathrm{T}}$。其中,$C_i(x)(i=1,2,\cdots,n)$ 为待定函数。

第三步,将 $\boldsymbol{y}(x)=\boldsymbol{\Phi}(x)\cdot\boldsymbol{C}(x)$ 代入方程组(5.1)中可得

$$\boldsymbol{\Phi}'(x)\cdot\boldsymbol{C}(x)+\boldsymbol{\Phi}(x)\cdot\boldsymbol{C}'(x)=\boldsymbol{A}(x)\cdot\boldsymbol{\Phi}(x)\cdot\boldsymbol{C}(x)+\boldsymbol{f}(x)$$

由于基本解矩阵 $\boldsymbol{\Phi}(x)$ 满足 $\boldsymbol{\Phi}'(x)=\boldsymbol{A}(x)\cdot\boldsymbol{\Phi}(x)$,故上式可以化简为 $\boldsymbol{\Phi}(x)\cdot\boldsymbol{C}'(x)=\boldsymbol{f}(x)$。其中,$\boldsymbol{\Phi}(x)$ 是非奇异矩阵,存在逆矩阵 $\boldsymbol{\Phi}^{-1}(x)$,所以有

$$\boldsymbol{C}'(x)=\boldsymbol{\Phi}^{-1}(x)\cdot\boldsymbol{f}(x) \tag{5.8}$$

对式(5.8)两端进行积分得 $\boldsymbol{C}(x)=\int_{x_0}^{x}\boldsymbol{\Phi}^{-1}(u)\cdot\boldsymbol{f}(u)\mathrm{d}u(x_0\in[a,b])$,将 $\boldsymbol{C}(x)$ 的表达式代回 $\boldsymbol{y}(x)=\boldsymbol{\Phi}(x)\cdot\boldsymbol{C}(x)$ 中,即得到非齐次线性微分方程组(5.1)的一个特解 $\tilde{\boldsymbol{y}}(x)=\boldsymbol{\Phi}(x)\cdot\int_{x_0}^{x}\boldsymbol{\Phi}^{-1}(u)\cdot\boldsymbol{f}(u)\mathrm{d}u$。

第四步,根据定理 5.5 可知,非齐次线性微分方程组(5.1)的通解为

$$\boldsymbol{y}(x)=\boldsymbol{\Phi}(x)\cdot\boldsymbol{C}+\boldsymbol{\Phi}(x)\cdot\int_{x_0}^{x}\boldsymbol{\Phi}^{-1}(u)\cdot\boldsymbol{f}(u)\mathrm{d}u \tag{5.9}$$

例 5.2　求解非齐次线性微分方程组 $\dfrac{\mathrm{d}\boldsymbol{y}}{\mathrm{d}x}=\boldsymbol{A}(x)\boldsymbol{y}+\boldsymbol{f}(x)$,其中

$$\boldsymbol{A}(x)=\begin{bmatrix} \cos^2 x & \dfrac{1}{2}\sin 2x-1 \\ \dfrac{1}{2}\sin 2x+1 & \sin^2 x \end{bmatrix}, \boldsymbol{f}(x)=\begin{bmatrix} \cos x \\ \sin x \end{bmatrix}$$

已知对应齐次线性微分方程组 $\dfrac{\mathrm{d}\boldsymbol{y}}{\mathrm{d}x}=\boldsymbol{A}(x)\boldsymbol{y}$ 的一个基解矩阵为 $\boldsymbol{\Phi}(x)=\begin{bmatrix} \mathrm{e}^x\cos x & -\sin x \\ \mathrm{e}^x\sin x & \cos x \end{bmatrix}$。

解:首先,$\dfrac{\mathrm{d}\boldsymbol{y}}{\mathrm{d}x}=\boldsymbol{A}(x)\boldsymbol{y}$ 的通解为 $\boldsymbol{y}(x)=\boldsymbol{\Phi}(x)\cdot\boldsymbol{C}$,由常数变易法,设非齐次线性微分方程组的解为 $\boldsymbol{y}(x)=\boldsymbol{\Phi}(x)\cdot\boldsymbol{C}(x)$,将其代入 $\dfrac{\mathrm{d}\boldsymbol{y}}{\mathrm{d}x}=\boldsymbol{A}(x)\boldsymbol{y}+\boldsymbol{f}(x)$ 中,有

$$\boldsymbol{C}'(x)=\boldsymbol{\Phi}^{-1}(x)\cdot\boldsymbol{f}(x)$$

其中，$\boldsymbol{\Phi}^{-1}(x) = \dfrac{1}{\det(\boldsymbol{\Phi}(x))} \cdot \begin{bmatrix} \cos x & \sin x \\ -\mathrm{e}^x \sin x & \mathrm{e}^x \cos x \end{bmatrix} = \begin{bmatrix} \mathrm{e}^{-x} \cos x & \mathrm{e}^{-x} \sin x \\ -\sin x & \cos x \end{bmatrix}$。

根据式(5.9)可知非齐次微分方程组的通解为

$$\boldsymbol{y}(x) = \boldsymbol{\Phi}(x) \cdot \boldsymbol{C} + \boldsymbol{\Phi}(x) \cdot \int_{x_0}^{x} \boldsymbol{\Phi}^{-1}(u) \cdot \boldsymbol{f}(u) \mathrm{d}u$$

$$= \boldsymbol{\Phi}(x) \left[\boldsymbol{C} + \int_{x_0}^{x} \begin{bmatrix} \mathrm{e}^{-u} \cos u & \mathrm{e}^{-u} \sin u \\ -\sin u & \cos u \end{bmatrix} \cdot \begin{bmatrix} \cos u \\ \sin u \end{bmatrix} \mathrm{d}u \right]$$

$$= \boldsymbol{\Phi}(x) \left[\boldsymbol{C} + \int_{x_0}^{x} \begin{bmatrix} \mathrm{e}^{-u} \\ 0 \end{bmatrix} \mathrm{d}u \right] = \begin{bmatrix} \mathrm{e}^x \cos x & -\sin x \\ \mathrm{e}^x \sin x & \cos x \end{bmatrix} \cdot \left[\boldsymbol{C} + \begin{bmatrix} \mathrm{e}^{-x_0} - \mathrm{e}^{-x} \\ 0 \end{bmatrix} \right]$$

$$= \begin{bmatrix} \mathrm{e}^x \cos x & -\sin x \\ \mathrm{e}^x \sin x & \cos x \end{bmatrix} \boldsymbol{C} + \begin{bmatrix} (\mathrm{e}^{x-x_0} - 1) \cos x \\ (\mathrm{e}^{x-x_0} - 1) \sin x \end{bmatrix}$$

若令 $\boldsymbol{y}(x) = \begin{bmatrix} y_1(x) & y_2(x) \end{bmatrix}^{\mathrm{T}}$，$\boldsymbol{C} = \begin{bmatrix} C_1 & C_2 \end{bmatrix}^{\mathrm{T}}$，则有

$$y_1(x) = C_1 \mathrm{e}^x \cos x - C_2 \sin x + (\mathrm{e}^{x-x_0} - 1) \cos x$$

$$y_2(x) = C_1 \mathrm{e}^x \sin x + C_2 \cos x + (\mathrm{e}^{x-x_0} - 1) \sin x$$

2. 高阶线性常微分方程化为一阶线性常微分方程组的方法

上述讨论的都是常微分方程组，那么对于 n 阶线性常微分方程，当最高阶导数项系数不为零时，可以化为标准式：

$$y^{(n)} + a_1(x) y^{(n-1)} + \cdots + a_{n-1}(x) y' + a_n(x) y = f(x) \tag{5.10}$$

一般地，n 阶常微分方程的 n 个初始条件为

$$y(x_0) = y_1^0, \quad y'(x_0) = y_2^0, \cdots, y^{(n-1)}(x_0) = y_n^0$$

通过令 $y_1' = y_2$，$y_2' = y_3$，$\cdots$，$y_{n-1}' = y_n$，则方程(5.10)可表示为

$$y_n' = -a_n(x) y_1 - a_{n-1}(x) y_2 - \cdots - a_1(x) y_n + f(x)$$

将上式写成满足初始条件的线性微分方程组的形式为

$$\begin{cases} \dfrac{\mathrm{d}\boldsymbol{y}}{\mathrm{d}x} = \widetilde{\boldsymbol{A}}(x) \boldsymbol{y} + \widetilde{\boldsymbol{f}}(x) \\ \boldsymbol{y}(x_0) = \boldsymbol{y}^0 \end{cases} \tag{5.11}$$

其中，$\boldsymbol{y}^0 = \begin{bmatrix} y_1^0 & y_2^0 & \cdots & y_n^0 \end{bmatrix}^{\mathrm{T}}$；$\boldsymbol{y} = \begin{bmatrix} y_1 & y_2 & \cdots & y_n \end{bmatrix}^{\mathrm{T}}$；

$$\widetilde{\boldsymbol{A}}(x) = \begin{bmatrix} 0 & 1 & 0 & \cdots & 0 \\ 0 & 0 & 1 & \cdots & 0 \\ \vdots & \vdots & \vdots & & \vdots \\ 0 & 0 & 0 & \cdots & 1 \\ -a_n(x) & -a_{n-1}(x) & -a_{n-2}(x) & \cdots & -a_1(x) \end{bmatrix} ; \widetilde{\boldsymbol{f}}(x) = \begin{bmatrix} 0 \\ 0 \\ \vdots \\ 0 \\ f(x) \end{bmatrix}$$

上面给出了将高阶线性常微分方程(5.10)化为一阶线性常微分方程组(5.11)的方法。任何高阶方程及其定解问题都可以转化为方程组及其定解问题;反之未必。例如,方程组 $\dfrac{\mathrm{d}\boldsymbol{y}}{\mathrm{d}x}=\begin{bmatrix}1 & 0 \\ 0 & 1\end{bmatrix}\boldsymbol{y},\boldsymbol{y}=\begin{bmatrix}y_1 \\ y_2\end{bmatrix}$ 不能化为一个二阶的常微分方程。

例 5.3　试将三阶线性非齐次微分方程 $y'''+2y'+y=2\sin x$ 写成一阶线性微分方程组的形式。

解: 首先,令 $y'_1=y_2,y'_2=y_3$,则根据原方程有 $y'_3=-y_1-2y_2+2\sin x$,可进一步整理成线性微分方程组的形式为

$$\frac{\mathrm{d}\boldsymbol{y}}{\mathrm{d}x}=\widetilde{\boldsymbol{A}}(x)\boldsymbol{y}+\widetilde{\boldsymbol{f}}(x)$$

其中,$\boldsymbol{y}=\begin{bmatrix}y_1 & y_2 & y_3\end{bmatrix}^{\mathrm{T}};\widetilde{\boldsymbol{f}}(x)=\begin{bmatrix}0 & 0 & 2\sin x\end{bmatrix}^{\mathrm{T}};\widetilde{\boldsymbol{A}}(x)=\begin{bmatrix}0 & 1 & 0 \\ 0 & 0 & 1 \\ -1 & -2 & 0\end{bmatrix}$。

5.2　常系数齐次线性常微分方程组

由常数变易法可知,非齐次线性常微分方程组(5.1)的通解是基于齐次线性常微分方程组通解已知的基础上求得的,因此需要首先确定方程组(5.2)的通解。对于变系数的线性常微分方程组,其通解的解析形式不易得到,因此下面将介绍常系数线性常微分方程组的解法。

常系数齐次线性常微分方程组可写为

$$\frac{\mathrm{d}\boldsymbol{y}}{\mathrm{d}x}=\boldsymbol{A}\boldsymbol{y} \tag{5.12}$$

其中,系数矩阵 $\boldsymbol{A}=\begin{bmatrix}a_{11} & a_{12} & \cdots & a_{1n} \\ a_{21} & a_{22} & \cdots & a_{2n} \\ \vdots & \vdots & \ddots & \vdots \\ a_{n1} & a_{n2} & \cdots & a_{nn}\end{bmatrix}$,是 $n\times n$ 常数矩阵。

由定理 5.4 知,常系数齐次线性常微分方程组(5.12)的通解依赖于基本解矩阵 $\boldsymbol{\Phi}(x)$,因此求出 $\boldsymbol{\Phi}(x)$ 是关键的一步。

定理 5.6　矩阵 $\boldsymbol{\Phi}(x)=\exp(\boldsymbol{A}x)$ 是常系数齐次线性常微分方程组(5.12)的基本解矩阵,且 $\boldsymbol{\Phi}(0)=\boldsymbol{E}$。

证明: 由于 $\boldsymbol{\Phi}(x)=\exp(\boldsymbol{A}x)$ 可表示为如下矩阵级数:

$$\exp(\boldsymbol{A}x) = \boldsymbol{E} + \boldsymbol{A}x + \cdots + \frac{(\boldsymbol{A}x)^k}{k!} + \cdots \tag{5.13}$$

将式(5.13)代入方程组(5.12)的左端有

$$\boldsymbol{\Phi}'(x) = \boldsymbol{A} + \frac{\boldsymbol{A}^2 x}{1!} + \cdots + \frac{\boldsymbol{A}^k x^{k-1}}{(k-1)!} + \cdots = \boldsymbol{A}\exp(\boldsymbol{A}x) = \boldsymbol{A}\boldsymbol{\Phi}(x)$$

上式说明 $\boldsymbol{\Phi}(x)$ 是方程组(5.12)的解矩阵。

显然，$\boldsymbol{\Phi}(0) = \boldsymbol{E}$，故有 $\det(\boldsymbol{\Phi}(0)) = \det(\boldsymbol{E}) = 1$，由定理 5.3 可知，$\boldsymbol{\Phi}(x)$ 是方程组(5.12)的基本解矩阵。

注解 5.1：定理 5.6 说明常系数齐次线性常微分方程组(5.12)的基本解矩阵为 $\boldsymbol{\Phi}(x) = \exp(\boldsymbol{A}x)$，那么方程组(5.12)的通解可表示为 $\boldsymbol{y}(x) = \exp(\boldsymbol{A}x) \cdot \boldsymbol{C}$。但是，具体求解时需要计算矩阵级数方程(5.13)，计算过程相当复杂。那么对于方程组(5.12)的任一基本解矩阵 $\widetilde{\boldsymbol{\Phi}}(x)$，有 $\exp(\boldsymbol{A}x) = \widetilde{\boldsymbol{\Phi}}(x)\boldsymbol{C}$，当 $x = 0$ 时，可得 $\boldsymbol{C} = \widetilde{\boldsymbol{\Phi}}^{-1}(0)$，因此 $\exp(\boldsymbol{A}x) = \widetilde{\boldsymbol{\Phi}}(x)\widetilde{\boldsymbol{\Phi}}^{-1}(0)$。该关系说明 $\exp(\boldsymbol{A}x)$ 的计算问题等价于方程组(5.12)的任一基本解矩阵的计算问题。

下面主要介绍基本解矩阵 $\boldsymbol{\Phi}(x)$ 的计算方法。

5.2.1 n 个不同特征根情形下基本解矩阵的计算

定理 5.7 如果常系数齐次线性常微分方程组(5.12)的系数矩阵 $\boldsymbol{A}$ 有 n 个互不相同的特征根 $\lambda_i(i = 1, 2, \cdots, n)$，其对应的特征向量为 $\boldsymbol{v}_i(i = 1, 2, \cdots, n)$，则矩阵 $\boldsymbol{\Phi}(x) = [\mathrm{e}^{\lambda_1 x}\boldsymbol{v}_1 \quad \mathrm{e}^{\lambda_2 x}\boldsymbol{v}_2 \quad \cdots \quad \mathrm{e}^{\lambda_n x}\boldsymbol{v}_n]$ 是方程组(5.12)的一个基本解矩阵。

证明：根据特征根和特征向量的定义可知，$\mathrm{e}^{\lambda_i x}\boldsymbol{v}_i(i = 1, 2, \cdots, n)$ 都是方程组(5.12)的解向量，故 $\boldsymbol{\Phi}(x) = [\mathrm{e}^{\lambda_1 x}\boldsymbol{v}_1 \quad \mathrm{e}^{\lambda_2 x}\boldsymbol{v}_2 \quad \cdots \quad \mathrm{e}^{\lambda_n x}\boldsymbol{v}_n]$ 是方程组(5.12)的一个解矩阵。

又因为 $\boldsymbol{v}_i(i = 1, 2, \cdots, n)$ 线性无关，故有 $\det(\boldsymbol{\Phi}(0)) = \det([\boldsymbol{v}_1 \quad \boldsymbol{v}_2 \quad \cdots \quad \boldsymbol{v}_n]) \neq 0$，因此，$\boldsymbol{\Phi}(x) = [\mathrm{e}^{\lambda_1 x}\boldsymbol{v}_1 \quad \mathrm{e}^{\lambda_2 x}\boldsymbol{v}_2 \quad \cdots \quad \mathrm{e}^{\lambda_n x}\boldsymbol{v}_n]$ 是方程组(5.12)的一个基本解矩阵。

注解 5.2：通过定理 5.7，可将常系数齐次线性常微分方程组(5.12)的基本解矩阵的求解问题转化为 $n \times n$ 常数矩阵 $\boldsymbol{A}$ 的特征根和特征向量的求解，因此可参考线性代数知识来进行具体计算。

例 5.4 试求常微分方程组 $\dfrac{\mathrm{d}\boldsymbol{y}}{\mathrm{d}x} = \begin{bmatrix} 2 & -1 & 1 \\ 1 & 2 & -1 \\ 1 & -1 & 2 \end{bmatrix}\boldsymbol{y}$ 的通解。

解：由题意知系数矩阵 $\boldsymbol{A} = \begin{bmatrix} 2 & -1 & 1 \\ 1 & 2 & -1 \\ 1 & -1 & 2 \end{bmatrix}$，特征方程为

$$|\boldsymbol{A}-\lambda \boldsymbol{E}|=\begin{vmatrix} 2-\lambda & -1 & 1 \\ 1 & 2-\lambda & -1 \\ 1 & -1 & 2-\lambda \end{vmatrix}=0 \Rightarrow (\lambda-2)(\lambda^2-4\lambda+3)=0$$

易得特征根为 $\lambda_1=2, \lambda_2=1, \lambda_3=3$。下面计算对应的特征向量：

当 $\lambda_1=2$ 时，$\boldsymbol{A}\boldsymbol{v}_1=\lambda_1\boldsymbol{v}_1 \Rightarrow \begin{bmatrix} 2 & -1 & 1 \\ 1 & 2 & -1 \\ 1 & -1 & 2 \end{bmatrix}\boldsymbol{v}_1=2\boldsymbol{v}_1$

令 $\boldsymbol{v}_1=\begin{bmatrix} v_{11} \\ v_{21} \\ v_{31} \end{bmatrix}$，代入上式则有 $v_{11}=v_{21}=v_{31}$，因此 $\boldsymbol{v}_1=\begin{bmatrix} 1 \\ 1 \\ 1 \end{bmatrix}$；

类似地，当 $\lambda_2=1$ 时，可求得 $\boldsymbol{v}_2=\begin{bmatrix} 0 \\ 1 \\ 1 \end{bmatrix}$；当 $\lambda_3=3$ 时，可求得 $\boldsymbol{v}_3=\begin{bmatrix} 1 \\ 0 \\ 1 \end{bmatrix}$。

根据定理 5.7 可得基本解矩阵：

$$\boldsymbol{\Phi}(x)=\begin{bmatrix} \mathrm{e}^{2x} & 0 & \mathrm{e}^{3x} \\ \mathrm{e}^{2x} & \mathrm{e}^{x} & 0 \\ \mathrm{e}^{2x} & \mathrm{e}^{x} & \mathrm{e}^{3x} \end{bmatrix}$$

那么，原方程组的通解是

$$\boldsymbol{y}(x)=\boldsymbol{\Phi}(x) \cdot \boldsymbol{C}=C_1\mathrm{e}^{2x}\begin{bmatrix} 1 \\ 1 \\ 1 \end{bmatrix}+C_2\mathrm{e}^{x}\begin{bmatrix} 0 \\ 1 \\ 1 \end{bmatrix}+C_3\mathrm{e}^{3x}\begin{bmatrix} 1 \\ 0 \\ 1 \end{bmatrix}$$

其中，$C_i(i=1,2,3)$ 为任意常数。

注解 5.3：矩阵 $\boldsymbol{A}$ 的特征根和特征向量的求解也可通过调用 Maple 中的相关命令实现。其代码如下：

```
例如:with(linalg):
A :=matrix(3,3,[2,-1,1,1,2,-1,1,-1,2]);    #输入矩阵 A
lambda :=eigenvalues(A);                    #求特征值
v :=[eigenvectors(A)];                      #求特征向量
charpoly(A,x);                              #求特征多项式
```

例 5.5　考虑如图 5-1 所示的无阻尼二自由度振动系统，试求系统的自由振动响应。

解：根据图 5-1(b)所示的受力分析，有如下运动方程成立：

$$\left.\begin{array}{l} m\ddot{x}_1 = -k_1x_1 - k_2(x_1 - x_2) \\ m\ddot{x}_2 = -k_3x_2 + k_2(x_1 - x_2) \end{array}\right\} \Rightarrow \begin{bmatrix} m & 0 \\ 0 & m \end{bmatrix}\begin{bmatrix} \ddot{x}_1 \\ \ddot{x}_2 \end{bmatrix} = \begin{bmatrix} -k_1-k_2 & k_2 \\ k_2 & -k_3-k_2 \end{bmatrix}\begin{bmatrix} x_1 \\ x_2 \end{bmatrix}$$

上式可表示为下列常微分方程组的形式

$$\boldsymbol{M}\ddot{\boldsymbol{x}}(t) + \boldsymbol{K}\boldsymbol{x}(t) = 0 \tag{5.14}$$

其中,系统的位移向量、质量矩阵和刚度矩阵分别为

$$\boldsymbol{x} = \begin{bmatrix} x_1 \\ x_2 \end{bmatrix}, \boldsymbol{M} = \begin{bmatrix} m & 0 \\ 0 & m \end{bmatrix}, \boldsymbol{K} = \begin{bmatrix} +k_1+k_2 & -k_2 \\ -k_2 & +k_3+k_2 \end{bmatrix}$$

设方程(5.14)的解为

$$\boldsymbol{x}(t) = \boldsymbol{\varphi}\sin(\omega t + \theta)$$

其中,系统的振幅向量 $\boldsymbol{\varphi} = \begin{bmatrix} \varphi_1 \\ \varphi_2 \end{bmatrix}$。将上式代入方程(5.14)有

$$\begin{bmatrix} +k_1+k_2-m\omega^2 & -k_2 \\ -k_2 & +k_3+k_2-m\omega^2 \end{bmatrix}\boldsymbol{\varphi} = 0 \tag{5.15}$$

欲使上式有非零解,则有

$$\begin{vmatrix} +k_1+k_2-m\omega^2 & -k_2 \\ -k_2 & +k_3+k_2-m\omega^2 \end{vmatrix} = 0 \Rightarrow \omega_{1,2}^2 = \frac{(k_1+2k_2+k_3)\pm\sqrt{(k_1-k_3)^2+4k_2^2}}{2m}$$

将 $\omega_{1,2}^2$ 代入式(5.15)中可得两个特征向量 $\boldsymbol{\varphi}_1 = \begin{bmatrix} \varphi_{11} \\ \varphi_{21} \end{bmatrix}, \boldsymbol{\varphi}_2 = \begin{bmatrix} \varphi_{12} \\ \varphi_{22} \end{bmatrix}$,为了简化计算,考

虑参数 $k_1 = k_3 = k, k_2 = \mu k$,此时 $\omega_1 = \sqrt{\dfrac{k}{m}}$,$\omega_2 = \sqrt{\dfrac{(1+2\mu)k}{m}}$,$\boldsymbol{\varphi}_1 = \begin{bmatrix} 1 \\ 1 \end{bmatrix}, \boldsymbol{\varphi}_2 = \begin{bmatrix} -1 \\ 1 \end{bmatrix}$,则方

程(5.14)的通解是

$$\boldsymbol{x}(t) = C_1\boldsymbol{x}_1(t) + C_2\boldsymbol{x}_2(t)$$

其中,$C_i(i=1,2)$ 由初始条件决定,第一阶固有振动 $\boldsymbol{x}_1(t) = \begin{bmatrix} 1 \\ 1 \end{bmatrix}\sin\left(\sqrt{\dfrac{k}{m}}t + \theta_1\right)$;第二阶

固有振动 $\boldsymbol{x}_2(t) = \begin{bmatrix} -1 \\ 1 \end{bmatrix}\sin\left(\sqrt{\dfrac{k(1+2\mu)}{m}}t + \theta_2\right)$。$\omega_1, \omega_2 (\omega_1 < \omega_2)$ 称为系统的第一阶固有

频率和第二阶固有频率;$\boldsymbol{\varphi}_1, \boldsymbol{\varphi}_2$ 称为系统的第一阶固有振型和第二阶固有振型。固有频
率和固有振型也被称作系统的固有模态。

  显见,系统作第一阶固有振动时,图5-1(a)中的两质量块的运动方向和振幅均相
同,中间弹簧不发生变形。系统作第二阶固有振动时,图5-1(a)中的两质量块的运动方
向相反,但振幅相同,中间弹簧的中点总是静止不动的,该点称为系统对应该阶固有振动

的节点。

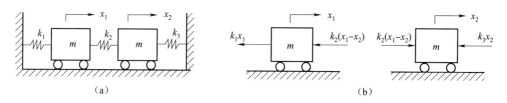

图 5-1 无阻尼二自由度系统示意及各质量受力分析

(a)无阻尼二自由度系统;(b)各质量受力分析

由于 $\boldsymbol{x}(0)=C_1\boldsymbol{\varphi}_1\sin\theta_1+C_2\boldsymbol{\varphi}_2\sin\theta_2$,$\dot{\boldsymbol{x}}(0)=C_1\boldsymbol{\varphi}_1\omega_1\cos\theta_1+C_2\boldsymbol{\varphi}_2\omega_2\cos\theta_2$,故当系统产生第一阶固有振动时,$C_1=1$,$C_2=0$,需要初始条件 $\boldsymbol{x}(0)=\boldsymbol{\varphi}_1\sin\theta_1$,$\dot{\boldsymbol{x}}(0)=\boldsymbol{\varphi}_1\omega_1\cos\theta_1$;故当系统产生第二阶固有振动时,需要初始条件 $\boldsymbol{x}(0)=\boldsymbol{\varphi}_2\sin\theta_2$,$\dot{\boldsymbol{x}}(0)=\boldsymbol{\varphi}_2\omega_2\cos\theta_2$。

例 5.6 试求常微分方程组 $\dfrac{\mathrm{d}\boldsymbol{y}}{\mathrm{d}x}=\begin{bmatrix}-1 & 5 \\ -4 & -5\end{bmatrix}\boldsymbol{y}$ 的通解。

解:由题意知系数矩阵 $\boldsymbol{A}=\begin{bmatrix}-1 & 5 \\ -4 & -5\end{bmatrix}$,特征方程为

$$|\boldsymbol{A}-\lambda\boldsymbol{E}|=\begin{vmatrix}-1-\lambda & 5 \\ -4 & -5-\lambda\end{vmatrix}=0 \Rightarrow \lambda^2+6\lambda+25=0$$

易得特征根为 $\lambda_{1,2}=-3\pm4\mathrm{i}$,是一对共轭复根。下面计算对应的特征向量:

当 $\lambda_1=-3+4\mathrm{i}$ 时,$\boldsymbol{A}\boldsymbol{v}_1=\lambda_1\boldsymbol{v}_1 \Rightarrow \begin{bmatrix}-1 & 5 \\ -4 & -5\end{bmatrix}\boldsymbol{v}_1=(-3+4\mathrm{i})\boldsymbol{v}_1$。令 $\boldsymbol{v}_1=\begin{bmatrix}v_{11} \\ v_{21}\end{bmatrix}$,代入上

式则有 $\begin{cases}(2-4\mathrm{i})v_{11}+5v_{21}=0 \\ 4v_{11}+(2+4\mathrm{i})v_{21}=0\end{cases}$,易见该代数方程组的系数行列式等于零,因此若令 $v_{11}=5$,

则有 $v_{21}=-2+4\mathrm{i}$,即 $\boldsymbol{v}_1=\begin{bmatrix}5 \\ -2+4\mathrm{i}\end{bmatrix}$;

当 $\lambda_2=-3-4\mathrm{i}$ 时,$\boldsymbol{v}_2=\bar{\boldsymbol{v}}_1=\begin{bmatrix}5 \\ -2-4\mathrm{i}\end{bmatrix}$;根据欧拉公式可得

$$\mathrm{e}^{\lambda_1 x}\boldsymbol{v}_1=\mathrm{e}^{-3x}(\cos 4x+\mathrm{i}\sin 4x)\cdot\begin{bmatrix}5 \\ -2+4\mathrm{i}\end{bmatrix}$$

$$=\mathrm{e}^{-3x}\left(\begin{bmatrix}5\cos 4x \\ -2\cos 4x-4\sin 4x\end{bmatrix}+\mathrm{i}\begin{bmatrix}5\sin 4x \\ -2\sin 4x+4\cos 4x\end{bmatrix}\right)$$

设 $\boldsymbol{y}=\begin{bmatrix}y_1 \\ y_2\end{bmatrix}$,则原方程组的实值解为 $\boldsymbol{y}(x)=C_1\mathrm{Re}(\mathrm{e}^{\lambda_1 x}\boldsymbol{v}_1)+C_2\mathrm{Im}(\mathrm{e}^{\lambda_1 x}\boldsymbol{v}_1)$。对解进一

步整理得到

$$\begin{cases} y_1 = 5e^{-3x}(C_1 \cos 4x + C_2 \sin 4x) \\ y_2 = 2e^{-3x}[(-C_1 + 2C_2)\cos 4x - (2C_1 + C_2)\sin 4x] \end{cases}$$

注解 5.4：当矩阵 A 的特征根为一对共轭复根 $\lambda = \alpha + \beta i$ 和 $\bar{\lambda} = \alpha - \beta i$ 时，其对应的特征向量 $v = \mathrm{Re}(v) + i\mathrm{Im}(v)$ 也互为共轭，方程组的解可以表示为 $y(x) = C_1 e^{\lambda x} v + C_2 e^{\bar{\lambda} x} \bar{v}$，展开后可得

$$y(x) = C_1 e^{\alpha x}(\cos \beta x + i \sin \beta x)[\mathrm{Re}(v) + i\mathrm{Im}(v)] + C_2 e^{\alpha x}(\cos \beta x - i \sin \beta x)[\mathrm{Re}(v) - i\mathrm{Im}(v)]$$

$$= e^{\alpha x}[(C_1 + C_2)(\mathrm{Re}(v)\cos \beta x - \mathrm{Im}(v)\sin \beta x) + i(C_1 - C_2)(\mathrm{Re}(v)\sin \beta x + \mathrm{Im}(v)\cos \beta x)]$$

根据第 4 章的理论可知，原方程组的实值解可以写为

$$y(x) = e^{\alpha x}[\gamma_1(\mathrm{Re}(v)\cos \beta x - \mathrm{Im}(v)\sin \beta x) + \gamma_2(\mathrm{Re}(v)\sin \beta x + \mathrm{Im}(v)\cos \beta x)]$$

$$= \gamma_1 \mathrm{Re}(e^{\lambda x} v) + \gamma_2 \mathrm{Im}(e^{\bar{\lambda} x} \bar{v})$$

5.2.2 特征根有重根情形下基本解矩阵的计算

推论 5.1 如果 A 有 s 个不同的特征根，其中 λ_i 是 k_i 重特征根，则常系数齐次线性微分方程组(5.11)存在 k_i 个形如

$$y_{1j} = p_{1j}(x)e^{\lambda_i x}, y_{2j} = p_{2j}(x)e^{\lambda_i x}, \cdots, y_{nj} = p_{nj}(x)e^{\lambda_i x} \quad (j = 1, 2, \cdots, k_i) \quad (5.16)$$

的线性无关解。其中，$p_{rj}(x)(r = 1, 2, \cdots, n; j = 1, 2, \cdots, k_i)$ 为 x 的次数不高于 $k_i - 1$ 的多项式，取遍所有的 $\lambda_i(i = 1, 2, \cdots, s)$，就得到方程组(5.12)的一个基本解组。

根据推论 5.1，将重根情形下常系数齐次线性微分方程组(5.12)的基本解组的计算总结为以下步骤：

第一步，对于每一个 λ_i，将形如方程(5.16)的解代入方程组(5.12)，通过比较系数来确定 $p_{rj}(x) = g_0 + g_1 x + \cdots + g_{k_1-1}x^{k_1-1}$ 中的待定系数 $g_m(m = 0, 1, \cdots, k_1 - 1)$，这些系数一共有 nk_i 个。

第二步，当取遍所有的 $\lambda_i(i = 1, 2, \cdots, s)$ 时，就得到方程组(5.12)的 n 个线性无关的解，构成其基本解组。

第三步，根据定理 5.4 可知，基本解组的线性组合即为方程组(5.12)的通解。

例 5.7 试求常微分方程组 $\dfrac{dy}{dx} = \begin{bmatrix} -2 & 1 & -2 \\ 1 & -2 & 2 \\ 3 & -3 & 5 \end{bmatrix} y$ 的通解。

解：由题意知系数矩阵 $A = \begin{bmatrix} -2 & 1 & -2 \\ 1 & -2 & 2 \\ 3 & -3 & 5 \end{bmatrix}$，特征方程为

$$|A-\lambda E|=\begin{vmatrix} -2-\lambda & 1 & -2 \\ 1 & -2-\lambda & 2 \\ 3 & -3 & 5-\lambda \end{vmatrix}=0 \Rightarrow (\lambda-3)(\lambda+1)^2=0$$

易得特征根为 $\lambda_1=3,\lambda_{2,3}=-1$(二重根)。下面计算对应的特征向量：

当 $\lambda_1=3$ 时，$Av_1=\lambda_1 v_1 \Rightarrow \begin{bmatrix} -2 & 1 & -2 \\ 1 & -2 & 2 \\ 3 & -3 & 5 \end{bmatrix} v_1=3v_1$。令 $v_1=\begin{bmatrix} v_{11} \\ v_{21} \\ v_{31} \end{bmatrix}$，代入上式则有

$v_{11}=-v_{21},v_{31}=-3v_{11}$，因此 $v_1=\begin{bmatrix} 1 \\ -1 \\ -3 \end{bmatrix}$；

当 $\lambda_{2,3}=-1$ 为二重根时，根据推论 5.1，可假设 $y=\begin{bmatrix} y_1 \\ y_2 \\ y_3 \end{bmatrix}$ 中的元素具有如下形式：

$$y_1=(g_{01}+g_{11}x)e^{-x}, y_2=(g_{02}+g_{12}x)e^{-x}, y_3=(g_{03}+g_{13}x)e^{-x}$$

将上式代入原方程组，两边消去 e^{-x} 后可得

$$\begin{cases} (-g_{01}+g_{11})-g_{11}x=(-2g_{01}+g_{02}-2g_{03})+(-2g_{11}+g_{12}-2g_{13})x \\ (-g_{02}+g_{12})-g_{12}x=(g_{01}-2g_{02}+2g_{03})+(g_{11}-2g_{12}+2g_{13})x \\ (-g_{03}+g_{13})-g_{13}x=(3g_{01}-3g_{02}+5g_{03})+(3g_{11}-3g_{12}+5g_{13})x \end{cases}$$

上面等式中令 x 同次幂的系数相等，有

$$\left.\begin{matrix} g_{01}-g_{02}+2g_{03}=-g_{11} \\ g_{01}-g_{02}+2g_{03}=g_{12} \\ 3(g_{01}-g_{02}+2g_{03})=g_{13} \end{matrix}\right\} \Rightarrow \begin{cases} g_{11}=g_{12}=g_{13}=0 \\ g_{01}-g_{02}+2g_{03}=0 \end{cases}$$

当取 $g_{02}=0,g_{03}=1$ 时，$v_2=\begin{bmatrix} -2 \\ 0 \\ 1 \end{bmatrix}$；当取 $g_{02}=1,g_{03}=0$ 时，$v_3=\begin{bmatrix} 1 \\ 1 \\ 0 \end{bmatrix}$。

那么，原方程组的通解是

$$y(x)=C_1 e^{3x}\begin{bmatrix} 1 \\ -1 \\ -3 \end{bmatrix}+C_2 e^{-x}\begin{bmatrix} -2 \\ 0 \\ 1 \end{bmatrix}+C_3 e^{-x}\begin{bmatrix} 1 \\ 1 \\ 0 \end{bmatrix}$$

其中，$C_i(i=1,2,3)$ 为任意常数。

例 5.8 将轻质圆板中心点固定，在其周边上三等分安装了相同的集中质量 m，如

图 5-2 所示。现忽略板的惯性,将该系统简化为三自由度系统,试分析其沿板法向的固有振动。

解: 在图 5-2 所示的物理坐标下用刚度法建立其运动微分方程为

$$\boldsymbol{M}\ddot{\boldsymbol{y}}(t)+\boldsymbol{K}\boldsymbol{y}(t)=0 \tag{5.17}$$

根据对称性,系统的法向位移向量、质量矩阵和刚度矩阵分别为

$$\boldsymbol{y}=\begin{bmatrix} y_1 \\ y_2 \\ y_3 \end{bmatrix},\boldsymbol{M}=\begin{bmatrix} m & 0 & 0 \\ 0 & m & 0 \\ 0 & 0 & m \end{bmatrix},\boldsymbol{K}=k\begin{bmatrix} 1 & \beta & \beta \\ \beta & 1 & \beta \\ \beta & \beta & 1 \end{bmatrix}$$

其中,k 和 $k\beta$ 分别为圆板的原点刚度系数和跨点刚度系数。

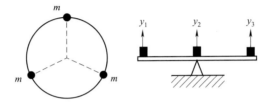

图 5-2 三自由度对称结构的示意

设方程(5.17)的解为 $\boldsymbol{y}(t)=\boldsymbol{\varphi}\sin(\omega t)$,$\boldsymbol{\varphi}=\begin{bmatrix} \varphi_1 & \varphi_2 & \varphi_3 \end{bmatrix}^{\mathrm{T}}$。将其代入方程(5.17),可得广义特征值问题:

$$\begin{bmatrix} k-m\omega^2 & \beta k & \beta k \\ \beta k & k-m\omega^2 & \beta k \\ \beta k & \beta k & k-m\omega^2 \end{bmatrix}\boldsymbol{\varphi}=0 \tag{5.18}$$

根据上式得系统的固有频率为

$$\begin{vmatrix} k-m\omega^2 & \beta k & \beta k \\ \beta k & k-m\omega^2 & \beta k \\ \beta k & \beta k & k-m\omega^2 \end{vmatrix}=0 \Rightarrow \omega_1=\sqrt{\frac{k(1+2\beta)}{m}},\omega_{2,3}=\sqrt{\frac{k(1-\beta)}{m}}$$

对于单个固有频率 ω_1,将其代入式(5.18)得到秩为 2 的齐次线性代数方程组,从而解得对应的固有振型为

$$\begin{bmatrix} -2\beta k & \beta k & \beta k \\ \beta k & -2\beta k & \beta k \\ \beta k & \beta k & -2\beta k \end{bmatrix}\boldsymbol{\varphi}_1=0 \Rightarrow \boldsymbol{\varphi}_1=\begin{bmatrix} 1 \\ 1 \\ 1 \end{bmatrix}$$

对于二重固有频率 $\omega_{2,3}$,将其代入式(5.18)得到秩为 1 的齐次线性代数方程组为

$$\begin{bmatrix} \beta k & \beta k & \beta k \\ \beta k & \beta k & \beta k \\ \beta k & \beta k & \beta k \end{bmatrix} \boldsymbol{\varphi} = 0$$

可解得一对线性无关的固有振型 $\boldsymbol{\varphi}_{2,3}$，但这种固有振型有无穷多对，例如：

$$\boldsymbol{\varphi}_2 = \begin{bmatrix} 1 \\ -1 \\ 0 \end{bmatrix}, \boldsymbol{\varphi}_3 = \begin{bmatrix} 1 \\ 0 \\ -1 \end{bmatrix} \text{或 } \widetilde{\boldsymbol{\varphi}}_2 = \begin{bmatrix} 1 \\ -1/2 \\ -1/2 \end{bmatrix}, \widetilde{\boldsymbol{\varphi}}_3 = \begin{bmatrix} 1/2 \\ 1/2 \\ -1 \end{bmatrix}$$

它们对应的振动形态和节线可参考文献[8]。

5.3　常系数非齐次线性常微分方程组

在 5.2 节中介绍了常系数齐次线性微分方程组(5.12)的通解解法，本节将分别利用常数变易法和拉普拉斯变换求解如下常系数非齐次线性微分方程组：

$$\frac{\mathrm{d}\boldsymbol{y}}{\mathrm{d}x} = \boldsymbol{A}\boldsymbol{y} + \boldsymbol{f}(x) \tag{5.19}$$

其中，$\boldsymbol{A}, \boldsymbol{y}, \dfrac{\mathrm{d}\boldsymbol{y}}{\mathrm{d}x}, \boldsymbol{f}(x)$ 的定义如前面所示。

例 5.9　试求常微分方程组 $\dfrac{\mathrm{d}\boldsymbol{y}}{\mathrm{d}x} = \begin{bmatrix} 2 & 3 \\ 3 & 2 \end{bmatrix} \boldsymbol{y} + \begin{bmatrix} \mathrm{e}^{-x} \\ 0 \end{bmatrix}$ 的通解。

解(常数变易法)：首先，计算对应的齐次方程组的通解，由题意知系数矩阵 $\boldsymbol{A} = \begin{bmatrix} 2 & 3 \\ 3 & 2 \end{bmatrix}$，其特征方程为

$$|\boldsymbol{A} - \lambda \boldsymbol{E}| = \begin{vmatrix} 2-\lambda & 3 \\ 3 & 2-\lambda \end{vmatrix} = 0 \Rightarrow \lambda^2 - 4\lambda - 5 = 0$$

易得特征根为 $\lambda_1 = 5, \lambda_2 = -1$。下面计算对应的特征向量：

当 $\lambda_1 = 5$ 时，$\boldsymbol{A}\boldsymbol{v}_1 = \lambda_1 \boldsymbol{v}_1 \Rightarrow \begin{bmatrix} 2 & 3 \\ 3 & 2 \end{bmatrix} \boldsymbol{v}_1 = 5\boldsymbol{v}_1$。令 $\boldsymbol{v}_1 = \begin{bmatrix} v_{11} \\ v_{21} \end{bmatrix}$，代入上式则有 $v_{11} = v_{21}$，因此 $\boldsymbol{v}_1 = \begin{bmatrix} 1 \\ 1 \end{bmatrix}$，其对应的解为 $\boldsymbol{y}_1 = \boldsymbol{v}_1 \mathrm{e}^{\lambda_1 x} = \begin{bmatrix} \mathrm{e}^{5x} \\ \mathrm{e}^{5x} \end{bmatrix}$；

当 $\lambda_2 = -1$ 时，类似地可得对应的特征向量 $\boldsymbol{v}_2 = \begin{bmatrix} 1 \\ -1 \end{bmatrix}$，其对应的解为 $\boldsymbol{y}_2 = \boldsymbol{v}_2 \mathrm{e}^{\lambda_2 x} = \begin{bmatrix} \mathrm{e}^{-x} \\ -\mathrm{e}^{-x} \end{bmatrix}$；

那么,原方程组对应的齐次微分方程组的通解是

$$\boldsymbol{y}(x)=C_1\begin{bmatrix}\mathrm{e}^{5x}\\\mathrm{e}^{5x}\end{bmatrix}+C_2\begin{bmatrix}\mathrm{e}^{-x}\\-\mathrm{e}^{-x}\end{bmatrix} \tag{5.20}$$

其中,$C_i(i=1,2)$为任意常数。

接着,根据常数变易法,设非齐次线性微分方程组的解为

$$\widetilde{\boldsymbol{y}}(x)=C_1(x)\begin{bmatrix}\mathrm{e}^{5x}\\\mathrm{e}^{5x}\end{bmatrix}+C_2(x)\begin{bmatrix}\mathrm{e}^{-x}\\-\mathrm{e}^{-x}\end{bmatrix} \tag{5.21}$$

其中,$C_i(x)(i=1,2)$为待定函数。

将解(5.21)代入非齐次线性微分方程组中,得到

$$C_1'(x)\begin{bmatrix}\mathrm{e}^{5x}\\\mathrm{e}^{5x}\end{bmatrix}+C_2'(x)\begin{bmatrix}\mathrm{e}^{-x}\\-\mathrm{e}^{-x}\end{bmatrix}=\begin{bmatrix}\mathrm{e}^{-x}\\0\end{bmatrix}$$

通过求解上面的方程得到

$$C_1'(x)=\frac{1}{2}\mathrm{e}^{-6x},C_2'(x)=\frac{1}{2}\Rightarrow C_1(x)=-\frac{1}{12}\mathrm{e}^{-6x},C_2(x)=\frac{1}{2}x$$

根据定理 5.5 可知,原非齐次线性微分方程组的通解为式(5.20)和式(5.21)的和,即

$$\boldsymbol{y}(x)=C_1\begin{bmatrix}\mathrm{e}^{5x}\\\mathrm{e}^{5x}\end{bmatrix}+C_2\begin{bmatrix}\mathrm{e}^{-x}\\-\mathrm{e}^{-x}\end{bmatrix}-\frac{1}{6}\begin{bmatrix}\mathrm{e}^{-x}\\\mathrm{e}^{-x}\end{bmatrix}+\frac{1}{2}\begin{bmatrix}x\mathrm{e}^{-x}\\-x\mathrm{e}^{-x}\end{bmatrix}$$

例 5.10 试求常微分方程组 $\dfrac{\mathrm{d}\boldsymbol{y}}{\mathrm{d}x}=\begin{bmatrix}2&3\\3&2\end{bmatrix}\boldsymbol{y}+\begin{bmatrix}\mathrm{e}^{2x}\\0\end{bmatrix}$ 满足初始条件 $\boldsymbol{y}(0)=\begin{bmatrix}0\\0\end{bmatrix}$ 的解。

解(拉普拉斯变换法):首先,令 $\boldsymbol{y}=\begin{bmatrix}y_1\\y_2\end{bmatrix}$,将非齐次线性微分方程组写成以下分量形式:

$$\begin{cases}\dfrac{\mathrm{d}y_1}{\mathrm{d}x}=2y_1+3y_2+\mathrm{e}^{2x}\\[2mm]\dfrac{\mathrm{d}y_2}{\mathrm{d}x}=3y_1+2y_2\end{cases}$$

对上述方程组两端进行拉普拉斯变换,有

$$\begin{cases}sY_1(s)=2Y_1(s)+3Y_2(s)+\dfrac{1}{s-2}\\[2mm]sY_2(s)=3Y_1(s)+2Y_2(s)\end{cases}$$

通过求解上述方程组得到

$$\begin{array}{l}Y_1(s)=\dfrac{1}{(s-5)(s+1)}\\[3mm]Y_2(s)=\dfrac{3}{(s-2)(s-5)(s+1)}\end{array}\Bigg\}\Rightarrow\begin{cases}Y_1(s)=\dfrac{1}{6}\left(\dfrac{1}{s-5}-\dfrac{1}{s+1}\right)\\[3mm]Y_2(s)=\dfrac{1}{6}\left(\dfrac{1}{s-5}+\dfrac{1}{s+1}-\dfrac{2}{s-2}\right)\end{cases} \tag{5.22}$$

对式(5.22)进行拉普拉斯逆变换,有

$$\begin{cases} y_1(x)=\dfrac{1}{6}(e^{5x}-e^{-x}) \\[2mm] y_2(x)=\dfrac{1}{6}(e^{5x}+e^{-x}-2e^{2x}) \end{cases}$$

即

$$\boldsymbol{y}(x)=\frac{1}{6}\begin{bmatrix} e^{5x} \\ e^{5x} \end{bmatrix}-\frac{1}{6}\begin{bmatrix} e^{-x} \\ -e^{-x} \end{bmatrix}-\frac{1}{6}\begin{bmatrix} 0 \\ 2e^{2x} \end{bmatrix}$$

例 5.11 试求常微分方程 $\dfrac{d^3y}{dx^3}-\dfrac{dy}{dx}=\dfrac{e^x}{e^x+1}$ 的通解。

解: 首先,令 $\boldsymbol{y}=\begin{bmatrix} y_1 \\ y_2 \\ y_3 \end{bmatrix}$,该三阶线性常微分方程可化为以下的形式:

$$\left.\begin{array}{l} \dfrac{dy_1}{dx}=y_2 \\[2mm] \dfrac{dy_2}{dx}=y_3 \\[2mm] \dfrac{dy_3}{dx}=y_2+\dfrac{e^x}{e^x+1} \end{array}\right\} \Rightarrow \frac{d\boldsymbol{y}}{dx}=\begin{bmatrix} 0 & 1 & 0 \\ 0 & 0 & 1 \\ 0 & 1 & 0 \end{bmatrix}\boldsymbol{y}+\begin{bmatrix} 0 \\ 0 \\ \dfrac{e^x}{e^x+1} \end{bmatrix} \tag{5.23}$$

由题意知系数矩阵 $\boldsymbol{A}=\begin{bmatrix} 0 & 1 & 0 \\ 0 & 0 & 1 \\ 0 & 1 & 0 \end{bmatrix}$,其特征方程为

$$|\boldsymbol{A}-\lambda\boldsymbol{E}|=\begin{vmatrix} -\lambda & 1 & 0 \\ 0 & -\lambda & 1 \\ 0 & 1 & -\lambda \end{vmatrix}=0 \Rightarrow \lambda(\lambda^2-1)=0$$

易得特征根为 $\lambda_1=0,\lambda_{2,3}=\pm1$。下面计算对应的特征向量:

当 $\lambda_1=0$ 时,$\boldsymbol{A}\boldsymbol{v}_1=\lambda_1\boldsymbol{v}_1\Rightarrow\begin{bmatrix} 0 & 1 & 0 \\ 0 & 0 & 1 \\ 0 & 1 & 0 \end{bmatrix}\boldsymbol{v}_1=0$。令 $\boldsymbol{v}_1=\begin{bmatrix} v_{11} \\ v_{21} \\ v_{31} \end{bmatrix}$,代入上式则有 $v_{21}=0$,

$v_{31}=0$,因此 $\boldsymbol{v}_1=\begin{bmatrix} 1 \\ 0 \\ 0 \end{bmatrix}$,其对应的解为 $\boldsymbol{y}_1=\boldsymbol{v}_1e^{\lambda_1x}=\begin{bmatrix} 1 \\ 0 \\ 0 \end{bmatrix}$;

当 $\lambda_2=1$ 时,令 $\boldsymbol{v}_2=\begin{bmatrix} v_{12} \\ v_{22} \\ v_{32} \end{bmatrix}$,$\boldsymbol{A}\boldsymbol{v}_2=\lambda_2\boldsymbol{v}_2\Rightarrow\begin{bmatrix} 0 & 1 & 0 \\ 0 & 0 & 1 \\ 0 & 1 & 0 \end{bmatrix}\boldsymbol{v}_2=\boldsymbol{v}_2$,则有 $v_{12}=v_{22}=v_{32}$,因此

$$\boldsymbol{v}_2 = \begin{bmatrix} 1 \\ 1 \\ 1 \end{bmatrix}, \text{其对应的解为 } \boldsymbol{y}_2 = \boldsymbol{v}_2 e^{\lambda_2 x} = \begin{bmatrix} 1 \\ 1 \\ 1 \end{bmatrix} e^x;$$

当 $\lambda_3 = -1$ 时，令 $\boldsymbol{v}_3 = \begin{bmatrix} v_{13} \\ v_{23} \\ v_{33} \end{bmatrix}$，$\boldsymbol{A}\boldsymbol{v}_3 = \lambda_3 \boldsymbol{v}_3 \Rightarrow \begin{bmatrix} 0 & 1 & 0 \\ 0 & 0 & 1 \\ 0 & 1 & 0 \end{bmatrix} \boldsymbol{v}_3 = -\boldsymbol{v}_3$，则有 $v_{23} + v_{13} = 0$，

$v_{33} + v_{23} = 0$，因此 $\boldsymbol{v}_3 = \begin{bmatrix} 1 \\ -1 \\ 1 \end{bmatrix}$，其对应的解为 $\boldsymbol{y}_3 = \boldsymbol{v}_3 e^{\lambda_3 x} = \begin{bmatrix} 1 \\ -1 \\ 1 \end{bmatrix} e^{-x};$

因此，齐次线性常微分方程组的通解是

$$\boldsymbol{y}(x) = C_1 \begin{bmatrix} 1 \\ 0 \\ 0 \end{bmatrix} + C_2 e^x \begin{bmatrix} 1 \\ 1 \\ 1 \end{bmatrix} + C_3 e^{-x} \begin{bmatrix} 1 \\ -1 \\ 1 \end{bmatrix} \tag{5.24}$$

其中，$C_i (i=1,2,3)$ 为任意常数。

接着，根据常数变易法，设非齐次线性常微分方程组(5.23)的解为

$$\tilde{\boldsymbol{y}}(x) = C_1(x) \begin{bmatrix} 1 \\ 0 \\ 0 \end{bmatrix} + C_2(x) e^x \begin{bmatrix} 1 \\ 1 \\ 1 \end{bmatrix} + C_3(x) e^{-x} \begin{bmatrix} 1 \\ -1 \\ 1 \end{bmatrix} \tag{5.25}$$

其中，$C_i(x)(i=1,2,3)$ 为待定函数。

将解(5.25)代入非齐次线性常微分方程组(5.23)中，得到

$$C_1'(x) \begin{bmatrix} 1 \\ 0 \\ 0 \end{bmatrix} + C_2'(x) e^x \begin{bmatrix} 1 \\ 1 \\ 1 \end{bmatrix} + C_3'(x) e^{-x} \begin{bmatrix} 1 \\ -1 \\ 1 \end{bmatrix} = \begin{bmatrix} 0 \\ 0 \\ \dfrac{e^x}{e^x+1} \end{bmatrix}$$

通过求解上面的方程得到 $C_1'(x) = -\dfrac{e^x}{e^x+1}$，$C_2'(x) = \dfrac{1}{2(e^x+1)}$，$C_3'(x) = \dfrac{e^{2x}}{2(e^x+1)}$。

上式两端进行积分可得

$$C_1(x) = -\int \frac{d(1+e^x)}{1+e^x} = -\ln(1+e^x)$$

$$C_2(x) = \frac{1}{2} \int \frac{e^{-x}}{1+e^{-x}} dx = -\frac{1}{2}\ln(1+e^{-x}) = \frac{1}{2}\big[x - \ln(1+e^x)\big]$$

$$C_3(x) = \frac{1}{2} \int \Big(1 - \frac{1}{1+e^x}\Big) e^x dx = \frac{1}{2}\big[e^x - \ln(1+e^x)\big]$$

需要指出的是,方程组(5.23)中的 y_1 等价于原方程中的 y,所以根据定理 5.5 知,原非齐次线性常微分方程组的通解为式(5.20)和式(5.21)的和向量的第一行,即

$$y = C_1 + C_2 \mathrm{e}^x + C_3 \mathrm{e}^{-x} + \frac{1}{2} \left[1 + x \mathrm{e}^x - (\mathrm{e}^x + \mathrm{e}^{-x} + 2) \ln(1 + \mathrm{e}^x) \right] \tag{5.26}$$

注解 5.5: 本例题主要是说明针对高阶线性常微分方程,如何将其转化为一阶线性常微分方程组来求解。当然,本例题也可以直接用第 4 章的特征根法求出齐次线性常微分方程的通解,再通过常数变易法求出对应非齐次方程的特解。读者可以作为练习求解,比较一下两种方法的优缺点。

5.4　使用 Maple 求解常微分方程组

在方程计算过程中,涉及表达式和符号运算的工作往往比较烦琐。Maple 是目前广泛使用的数学计算软件之一。本节主要介绍如何利用 Maple 中的 dsolve() 函数求解常微分方程组。dsolve() 函数作为一个一般的常微分方程求解器,可以处理不同的常微分方程求解问题。这里主要利用 dsolve() 来求解线性常微分方程组的解析解。

例 5.12　求解常微分方程组

$$\begin{cases} \dfrac{\mathrm{d}y_1}{\mathrm{d}x} = 3y_1 - y_2 + y_3 \\[2mm] \dfrac{\mathrm{d}y_2}{\mathrm{d}x} = 2y_1 + y_3 \\[2mm] \dfrac{\mathrm{d}y_3}{\mathrm{d}x} = y_1 - y_2 + 2y_3 \end{cases}$$

解: 本题目利用 dsolve() 来求解,其主要求解命令如下:

```
with(DEtools);
eqs:={diff(y1(x),x)=3* y1(x)- y2(x)+y3(x),diff(y2(x),x)=2* y1(x)+y3(x),diff(y3(x),x)=y1
(x)- y2(x)+2* y3(x)};                        #输入待求解的常微分方程组
sol:=dsolve(eqs,{y1(x),y2(x),y3(x)});   #求微分方程组的通解
odetest(sol,eqs);                        #检验得到的解
```

通过上面的求解命令,得到微分方程组的通解为

$$\begin{cases} y_1 = \mathrm{e}^{2x}(C_2 + C_3 x) \\ y_2 = C_1 \mathrm{e}^x + C_2 \mathrm{e}^{2x} + C_3 \mathrm{e}^{2x} x \\ y_3 = C_1 \mathrm{e}^x + C_3 \mathrm{e}^{2x} \end{cases}$$

例 5.13　求解常微分方程组

$$\begin{cases} \dfrac{\mathrm{d}y_1}{\mathrm{d}x}=y_1+3y_3 \\[2mm] \dfrac{\mathrm{d}y_2}{\mathrm{d}x}=8y_1+y_2-y_3 \\[2mm] \dfrac{\mathrm{d}y_3}{\mathrm{d}x}=5y_1+y_2-y_3 \end{cases}$$

解:with(DEtools);

eqs:={diff(y1(x),x)=y1(x)+ 3* y3(x),diff(y2(x),x)=8* y1(x)+y2(x)- y3(x),diff(y3(x),x)=5
*y1(x)+y2(x)- y3(x)};　　　　　　　#输入待求解的常微分方程组

sol:=dsolve(eqs,{y1(x),y2(x),y3(x)});　#求微分方程组的通解

odetest(sol,eqs1);　　　　　　　　#检验得到的解

通过上面的求解命令,得到微分方程组的通解为

$$\begin{cases} y_1=C_1\mathrm{e}^{-3x}+C_2\mathrm{e}^{(2+\sqrt{7})x}+C_3\mathrm{e}^{-(2+\sqrt{7})x} \\[2mm] y_2=-\dfrac{7}{3}C_1\mathrm{e}^{-3x}+\dfrac{4\sqrt{7}-5}{3}C_2\mathrm{e}^{(2+\sqrt{7})x}-\dfrac{4\sqrt{7}+5}{3}C_3\mathrm{e}^{-(-2+\sqrt{7})x} \\[2mm] y_3=-\dfrac{4}{3}C_1\mathrm{e}^{-3x}+\dfrac{\sqrt{7}+1}{3}C_2\mathrm{e}^{(2+\sqrt{7})x}-\dfrac{\sqrt{7}-1}{3}C_3\mathrm{e}^{-(-2+\sqrt{7})x} \end{cases}$$

例 5.14　利用 Maple 求解例 5.11 满足初始条件 $y(0)=0, y'(0)=-1, y''(0)=1$ 的解。

解:with(DEtools);

eq:=diff(y(x),x\$ 3)- diff(y(x),x)=exp(x)/(1+exp(x));　　#输入待求解的常微分方程

sol:=dsolve({eq,y(0)=0,D(y)(0)= -1,(D@ @ 2)(y)(0)=1},y(x));

　　　　　　　　　　　　　　#求给定初始条件的微分方程组的解

odetest(sol,eq);　　　　　　　　　　#检验得到的解

通过上面的求解命令,得到满足给定初始条件的解为

$$y=\ln2-\frac{1}{2}+\frac{\ln 2}{2}\mathrm{e}^x+\frac{1+\ln 2}{2}\mathrm{e}^{-x}+\frac{1}{2}\big[x\mathrm{e}^x-(\mathrm{e}^x+\mathrm{e}^{-x}+2)\ln(1+\mathrm{e}^x)\big]$$

注解 5.6:本题也可以利用 Maple 中的 Laplace 变换方法来求解,具体如下:

with(DEtools):

eq:=diff(y(x),x\$3)- diff(y(x),x)=exp(x)/(1+exp(x));

　　　　　　　　　　#输入待求解的常微分方程

sol:=dsolve({eq,y(0)=0,D(y)(0)= -1,(D@@2)(y)(0)=1},y(x),method= laplace);

　　　　　　　　#Laplace 变换方法求给定初始条件的微分方程组的解

odetest(sol,eq);　　　　　　　#检验得到的解

5.5　动力吸振器

机械振动在工程实际中普遍存在,会引起仪器精度降低、设备破坏、构件磨损、结构疲劳等一系列问题,因此,需要采取动力吸振器来减小或消除这些危害。考虑一个装有动力吸振器的振动系统,其最简单的力学模型可取为两自由度线性系统,如图 5-3(a)所示。主振动系统由质量 m、弹簧 k 和阻尼器 c 组成;附加的动力吸振器由质量 m_1、弹簧 k_1 和阻尼器 c_1 组成。假设所有弹簧和阻尼器都是线性的,且主质量 m 上作用有力 $F(t)$。图 5-3(b)所示分别给出了主系 m 和副系 m_1 的受力分析,其中 F_1、F_2、f_1、f_2 分别为主系 m 和副系 m_1 受到的弹簧的弹力和阻尼器的阻力。

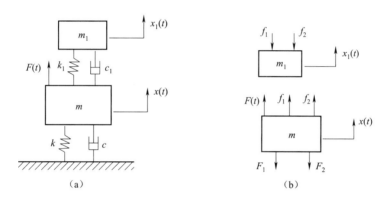

图 5-3　动力吸振器

(a)动力吸振器示意;(b)受力分析

根据牛顿第二定理有

$$\begin{cases} m\,\dfrac{\mathrm{d}^2 x}{\mathrm{d}t^2}=f_1+f_2-F_1-F_2+F(t) \\[2mm] m_1\,\dfrac{\mathrm{d}^2 x_1}{\mathrm{d}t^2}=-f_1-f_2 \end{cases} \tag{5.27}$$

其中,$F_1=kx$,$F_2=c\,\dfrac{\mathrm{d}x}{\mathrm{d}t}$,$f_1=k_1(x_1-x)$,$f_2=c_1\left(\dfrac{\mathrm{d}x_1}{\mathrm{d}t}-\dfrac{\mathrm{d}x}{\mathrm{d}t}\right)$。

将方程(5.27)进一步整理得到系统的运动微分方程为

$$\begin{cases} m\,\dfrac{\mathrm{d}^2 x}{\mathrm{d}t^2}+c\,\dfrac{\mathrm{d}x}{\mathrm{d}t}+kx-c_1\,\dfrac{\mathrm{d}(x_1-x)}{\mathrm{d}t}-k_1(x_1-x)=F(t) \\[2mm] m_1\,\dfrac{\mathrm{d}^2 x_1}{\mathrm{d}t^2}+c_1\,\dfrac{\mathrm{d}(x_1-x)}{\mathrm{d}t}+k_1(x_1-x)=0 \end{cases} \tag{5.28}$$

令 $z=x$,$z_1=x_1-x$ 分别代表主质量 m 的位移和质量 m_1 的相对位移,则方程(5.28)

变为

$$\begin{cases} m\,\dfrac{\mathrm{d}^2z}{\mathrm{d}t^2}+c\,\dfrac{\mathrm{d}z}{\mathrm{d}t}+kz-c_1\,\dfrac{\mathrm{d}z_1}{\mathrm{d}t}-k_1z_1=F(t) \\[3mm] m_1\,\dfrac{\mathrm{d}^2z_1}{\mathrm{d}t^2}+(1+\mu)c_1\,\dfrac{\mathrm{d}z_1}{\mathrm{d}t}+(1+\mu)k_1z_1-\mu c\,\dfrac{\mathrm{d}z}{\mathrm{d}t}-\mu kz=-\mu F(t) \end{cases} \tag{5.29}$$

其中, $\mu=\dfrac{m_1}{m}$。引入 $\omega^2=\dfrac{k}{m}$, $\omega_1^2=\dfrac{k_1}{m_1}$, $\xi=\dfrac{c}{2\sqrt{km}}$, $\xi_1=\dfrac{c_1}{2\sqrt{k_1m_1}}$, $\rho=\dfrac{\omega_1}{\omega}$, $f_0=\dfrac{F_0}{m}$, 方程 (5.29)进一步变为

$$\begin{cases} \dfrac{\mathrm{d}^2z}{\mathrm{d}t^2}+2\xi\omega\,\dfrac{\mathrm{d}z}{\mathrm{d}t}+\omega^2z-2\mu\xi_1\rho\omega\,\dfrac{\mathrm{d}z_1}{\mathrm{d}t}-\mu\rho^2\omega^2z_1=F(t) \\[3mm] \dfrac{\mathrm{d}^2z_1}{\mathrm{d}t^2}+2(1+\mu)\xi_1\rho\omega\,\dfrac{\mathrm{d}z_1}{\mathrm{d}t}+(1+\mu)\rho^2\omega^2z_1-2\xi\omega\,\dfrac{\mathrm{d}z}{\mathrm{d}t}-\omega^2z=-F(t) \end{cases} \tag{5.30}$$

将方程(5.30)可以表示成常微分方程组的形式为

$$\frac{\mathrm{d}\boldsymbol{Z}}{\mathrm{d}t}=\boldsymbol{A}\boldsymbol{Z}+\boldsymbol{f}(t) \tag{5.31}$$

其中,

$$\boldsymbol{A}=\begin{bmatrix} 0 & 1 & 0 & 0 \\ -\omega^2 & -2\xi\omega & \mu\omega^2\rho^2 & 2\mu\rho\omega\xi_1 \\ 0 & 0 & 0 & 1 \\ \omega^2 & 2\xi\omega & -(1+\mu)\omega^2\rho^2 & -2(1+\mu)\rho\omega\xi_1 \end{bmatrix},\boldsymbol{Z}=\begin{bmatrix} z \\ \dot{z} \\ z_1 \\ \dot{z}_1 \end{bmatrix},\boldsymbol{f}(t)=\begin{bmatrix} 0 \\ F(t) \\ 0 \\ -F(t) \end{bmatrix}.$$

为了求系统的频域特性,令 $F(t)=f_0\mathrm{e}^{\mathrm{j}\Omega t}$, $z=H(\Omega)\mathrm{e}^{\mathrm{j}\Omega t}$, $z_1=H_1(\Omega)\mathrm{e}^{\mathrm{j}\Omega t}$, 代入方程 (5.31)两端得

$$\begin{bmatrix} -\Omega^2+2\mathrm{j}\xi\omega\Omega+\omega^2 & -(2\mathrm{j}\mu\xi_1\rho\omega\Omega+\mu\rho^2\omega^2) \\ -(2\mathrm{j}\xi\omega\Omega+\omega^2) & -\Omega^2+2\mathrm{j}(1+\mu)\xi_1\rho\omega\Omega+(1+\mu)\rho^2\omega^2 \end{bmatrix}\begin{bmatrix} H(\Omega) \\ H_1(\Omega) \end{bmatrix}=\begin{bmatrix} f_0 \\ -f_0 \end{bmatrix}$$

$$\tag{5.32}$$

其中,频率特性函数为 $H(\Omega)$ 和 $H_1(\Omega)$, 方程(5.32)可看成是关于 $H(\Omega)$ 和 $H_1(\Omega)$ 的线性代数方程组,可解得[9]

$$H(\Omega)=\frac{\Delta_1}{\Delta} \tag{5.33}$$

其中,

$$\Delta_1=\begin{vmatrix} f_0 & -2\mathrm{j}\mu\xi_1\rho\omega\Omega-\mu\rho^2\omega^2 \\ -f_0 & -\Omega^2+2\mathrm{j}(1+\mu)\xi_1\rho\omega\Omega+(1+\mu)\rho^2\omega^2 \end{vmatrix}=f_0(B_1+\mathrm{j}B_2)$$

$$\Delta=\begin{vmatrix} s^2+2\xi\omega s+\omega^2 & -2\mu\xi_1\rho\omega s-\mu\rho^2\omega^2 \\ -2\xi\omega s-\omega^2 & s^2+2(1+\mu)\xi_1\rho\omega s+(1+\mu)\rho^2\omega^2 \end{vmatrix}=B_3+\mathrm{j}B_4$$

$$B_1 = \rho^2\omega^2 - \Omega^2, B_2 = 2\xi_1\rho\omega\Omega, B_3 = \Omega^4 - \omega^2(\rho^2\mu + 4\rho\xi\xi_1 + \rho^2 + 1)\Omega^2 + \omega^4\rho^2,$$

$$B_4 = 2\omega\Omega[-(\rho\mu\xi_1 + \rho\xi_1 + \xi)\Omega^2 + \omega^2\rho(\xi\rho + \xi_1)]$$

对方程(5.33)进行计算,得到

$$|H(\Omega)| = f_0\sqrt{\frac{B_1^2 + B_2^2}{B_3^2 + B_4^2}} \tag{5.34}$$

根据方程(5.34)和位移振幅放大因子的定义有

$$\beta = \sqrt{\frac{B_1^2 + B_2^2}{B_3^2 + B_4^2}} \tag{5.35}$$

其中,$B_1^2 + B_2^2 = \lambda^4 + 4\left(\xi_1^2 - \dfrac{1}{2}\right)\rho^2\lambda^2 + \rho^4$, $B_3 = \lambda^4 - (\rho^2\mu + 4\rho\xi\xi_1 + \rho^2 + 1)\lambda^2 + \rho^2$, $B_4 = 2[-(\rho\mu\xi_1 + \rho\xi_1 + \xi)\lambda^3 + \lambda\rho(\xi\rho + \xi_1)]$, $\lambda = \Omega/\omega$。

在图 5-4 所示中,根据式(5.35)绘制了位移振幅放大因子 β 随频率比 λ 变化而变化的曲线。当 $\lambda = 1$ 时,对于无吸振器的系统出现共振峰。对于附加吸振器的系统,$\lambda = 1$ 处的共振峰消失,即主系统的输出幅值为零。在 $\lambda = 1$ 左右的共振频率比处,峰值随着附加吸振器阻尼系数的增加,两个峰的峰值减小,说明吸振器的减振效果非常明显。但是需要注意的是,在设计吸振器时需要取适当的阻尼系数,避免在其他频率处产生新的较大的共振。吸振器可以应用于接近固定频率运行的同步机械系统;也可应用于激励不接近谐振的情况。例如,挂在高压输电线上的哑铃型吸振器装置可以减轻风激振动疲劳效应[10]。

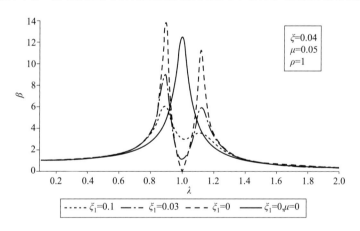

图 5-4　β 随 λ 变化而变化的曲线

注解 5.7: 本题可以利用 Maple 中的 plot 给出相应的曲线分析。代码如下:

```
with (plots):
beta:= sqrt(4* lambda^2* rho^2* xi1^2+ lambda^4- 2* lambda^2* rho^2+ rho^4)/sqrt((rho^2- (mu*
rho^2+4* rho* xi* xi1+ rho^2+1)* lambda^2+ lambda^4)^2+4* (lambda* rho* (rho* xi+ xi1)- (mu* rho*
xi1+ rho* xi1+ xi)* lambda^3)^2);
```

```
                          #输入方程(5.33)
xi:=0.04;mu:=0.05;rho:=1;      #给参数赋值
xi1:=0.0;f1:=plot(beta,lambda=0.1..2):
                          #当 ξ₁=0.0 时,振幅放大因子随频率比 λ 变化而变化的曲线
xi1:=0.03;f2:=plot(beta,lambda=0.1..2,color=red):
                          #当 ξ₁=0.03 时,振幅放大因子随频率比 λ 变化而变化的曲线
xi1:=0.1;f3:=plot(beta,lambda=0.1..2,color=blue):
                          #当 ξ₁=0.1 时,振幅放大因子随频率比 λ 变化而变化的曲线
xi1:=0;mu:=0;f4:=plot(beta,lambda=0.1..2,color=green):
                          #无隔振器时,主系统振幅随频率比 λ 变化而变化的曲线
plots[display]({f1,f2,f3,f4});    #在图中显示上述曲线
```

习 题 5

5.1 求解下列微分方程组:

$$(1)\frac{\mathrm{d}\boldsymbol{y}}{\mathrm{d}x}=\begin{bmatrix}5&4\\4&5\end{bmatrix}\boldsymbol{y}$$

$$(2)\frac{\mathrm{d}\boldsymbol{y}}{\mathrm{d}x}=\begin{bmatrix}1&2\\4&3\end{bmatrix}\boldsymbol{y}$$

$$(3)\frac{\mathrm{d}\boldsymbol{y}}{\mathrm{d}x}=\begin{bmatrix}1&-3\\3&1\end{bmatrix}\boldsymbol{y}$$

$$(4)\frac{\mathrm{d}\boldsymbol{y}}{\mathrm{d}x}=\begin{bmatrix}0&1&0\\0&0&1\\-6&-11&-6\end{bmatrix}\boldsymbol{y}$$

$$(5)\frac{\mathrm{d}\boldsymbol{y}}{\mathrm{d}x}=\begin{bmatrix}2&-1&-1\\2&-1&-2\\-1&1&2\end{bmatrix}\boldsymbol{y}$$

$$(6)\frac{\mathrm{d}\boldsymbol{y}}{\mathrm{d}x}=\begin{bmatrix}1&-1&1\\1&1&-1\\0&-1&2\end{bmatrix}\boldsymbol{y}$$

5.2 求解下列微分方程组:

$$(1)\frac{\mathrm{d}\boldsymbol{y}}{\mathrm{d}x}=\begin{bmatrix}-1&2\\-2&3\end{bmatrix}\boldsymbol{y}+\begin{bmatrix}\mathrm{e}^{-x}\\0\end{bmatrix}$$

$$(2)\dfrac{\mathrm{d}\boldsymbol{y}}{\mathrm{d}x}=\begin{bmatrix}2 & 3\\ 3 & 2\end{bmatrix}\boldsymbol{y}+\begin{bmatrix}5x\\ 8\mathrm{e}^{-x}\end{bmatrix}$$

$$(3)\dfrac{\mathrm{d}\boldsymbol{y}}{\mathrm{d}x}=\begin{bmatrix}-1 & -5\\ 1 & 1\end{bmatrix}\boldsymbol{y}+\begin{bmatrix}4\sin 2x\\ 8t\end{bmatrix}$$

$$(4)\dfrac{\mathrm{d}\boldsymbol{y}}{\mathrm{d}x}=\begin{bmatrix}2 & 1 & 0\\ 0 & 2 & 1\\ 0 & 0 & 2\end{bmatrix}\boldsymbol{y}+\begin{bmatrix}0\\ 0\\ \mathrm{e}^{x}\end{bmatrix}$$

5.3 考虑习题 5.3 图所示的无阻尼二自由度振动系统,试求系统的自由振动响应。

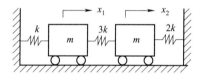

习题 5.3 图

5.4 如习题 5.4 图所示,一个两层剪切型框架结构,各楼层的集中质量和层间刚度分别为 m 和 k,当顶层承受水平简谐激励 $F(t)=A\cos\Omega t$ 时,求该框架结构的响应 $x_1(t)$ 和 $x_2(t)$。

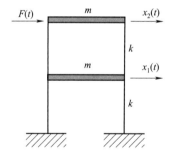

习题 5.4 图

5.5 如习题 5.5 图所示,主振动系统由质量 m 和弹簧 k 组成,附加的动力吸振器由质量 m_1、弹簧 k_1 和阻尼器 c_1 组成。假设所有弹簧和阻尼器都是线性的,且主质量 m 上作用有简谐力 $F(t)=A\cos\Omega t$,试:

(1)建立系统的运动微分方程;

(2)确定主系统的响应 $x(t)$。

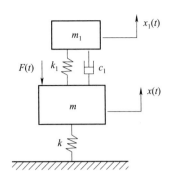

习题 5.5 图

5.6 如习题5.6图所示,长度为$2a$的轻质杆两端由弹簧k悬挂支撑,弹簧和杆的质量不计。在杆的中间和右端安放质量为m的小球。试:

(1)建立系统的运动微分方程;

(2)求解系统的响应并分析其振动特性。

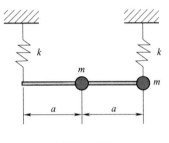

习题 5.6 图

第6章

非线性微分方程的定性分析

大量工程实际问题建立的数学模型具有高维、非线性、变参数等特点,难以用线性微分方程描述,故不能通过前面介绍的方法求得方程的精确解析解。为了研究非线性常微分方程解的特性,基于常微分方程的稳定性和定性理论,不通过求解而直接从常微分方程出发去研究其解的主要特征和性态,即定性分析方法。主要是利用李雅普诺夫稳定性判据、Routh-Hurwitz 判据、中心流形定理等对动力系统奇点邻域内的稳定性进行局域分析。此外,还介绍了分岔的类型及保守系统的特征。事实上,在理论分析和工程应用中,数值方法和定性分析方法相结合,能产生很好的效果,实现对非线性常微分方程解的特性分析。

6.1 李雅普诺夫稳定性定理

由解对初值的连续依赖性定理 3.4 可知,在有限闭区间 $[a,b]$ 上,当初值变化不大时,方程的解与初始的运动轨道相近。遗憾的是,该结论并不能推广到无限区间上,例如,微分方程 $\frac{\mathrm{d}x(t)}{\mathrm{d}t} = x(t)$ 的解为 $x(t) = c\mathrm{e}^t$(c 为任意常数),在有限的区间 $t \in [0, T]$ 上,满足初始条件 $x(0) = 0$ 和 $x(0) = x_0$ 的解分别为 $x(t) = 0$ 和 $x(t) = x_0\mathrm{e}^t$,对任意的 $\varepsilon > 0$,取 $\delta = \varepsilon\mathrm{e}^{-T}$,当 $|x_0 - 0| < \delta$ 时,有 $|x_0\mathrm{e}^t - 0| < \delta\mathrm{e}^T = \varepsilon$。但是当 $t \in [0, +\infty)$ 时,即 $T \to +\infty$ 时,$x(t) = x_0\mathrm{e}^t \to \infty$,显然定理 3.4 的结论不再成立。在实际工程问题中,往往需要关注系统的长时间运动状态,即微分方程的解在 $t \in [0, +\infty)$ 上的变化状态。因此,下面将介绍李雅普诺夫函数和李雅普诺夫稳定性理论。

6.1.1 李雅普诺夫直接方法

考虑方程组

$$\frac{\mathrm{d}\boldsymbol{x}(t)}{\mathrm{d}t} = \boldsymbol{f}(\boldsymbol{x}) \quad (\boldsymbol{x} \in U \subset \mathbb{R}^n) \tag{6.1}$$

假设 $\boldsymbol{f}(\boldsymbol{x}) = [f_1 \quad f_2 \quad \cdots \quad f_n]^{\mathrm{T}}$ 在 U 内有连续的偏导数,设 $\boldsymbol{x} = [x_1 \quad x_2 \quad \cdots \quad x_n]^{\mathrm{T}}$ 为方程组的解且满足 $\|\boldsymbol{x}\| = \sqrt{x_1^2 + x_2^2 + \cdots + x_n^2}$ 。

定义 6.1 设 $t = t_0$ 时,方程组(6.1)的解是 $\boldsymbol{x}_0(t_0)$,另一受扰动偏离它的解为 $\boldsymbol{x}(t_0)$。若对于任意的 $\varepsilon > 0$,总存在 $\delta(\varepsilon, t_0) > 0$,使得对于一切满足 $\|\boldsymbol{x}(t_0) - \boldsymbol{x}_0(t_0)\| < \delta$ 的 $\boldsymbol{x}(t_0)$ 及 $t \geqslant t_0$,均有

$$\|\boldsymbol{x}(t) - \boldsymbol{x}_0(t)\| < \varepsilon$$

则称解 $\boldsymbol{x}(t)$ 在李雅普诺夫意义下是稳定的;否则,$\boldsymbol{x}(t)$ 称为不稳定的。

定义 6.2 如果解 $\boldsymbol{x}(t)$ 是稳定的,且存在 $\delta(t_0) > 0$,使得对于一切满足 $\|\boldsymbol{x}(t_0) - \boldsymbol{x}_0(t_0)\| < \delta$ 的 $\boldsymbol{x}(t_0)$,均有

$$\lim_{t \to \infty} \|\boldsymbol{x}(t) - \boldsymbol{x}_0(t)\| = 0$$

则称解 $\boldsymbol{x}(t)$ 是渐近稳定的。

注解 6.1: 在李雅普诺夫意义下解的稳定性是指初始条件发生微小变化时,解不会发生太大的偏离。解的渐近稳定是指系统初始状态即使受到扰动,最终运动状态仍能回到无扰动时的解上。如果解是不稳定的,则初始条件微小的变化足以使解偏离原来的解。为了方便起见,令 $\boldsymbol{x}_0(0) = 0$,在图 6-1 所示中,给出了零解的李雅普诺夫稳定性示意。

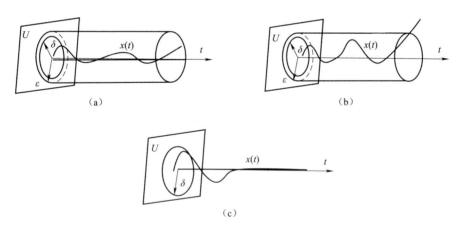

图 6-1 零解的李雅普诺夫稳定性示意

(a)稳定的零解;(b)不稳定的零解;(c)渐近稳定的零解

定义 6.3 设 $V(\boldsymbol{x})$ 为域 $D(D: \|\boldsymbol{x}\| < \eta, \eta > 0$ 为小量)中的连续函数,而且 $V(\boldsymbol{x})$ 是正定的,即除了 $V(0) = 0$ 外,对 D 中所有别的点均有 $V(\boldsymbol{x}) > 0$,则函数 $V(\boldsymbol{x})$ 为李雅普诺夫函数。

定义 6.4 假设 $V(\boldsymbol{x})$ 关于所有变元的偏导数存在且连续,则函数 $V(\boldsymbol{x})$ 通过方程

(6.1)的全导数定义为

$$\frac{\mathrm{d}V(\boldsymbol{x})}{\mathrm{d}t} = \sum_{i=1}^{n} \frac{\partial V(\boldsymbol{x})}{\partial x_i} \frac{\mathrm{d}x_i}{\mathrm{d}t} = \sum_{i=1}^{n} \frac{\partial V(\boldsymbol{x})}{\partial x_i} f_i \tag{6.2}$$

下面引入李雅普诺夫直接法判定奇点稳定性的三个定理：

定理 6.1　如果对于微分方程组(6.1)存在一个李雅普诺夫函数 $V(\boldsymbol{x})$，其对应的全导数 $\dfrac{\mathrm{d}V(\boldsymbol{x})}{\mathrm{d}t}$ 是负半定的(即对于 D 中所有的点 $\dfrac{\mathrm{d}V(\boldsymbol{x})}{\mathrm{d}t} \leqslant 0$)，则方程组(6.1)的奇点是稳定的。

定理 6.2　如果对于微分方程组(6.1)存在一个李雅普诺夫函数 $V(\boldsymbol{x})$，其对应的全导数 $\dfrac{\mathrm{d}V(\boldsymbol{x})}{\mathrm{d}t}$ 是负定的(即除 $\dfrac{\mathrm{d}V(0)}{\mathrm{d}t} = 0$，对于 D 中所有其他点 $\dfrac{\mathrm{d}V(\boldsymbol{x})}{\mathrm{d}t} < 0$)，则方程组(6.1)的奇点是渐近稳定的。

定理 6.3　如果对于微分方程组(6.1)存在一个李雅普诺夫函数 $V(\boldsymbol{x})$，其对应的全导数 $\dfrac{\mathrm{d}V(\boldsymbol{x})}{\mathrm{d}t}$ 是正定的，则方程组(6.1)的奇点是不稳定的。

注解 6.2：定理 6.1～定理 6.3 给出了利用李雅普诺夫函数 $V(\boldsymbol{x})$ 来判定方程组(6.1)的奇点稳定性的直接方法，该方法无须对扰动方程求解，其关键是构造李雅普诺夫函数，使该函数与扰动方程产生联系，利用受扰运动的走向判断未扰运动的稳定性。但是一般情况下并无普遍规律可循。对于受扰运动微分方程存在初积分的特殊情形，可将初积分或初积分的组合选为 $V(\boldsymbol{x})$。

6.1.2　李雅普诺夫直接方法的几何意义

为了方便理解其几何意义，考虑图 6-2 所示中的三维空间 $(x, y, V(x, y))$，其中 xOy 为相平面。根据李雅普诺夫函数 $V(\boldsymbol{x})$ 的定义 6.3，$V(x, y)$ 可以理解为一个仅尖端与原点接触的椭圆锥面。作平面 $V(x, y) = C(C > 0)$，与椭圆锥面的交线在 xOy 平面的投影为一组一个套一个的闭曲线簇。当 $\dfrac{\mathrm{d}V(\boldsymbol{x})}{\mathrm{d}t} \leqslant 0$ 时，说明当 t 增加时，沿轨线 V 是不增加的，即随着 t 的增加，相轨线将一层层地进入闭曲线簇的内部 $\left(\dfrac{\mathrm{d}V(\boldsymbol{x})}{\mathrm{d}t} < 0\right)$ 或者沿着这些闭曲线运动 $\left(\dfrac{\mathrm{d}V(\boldsymbol{x})}{\mathrm{d}t} = 0\right)$，因此零解是稳定的；当 $\dfrac{\mathrm{d}V(\boldsymbol{x})}{\mathrm{d}t} < 0$ 时，说明当 t 增加时，沿轨线 V 是向下盘旋趋于锥面的定点，即随着 t 的增加，相轨线将由外向内进入闭曲线簇并渐近地趋于原点，因此零解是渐近稳定的。对于不稳定零解的情形，可以进行类似的分析和理解，在此不再赘述。

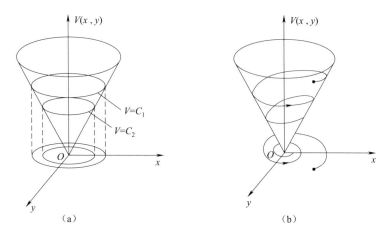

图 6-2 李雅普诺夫直接方法几何意义示意

(a)稳定的零奇点;(b)渐近稳定的零奇点

例 6.1 试分析 van der Pol 方程 $\begin{cases} \dot{x}_1 = x_2 \\ \dot{x}_2 = -\omega^2 x_1 + \alpha(1-x_1^2)x_2 \end{cases}$ 奇点的稳定性。

解:根据定义 1.1 易得方程的奇点为 $(0,0)$。取李雅普诺夫函数 $V(x_1,x_2)=\dfrac{1}{2}\omega^2 x_1^2 + \dfrac{1}{2}x_2^2$,显然 V 在 $(0,0)$ 附近是正定的。根据式(6.2)可计算得其全导数为

$$\frac{\mathrm{d}V}{\mathrm{d}t}=\frac{\partial V}{\partial x_1}\dot{x}_1+\frac{\partial V}{\partial x_2}\dot{x}_2=\alpha(1-x_1^2)x_2^2$$

下面分两种情况进行讨论:

(1)当 $\alpha<0$ 时,如果把原点 $(0,0)$ 的邻域 D 取为 $\|x_1\|<1$,则 $\dfrac{\mathrm{d}V}{\mathrm{d}t}<0$,是负定的,根据定理 6.2 知 $(0,0)$ 是渐近稳定的;

(2)当 $\alpha>0$ 时,这时在原点 $(0,0)$ 的邻域 $\|x_1\|<1$ 中,$\dfrac{\mathrm{d}V}{\mathrm{d}t}>0$,是正定的,根据定理 6.3 知 $(0,0)$ 是不稳定的。

在图 6-3 所示中,固定 $\omega=1$,利用数值方法分别给出了 $\alpha=-0.1$ 和 $\alpha=0.1$ 时 van der Pol 方程的时间历程和相轨线,可以看出当 $\alpha=-0.1$ 时,随着时间的增加,解 $x(t)$ 趋于零解且相轨线收敛于 $(0,0)$ 点,故 $(0,0)$ 是渐近稳定的;当 $\alpha=0.1$ 时,随着时间的增加,解 $x(t)$ 呈振荡发散的状态,且相轨线远离 $(0,0)$ 点收敛于极限环,故 $(0,0)$ 是不稳定的,数值结果与用李雅普诺夫方法得到结果一致。

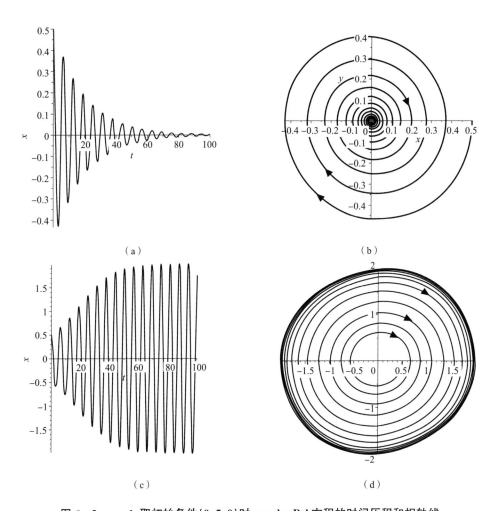

图 6 - 3　$\omega=1$, 取初始条件 $(0.5,0)$ 时 van der Pol 方程的时间历程和相轨线

(a)$\alpha=-0.1$ 时, 系统的时间历程图;(b)$\alpha=-0.1$ 时, 系统的相轨线

(c)$\alpha=0.1$ 时, 系统的时间历程图;(d)$\alpha=0.1$ 时, 系统的相轨线

6.2　线性稳定性和奇点分类

利用李雅普诺夫直接法时, 如何构造适当的李雅普诺夫函数是其中的难点。本节介绍李雅普诺夫第一方法, 主要通过在奇点的邻域对非线性动力系统进行线性化, 再根据线性动力系统解的稳定性对原非线性动力系统奇点的稳定性作出判断, 此外还介绍 Routh-Hurwitz 稳定性判据。

6.2.1　非线性微分方程的线性化

设 x_0 为方程组(6.1)的奇点, 将方程组(6.1)在 x_0 处作泰勒展开得

$$\frac{\mathrm{d}x(t)}{\mathrm{d}t}=Df(x_0)(x-x_0)+O(\parallel x-x_0\parallel^2) \tag{6.3}$$

其中，$Df(x_0)$ 为 $f(x)$ 在 x_0 处的雅可比矩阵。若记 $\hat{x}=x-x_0$，则动力系统方程(6.3)对应的线性化系统可写为

$$\frac{\mathrm{d}\hat{x}(t)}{\mathrm{d}t}=\boldsymbol{A}\hat{x}(t) \tag{6.4}$$

其中，$\boldsymbol{A}=Df(x_0)$ 称为系数矩阵。

为了便于理解，以下针对二自由度的常微分方程(1.26)进行线性化过程。假设 (x_0,y_0) 为方程组(1.26)的一个奇点，$(\xi(t)、\eta(t))$ 表示小扰动，则方程组(1.18)的扰动解可表示为

$$\begin{cases} \widetilde{x}(t)=x_0+\xi(t) \\ \widetilde{y}(t)=y_0+\eta(t) \end{cases} \tag{6.5}$$

将式(6.5)代入方程组(1.18)并在 (x_0,y_0) 处进行泰勒展开取一阶近似，有

$$\begin{cases} \dot{x}_0+\dot{\xi}(t)=F(x_0,y_0)+\left.\frac{\partial F}{\partial x}\right|_{(x_0,y_0)}\cdot\xi(t)+\left.\frac{\partial F}{\partial y}\right|_{(x_0,y_0)}\cdot\eta(t) \\ \dot{y}_0+\dot{\eta}(t)=G(x_0,y_0)+\left.\frac{\partial G}{\partial x}\right|_{(x_0,y_0)}\cdot\xi(t)+\left.\frac{\partial G}{\partial y}\right|_{(x_0,y_0)}\cdot\eta(t) \end{cases}$$

上式可简化为如下线性微分方程组：

$$\dot{\xi}(t)=\boldsymbol{A}\zeta(t) \tag{6.6}$$

其中，$\xi(t)=\begin{bmatrix}\xi(t) & \eta(t)\end{bmatrix}^{\mathrm{T}}$，$\boldsymbol{A}=\begin{bmatrix}a_{11} & a_{12} \\ a_{21} & a_{22}\end{bmatrix}=\begin{bmatrix}\left.\dfrac{\partial F}{\partial x}\right|_{(x_0,y_0)} & \left.\dfrac{\partial F}{\partial y}\right|_{(x_0,y_0)} \\ \left.\dfrac{\partial G}{\partial x}\right|_{(x_0,y_0)} & \left.\dfrac{\partial G}{\partial y}\right|_{(x_0,y_0)}\end{bmatrix}$。

由系数矩阵 $\boldsymbol{A}$ 得到对应的特征方程为

$$\begin{vmatrix} \lambda-a_{11} & -a_{12} \\ -a_{21} & \lambda-a_{22} \end{vmatrix}=0 \Rightarrow \lambda_{1,2}=\frac{P\pm\sqrt{P^2-4Q}}{2}$$

其中，$P=a_{11}+a_{22}$，$Q=a_{11}a_{22}-a_{12}a_{21}$，分别称为系数矩阵 $\boldsymbol{A}$ 的迹和行列式。

由定理 5.7 可知线性微分方程组(6.6)解的形式：

对于 $\lambda_i(i=1,2)$，$\xi_i=\boldsymbol{v}_i\mathrm{e}^{\lambda_i t}$，其中，$\boldsymbol{v}_i$ 为 λ_i 对应的特征向量，因此线性微分方程组(6.6)的通解可表示为 $\xi=c_1\mathrm{e}^{\lambda_1 t}+c_2\mathrm{e}^{\lambda_2 t}$，$\eta=c_3\mathrm{e}^{\lambda_1 t}+c_4\mathrm{e}^{\lambda_2 t}$。其中，$c_i(i=1,2,3,4)$ 为任意常数。

由特征根和通解的形式可得到如下定理：

定理 6.4 线性微分方程组(6.6)解的稳定性分为下列三种情况：

(1)如果 $\lambda_{1,2}$ 的实部均为负的,则非线性微分方程组(1.26)的奇点和线性微分方程组(6.6)的解是渐近稳定的。

(2)如果 $\lambda_{1,2}$ 中至少有一个的实部是正的,则非线性微分方程组(1.26)的奇点和线性微分方程组(6.6)的解是不稳定的。

(3)如果 $\lambda_{1,2}$ 中至少有一个的实部等于零,则线性微分方程组(6.6)的解是稳定的,但是无法判断非线性微分方程组(1.26)的奇点的稳定性。

注解 6.3:定理 6.4 的结论仅在奇点的邻域范围内才有意义,是一个局部的稳定性判别方法,绝不能把它推广到整个相空间。如果非线性微分方程组(1.26)有多个奇点,则线性化必须对不同的奇点分别进行。以不同的奇点作参考点便有不同的线性化方程,它们分别适用于各自奇点的邻域。

例 6.2 试分析单摆奇点的稳定性。

解:根据第 1 章的例 1.1 可知,单摆的运动微分方程为

$$\begin{cases} \dfrac{\mathrm{d}\theta(t)}{\mathrm{d}t} = x(t) \\ \dfrac{\mathrm{d}x(t)}{\mathrm{d}t} = -\alpha \sin(\theta(t)) \quad \left(\alpha = \dfrac{g}{l}\right) \end{cases}$$

易得方程的奇点为 $(0,0)$,$(k\pi,0)(k = \pm 1, \pm 2, \cdots)$。

(1)对于奇点 $(0,0)$,其对应的线性化方程及特征根为

$$\left.\begin{array}{l} \dfrac{\mathrm{d}\xi(t)}{\mathrm{d}t} = \eta(t) \\ \dfrac{\mathrm{d}\eta(t)}{\mathrm{d}t} = -\alpha\xi(t) \end{array}\right\} \Rightarrow \lambda = \pm \mathrm{i}\sqrt{\alpha}$$

根据定理 6.4,当特征根实部为零时,线性微分方程的解是稳定的,但是无法判断原方程奇点 $(0,0)$ 的稳定性。因此,下面采用李雅普诺夫直接法。

取李雅普诺夫函数 $V(\theta,x) = \dfrac{x^2}{2} + \alpha(1 - \cos\theta)$,显然 V 在 $(0,0)$ 附近是正定的。根据式(6.2)可计算得其全导数为

$$\dfrac{\mathrm{d}V}{\mathrm{d}t} = \dfrac{\partial V}{\partial \theta}\dfrac{\mathrm{d}\theta}{\mathrm{d}t} + \dfrac{\partial V}{\partial x}\dfrac{\mathrm{d}x}{\mathrm{d}t} = \alpha \sin\theta \cdot x + x \cdot (-\alpha \sin\theta) = 0$$

由定理 6.1 可知,奇点 $(0,0)$ 是稳定的。

(2)对于奇点 $(k\pi,0)$,当 k 为偶数时,其对应单摆的最低位置,对应的线性化方程及特征根同奇点 $(0,0)$ 的情况,因此可判断此时奇点是稳定的,见图 6-4。

当 k 为奇数时,其对应单摆的最高点的平衡位置,故仅需考虑 $(\pm\pi,0)$ 的情况,对应的线性化方程及特征根为

$$\left.\begin{aligned} \frac{\mathrm{d}\xi(t)}{\mathrm{d}t} &= \eta(t) \\ \frac{\mathrm{d}\eta(t)}{\mathrm{d}t} &= \alpha\xi(t) \end{aligned}\right\} \Rightarrow \lambda = \pm\sqrt{\alpha}$$

根据定理 6.4,当特征根中有一个实部是正的时,线性微分方程的解和原方程奇点均是不稳定的,见图 6-4。

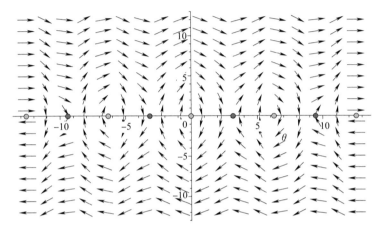

图 6-4　单摆的向量场

事实上,单摆的总能量 $E = \dfrac{x^2}{2} - \alpha\cos\theta$,当 E 较小时,例如 $E = E_1$ 时,相轨线为围绕 $(0,0)$ 的闭曲线,此时单摆在平衡位置附近做小幅振动;当能量超过临界值 E_2 时,相轨线处于过鞍点的分界线外;当 $E = E_3$ 时,单摆将做大范围的周期运动,具体如图 6-5 所示。

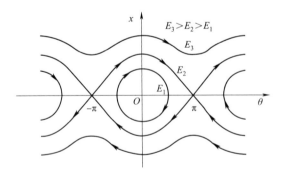

图 6-5　单摆的相轨线

6.2.2　线性微分方程的奇点分类

根据系数矩阵 A 的特征根 λ_1 和 λ_2 形式的不同,可以进一步对奇点进行分类:

(1)当 λ_1 和 λ_2 为一对实根,且同号时,此时 $P^2 - 4Q \geqslant 0$,$Q > 0$,奇点称为结点。如果 λ_1

和 λ_2 均小于零（$P<0$）,对应的线性微分方程(6.6)的解将随着时间的增加趋于该奇点,这种结点是渐近稳定的,如图 6-6 所示。如果 λ_1 和 λ_2 均大于零（$P>0$）,对应的线性方程(6.6)的解将随着时间的增加远离该奇点,这种结点是不稳定的,此时对应的相轨线只需将图 6-6 所示中的箭头反向即可。

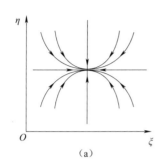 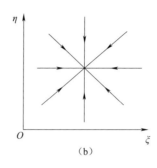

（a）　　　　　　　　　　　　　　　（b）

图 6-6　渐近稳定的结点

(a)$\lambda_1 \neq \lambda_2$ 时,渐近稳定的结点;(b)$\lambda_1 = \lambda_2$ 时,渐近稳定的奇结点

（2）当 λ_1 和 λ_2 为一对实根,且异号时,此时 $Q<0$,奇点称为鞍点。由于在相平面上,其中一个方向是稳定的,另一个方向是不稳定的,因此鞍点是不稳定的,如图 6-7 所示。

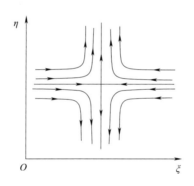

图 6-7　不稳定的鞍点

（3）当 λ_1 和 λ_2 为一对共轭复根,且实部不为零时,此时 $P^2-4Q<0(P\neq 0)$,$Q>0$,奇点称为焦点。如果实部小于零（$P<0$）,对应的线性方程(6.6)的解将随着时间的增加沿螺线收缩至该奇点,这种焦点是渐近稳定的,如图 6-8(a)所示。如果实部大于零（$P>0$）,对应的线性方程(6.6)的解将随着时间的增加沿螺线远离该奇点,这种焦点是不稳定的,此时对应的相轨线只需将图 6-8(a)所示中的箭头反向即可。

（4）当 $\lambda_{1,2}$ 为一对纯虚根时,$P=0$,$Q>0$,奇点称为中心。此时,围绕它的相轨线是闭轨,但是不趋于中心,因此中心是稳定的,但非渐近稳定,如图 6-8(b)所示。

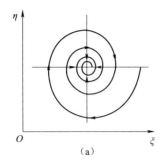 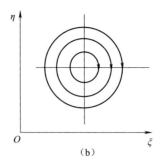

（a）　　　　　　　　　　　　　　（b）

图 6 - 8　焦点

（a）渐近稳定的焦点；（b）稳定的中心

根据上面的分析，可将奇点在平面(P,Q)内的分布情况画出，如图 6 - 9 所示。因此，奇点的分类及稳定性情况完全依赖于 P、Q，即取决于系数矩阵 $\boldsymbol{A}$。

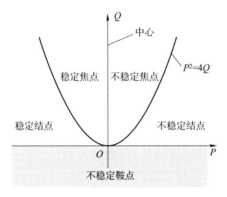

图 6 - 9　奇点在平面(P,Q)内的分布情况

例 6.3　试对阻尼单摆的奇点进行分类并分析稳定性。

解：阻尼单摆的运动微分方程为

$$\begin{cases} \dfrac{\mathrm{d}\theta(t)}{\mathrm{d}t}=x(t) \\[2mm] \dfrac{\mathrm{d}x(t)}{\mathrm{d}t}=-\beta x(t)-\alpha\sin(\theta(t)) \quad \left(\alpha=\dfrac{g}{l},\beta>0\right) \end{cases}$$

其中，β 为阻尼系数，易得方程的奇点为$(0,0)$，$(k\pi,0)(k=\pm1,\pm2,\cdots)$。

对于奇点$(0,0)$，其对应的线性化方程及特征根为

$$\left.\begin{array}{l} \dfrac{\mathrm{d}\xi(t)}{\mathrm{d}t}=\eta(t) \\[2mm] \dfrac{\mathrm{d}\eta(t)}{\mathrm{d}t}=-\alpha\xi(t)-\beta\eta(t) \end{array}\right\}\Rightarrow\lambda_{1,2}=\dfrac{-\beta\pm\sqrt{\beta^2-4\alpha}}{2}$$

当 $\beta^2\geqslant4\alpha$ 时，特征根均为负实数，故奇点$(0,0)$为渐近稳定结点；当 $\beta^2<4\alpha$ 时，特征

根为实部且为负实数的一对共轭复根,故奇点$(0,0)$为渐近稳定焦点。

对于奇点$(k\pi,0)$,当 k 为偶数时,其对应的线性化方程及特征根同奇点$(0,0)$的情况。

当 k 为奇数时,仅需考虑$(\pm\pi,0)$的情况,其对应的线性化方程及特征根为

$$\left.\begin{aligned}\frac{\mathrm{d}\xi(t)}{\mathrm{d}t}&=\eta(t)\\\frac{\mathrm{d}\eta(t)}{\mathrm{d}t}&=\alpha\xi(t)-\beta\eta(t)\end{aligned}\right\}\Rightarrow\lambda_{1,2}=\frac{-\beta\pm\sqrt{\beta^2+4\alpha}}{2}$$

显见,特征根是异号实根,奇点$(\pm\pi,0)$为不稳定鞍点。

6.2.3　Routh-Hurwitz 稳定性判据

上面两小节主要根据线性系统的特征根来判定稳定性,但是当特征方程的次数高于 5 时,其特征根只能通过数值方法获得。本小节介绍的 Routh-Hurwitz 判据不需要求解特征根,而仅需要通过矩阵 $\boldsymbol{A}$ 的系数就可以判定特征根实部的正负,为高维线性动力系统的渐近稳定性分析提供了一种简便的方法。

定理 6.5(Routh-Hurwitz 判据)　设线性微分方程组(6.4)对应的特征方程为

$$\det(\boldsymbol{A}-\lambda\boldsymbol{I})=a_0\lambda^n+a_1\lambda^{n-1}+\cdots+a_{n-1}\lambda+a_n=0\quad(a_0>0)\tag{6.7}$$

则方程(6.7)的所有特征根都有负实部的充分必要条件为所有行列式 $\Delta_i>0(i=0,1,\cdots,n)$:

$$\left\{\begin{aligned}&\Delta_0=a_0,\Delta_1=a_1,\Delta_2=\begin{vmatrix}a_1&a_0\\a_3&a_2\end{vmatrix},\\&\Delta_3=\begin{vmatrix}a_1&a_0&0\\a_3&a_2&a_1\\a_5&a_4&a_3\end{vmatrix},\cdots,\Delta_n=\begin{vmatrix}a_1&a_0&\cdots&0\\a_3&a_2&\cdots&0\\\cdots&\cdots&\ddots&\cdots\\a_{2n-1}&a_{2n-2}&\cdots&a_{2n}\end{vmatrix}\end{aligned}\right.\tag{6.8}$$

例 6.4　判定线性微分方程 $x^{(3)}+5\ddot{x}+16\dot{x}+8x=0$ 的零解的稳定性。

解:线性微分方程对应的特征方程可以写为

$$\lambda^3+5\lambda^2+16\lambda+8=0$$

根据定理 6.5 可计算出所有行列式

$$\Delta_0=1,\quad\Delta_1=5,\quad\Delta_2=\begin{vmatrix}5&1\\8&16\end{vmatrix}=72,\quad\Delta_3=\begin{vmatrix}5&1&0\\8&16&5\\0&0&8\end{vmatrix}=576$$

由于所有的行列式大于零,故方程的零解是渐近稳定的。

例 6.5 讨论参数 a、b 取什么值时,非线性微分方程组 $\begin{cases} \dot{x}_1 = ax_1 + 2x_2 + x_1^3 \\ \dot{x}_2 = x_1 + bx_2 - x_2^3 \end{cases}$ 的零解是渐近稳定的。

解: 首先,对非线性方程组在 $(0,0)$ 处进行线性化得到

$$\begin{bmatrix} \dot{x}_1 \\ \dot{x}_2 \end{bmatrix} = \begin{bmatrix} a & 2 \\ 1 & b \end{bmatrix} \begin{bmatrix} x_1 \\ x_2 \end{bmatrix}$$

其对应的特征方程可以写为 $\lambda^2 - (a+b)\lambda + (ab-2) = 0$,根据定理 6.5 可计算出所有行列式为

$$\Delta_0 = 1, \Delta_1 = -(a+b), \Delta_2 = \begin{vmatrix} -(a+b) & 1 \\ 0 & (ab-2) \end{vmatrix} = -(a+b)(ab-2)$$

若零解是渐近稳定的,则需要 $a+b < 0, ab > 2$。当参数 a,b 在图 6-10 所示中的渐近稳定区域取值时,能保证方程的零解是渐近稳定的。

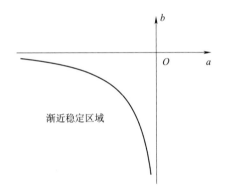

图 6-10 参数 a,b 的取值区域

注解 6.4: 根据定理 6.5,在判别系统稳定性时,可事先检查一下系统特征方程式(6.7)的系数是否均为正数。如果有任何一项系数为负数或等于零(即缺项),则系统是不稳定或临界稳定的。假如只是判别系统是否稳定,到此就不必作进一步的判别了。如果系数均为正数,对二阶系统来说肯定是稳定的,但对二阶以上的系统,还要根据式(6.8)计算出所有行列式作进一步的判别。

6.3 中心流形定理

假设线性系统(6.4)中矩阵 A 的特征根的重数与特征向量张成的子空间维数相同。根据所有特征根实部 $\text{Re}(\lambda_j)(j=1,2,\cdots,n)$ 的符号,将其对应的特征向量 $v_j(j=1,2,\cdots,$

n)所张成的子空间 $\mathbb{R}^n$ 分为三部分 $E_\mathrm{s} \oplus E_\mathrm{u} \oplus E_\mathrm{c}$：

（1）稳定子空间：$E_\mathrm{s} = \mathrm{span}\{\boldsymbol{v}_1, \boldsymbol{v}_2, \cdots, \boldsymbol{v}_{n_\mathrm{s}}\}$，即由所有 $\mathrm{Re}(\lambda_j) < 0 (j = 1, 2, \cdots, n_\mathrm{s})$ 所对应的特征向量张成的子空间；

（2）不稳定子空间：$E_\mathrm{u} = \mathrm{span}\{\boldsymbol{v}_1, \boldsymbol{v}_2, \cdots, \boldsymbol{v}_{n_\mathrm{u}}\}$，即由所有 $\mathrm{Re}(\lambda_j) > 0 (j = 1, 2, \cdots, n_\mathrm{u})$ 所对应的特征向量张成的子空间；

（3）中心子空间：$E_\mathrm{c} = \mathrm{span}\{\boldsymbol{v}_1, \boldsymbol{v}_2, \cdots, \boldsymbol{v}_{n_\mathrm{c}}\}$，即由所有 $\mathrm{Re}(\lambda_j) = 0 (j = 1, 2, \cdots, n_\mathrm{c})$ 所对应的特征向量张成的子空间。

这里 $n_\mathrm{s} + n_\mathrm{u} + n_\mathrm{c} = n$。由于不变子空间都是 $\mathbb{R}^n$ 中的流形，所以 E_s、E_u 和 E_c 分别称为稳定流形、不稳定流形和中心流形。

对于非线性动力系统(6.1)，在平衡点 x_p 的邻域 U 内给出类似的定义：

（1）局部稳定流形：$W_\mathrm{s} = \{\boldsymbol{x} \in U \mid 任意 \ t \geqslant 0, \boldsymbol{\varphi}_t(\boldsymbol{x}) \in U \ 且 \lim\limits_{t \to +\infty} \boldsymbol{\varphi}_t(\boldsymbol{x}) = x_\mathrm{p}\}$；

（2）局部不稳定流形：$W_\mathrm{u} = \{\boldsymbol{x} \in U \mid 任意 \ t \leqslant 0, \boldsymbol{\varphi}_t(\boldsymbol{x}) \in U \ 且 \lim\limits_{t \to -\infty} \boldsymbol{\varphi}_t(\boldsymbol{x}) = x_\mathrm{p}\}$；

（3）局部中心流形：$W_\mathrm{c} = \{\boldsymbol{x} \in U \mid 任意 \ t \geqslant 0, \boldsymbol{\varphi}_t(\boldsymbol{x}) \in U \ 且 \lim\limits_{|t| \to +\infty} \boldsymbol{\varphi}_t(\boldsymbol{x}) \neq x_\mathrm{p}\}$。

其中，$\boldsymbol{\varphi}_t(\boldsymbol{x})$ 为自 $\boldsymbol{x} \in U$ 出发的相轨线。

为了了解线性动力系统的不变子空间 E_s、E_u、E_c 和非线性动力系统的流形 W_s、W_u、W_c 之间的关系，引入下面的中心流形定理：

定理 6.6　设 $f(\boldsymbol{x})$ 是 $\boldsymbol{\varphi}_t(\boldsymbol{x})$ 的切向量场，则在平衡点 x_p 的邻域的稳定流形 W_s、不稳定流形 W_u、中心流形 W_c 分别和其线性化系统的不变子空间 E_s、E_u、E_c 相切，且 W_s、W_u、W_c 的维数分别与 E_s、E_u、E_c 的维数相同。其中，稳定流形 W_s 和不稳定流形 W_u 的存在是唯一的；只有中心流形 W_c 是不唯一的。

注解 6.5： 由图 6-11 所示可见，与中心流形 W_c 横截的不稳定流形 W_u 或稳定流形 W_s 上，相轨线 $\boldsymbol{\varphi}_t(\boldsymbol{x})$ 扩张或收缩，系统的局部动力学行为比较简单。在中心流形 W_c 上，

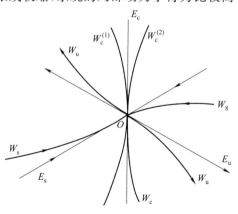

图 6-11　中心流形定理

系统的局部动力学比较复杂,可能存在分岔,因此中心流形定理 6.6 提供了一种对高维动力系统的降维方法,可以在维数较低的中心流形上进行系统局部特性的分析。由于中心流形 W_c 不是唯一的,例如,图中的 $W_c^{(1)}$ 或 $W_c^{(2)}$ 均为中心流形,这种情况下可以任选其中一个当作中心流形 W_c 来处理。

例 6.6 求线性动力系统 $\begin{cases} \dot{x}_1 = 2x_1 + 3x_2 \\ \dot{x}_2 = x_1 \\ \dot{x}_3 = 0 \end{cases}$ 的平衡点和不变子空间。

解:易见 $(0,0,0)$ 是系统的平衡点,系统的系数矩阵为 $\boldsymbol{A} = \begin{pmatrix} 2 & 3 & 0 \\ 1 & 0 & 0 \\ 0 & 0 & 0 \end{pmatrix}$,其特征值为 0,

$-1,3$。设与 3 对应的特征向量为 $\boldsymbol{v}_u = \begin{bmatrix} v_1 & v_2 & v_3 \end{bmatrix}^T$,将其代入 $\boldsymbol{A}\boldsymbol{v}_u = 3\boldsymbol{v}_u$ 可得:$\boldsymbol{v}_u = \begin{bmatrix} 3 & 1 & 0 \end{bmatrix}^T$。类似地,特征值 0 和 -1 对应的特征向量分别为 $\boldsymbol{v}_c = \begin{bmatrix} 0 & 0 & 1 \end{bmatrix}^T$ 和 $\boldsymbol{v}_s = \begin{bmatrix} 1 & -1 & 0 \end{bmatrix}^T$。

根据线性系统不变子空间的定义,可知不变子空间 E_s, E_u, E_c 分别为由 $\boldsymbol{v}_s, \boldsymbol{v}_u, \boldsymbol{v}_c$ 张成的子空间。

例 6.7 已知非线性动力系统:

$$\begin{cases} \dfrac{\mathrm{d}u}{\mathrm{d}t} = uv + au^3 + buv^2 \\ \dfrac{\mathrm{d}v}{\mathrm{d}t} = -v + cu^2 + du^2 v \end{cases} \quad (a,b,c,d \text{ 均为参数})$$

试利用中心流形定理分析该系统在平衡点附近的稳定性。

解:首先,令 $\begin{cases} uv + au^3 + buv^2 = 0 \\ -v + cu^2 + du^2 v = 0 \end{cases}$,求得系统的平衡点 $(0,0)$。其在平衡点 $(0,0)$ 处的

线性化系数矩阵 $\boldsymbol{A} = \begin{bmatrix} 0 & 0 \\ 0 & -1 \end{bmatrix}$,其特征值为 $0,-1$。设与 -1 对应的特征向量为 $\boldsymbol{v}_s = \begin{bmatrix} v_1 & v_2 \end{bmatrix}^T$,将其代入 $\boldsymbol{A}\boldsymbol{v}_s = -\boldsymbol{v}_s$ 可得 $\boldsymbol{v}_s = \begin{bmatrix} 0 & 1 \end{bmatrix}^T$,类似地,特征值 0 对应的特征向量为 $\boldsymbol{v}_c = \begin{bmatrix} 1 & 0 \end{bmatrix}^T$。

相应线性系统对应的不变子空间 E_s 和 E_c 分别为 $\boldsymbol{v}_s$ 和 $\boldsymbol{v}_c$,根据定理 6.6 在平衡点 $(0,0)$ 的邻域 W_s 的维数与 E_s 的维数相同,且是唯一的。

设非线性动力系统对应的一维中心流形为

$$W_c = \{(u,v) \mid v = h(u), h(0) = 0, Dh(0) = 0\}$$

通常将 $h(u)$ 表示成多项式形式 $h(u) = \beta_0 + \beta_1 u + \beta_2 u^2 + \beta_3 u^3 + O(u^4)$,由于

$$\frac{\mathrm{d}v}{\mathrm{d}t}=\frac{\mathrm{d}h(u)}{\mathrm{d}u}\dot{u}=\frac{\mathrm{d}h(u)}{\mathrm{d}u}[uh(u)+au^3+buh^2(u)]=-h(u)+cu^2+du^2h(u)$$

又因为 $\frac{\mathrm{d}v}{\mathrm{d}t}=-h(u)+cu^2+du^2h(u)$，$\frac{\mathrm{d}h(u)}{\mathrm{d}u}=\beta_1+2\beta_2u+3\beta_3u^2+O(u^3)$，代入上式后根据对应项系数相等，可得 $\beta_0=\beta_1=\beta_3=0$，$\beta_2=c$，则在中心流形 W_c 上有：

$$v=h(u)=cu^2+O(u^4),\frac{\mathrm{d}u}{\mathrm{d}t}=uv+au^3+buv^2=(a+c)u^3+O(u^5)$$

故平衡点 $(0,0)$ 的稳定性：当 $(a+c)<0$ 时，$(0,0)$ 是渐近稳定的；当 $(a+c)>0$ 时，$(0,0)$ 是不稳定的。

6.4　分岔

6.1～6.3 节主要讲了平衡点的稳定性，本节介绍结构稳定性。结构稳定性表示在参量微小变化时，解不会发生拓扑性质变化（即解的轨线仍维持在原轨线的邻域内且变化趋势也相同）。反之，在分岔点附近，参量值的微小变化足以引起解发生本质（拓扑性质）变化，则称这样的解是结构不稳定的。

对于一个非线性微分方程 $\dot{x}=f(x,\mu)$，$x\in\mathbb{R}^n$，由于参量 μ 取值不同，解的形式可能完全不同，即参量 μ 取值在某一临界值 μ_c 两侧时，解的性质发生本质变化（例如，平衡状态或周期运动的数目和稳定性等发生突然变化），则称解在此临界值 μ_c 处出现分岔。此时，$\mu=\mu_c$ 称为分岔点。分岔现象是非线性系统特有的一种非常重要的性质。通常，结构不稳定意味着出现分岔。

6.4.1　平衡点的静态分岔

定义 6.5　对于含 m 维参数向量的 n 维系统静平衡方程

$$f(x,\mu)=0,x\in\mathbb{R}^n,\mu\in\mathbb{R}^m \tag{6.9}$$

记 $p(\mu)$ 为方程(6.9)在参数向量 μ 处解的数目。若 $p(\mu)$ 在 $\mu=\mu_0$ 处发生突变，则称 (x_0,μ_0) 是静态分岔点。

定理 6.7　设在 (x_0,μ_0) 处有 $f(x_0,\mu_0)=0$，在点 (x_0,μ_0) 附近，f 对 x 可微，且 $f(x,\mu)=0$，且 $f(x,\mu)$ 和 $D_xf(x,\mu)=0$ 对 x,μ 均连续。若 (x_0,μ_0) 是 f 的静态分岔点，则 $D_xf(x_0,\mu_0)$ 是奇异的。

注解 6.6：根据隐函数定理可推出定理 6.7，该定理给出了静态分岔的必要条件，即 $f(x_0,\mu_0)=0$ 且 Jacobi 矩阵 $D_xf(x_0,\mu_0)$ 有零特征值或者 $f(x_0,\mu_0)=0$ 且 $\det[D_xf(x_0,\mu_0)]=0$。

为了判断静态分岔的类型，方便起见，考虑一维动力系统的静平衡方程 $f(x,\mu)=0$，设系统的奇异点为 $(0,0)$，则有 $f(0,0)=0,D_x f(0,0)=0$。将静平衡方程中的 $f(x,\mu)$ 在 $(0,0)$ 进行泰勒展开，有

$$f(x,\mu)=a\mu+\frac{1}{2}e_1 x^2+e_2 x\mu+\frac{1}{2}e_3\mu^2+\frac{1}{6}e_4 x^3+\cdots=0 \tag{6.10}$$

其中，$a=D_\mu f(0,0),e_1=D_{xx}f(0,0),e_2=D_{\mu x}f(0,0),e_3=D_{\mu\mu}f(0,0),e_4=D_{xxx}f(0,0)$。定义 Hessian 矩阵的行列式为

$$\Delta=\begin{vmatrix} e_1 & e_2 \\ e_2 & e_3 \end{vmatrix}=e_1 e_3-e_2^2$$

下面根据 a,e_1,e_2,e_3,e_4,Δ 来讨论静态分岔的类型，主要通过一些例子介绍三种典型的静态分岔。

1. 鞍结分岔

若方程(6.10)满足静态分岔的必要条件以及非退化条件：

$$a\neq 0,e_1\neq 0 \tag{6.11}$$

则 $(0,0)$ 称为鞍结点。在该点的邻域内，方程(6.10)有解曲线 $x=\pm\sqrt{-2a\mu/e_1}$，解的数目 $p(\mu)$ 在 $\mu=0$ 左右发生从 2 到 1 再到 0 的变化。

例 6.8 考虑一维动力系统 $\dot{x}=f(x,\mu)=\mu-x^2$ 的平衡解及稳定性。

解：由 $f(x,\mu)=\mu-x^2=0$ 得到解曲线：$x=\pm\sqrt{\mu},\mu\geq 0$。此时，$D_x f(x,\mu)=-2x=\mp 2\sqrt{\mu},\mu\geq 0$。因此，$x=\pm\sqrt{\mu},\mu\geq 0$ 的上半支解稳定，下半支解不稳定，如图 6-12 所示。

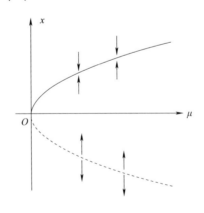

图 6-12 鞍结分岔

2. 跨临界分岔

若方程(6.10)满足静态分岔的必要条件以及

$$\begin{cases} a=0 & (\text{限定条件}) \\ e_1\neq 0,\Delta<0 & (\text{非退化条件}) \end{cases} \tag{6.12}$$

则$(0,0)$称为跨临界分岔点。在该点的邻域内,方程(6.10)有两条相交的解曲线 $x=$ $(-e_2\pm\sqrt{-\Delta})\mu/a+O(\mu^2)$,解的数目 $p(\mu)$ 在 $\mu=0$ 左右发生从 2 到 1 再到 2 的变化。

例 6.9　考虑一维动力系统 $\dot{x}=f(x,\mu)=\mu x-x^2$ 的平衡解及稳定性。

解:由 $f(x,\mu)=\mu x-x^2=0$ 得到解曲线 $x=0$ 和 $x=\mu$。此时,$D_x f(x,\mu)=\mu-2x$,对于解曲线 $x=0$,$D_x f(x,\mu)=\mu$,稳定性依赖于 μ 的符号:当 $\mu<0$ 时,平衡点渐近稳定;当 $\mu>0$ 时,平衡点渐近不稳定。对于解曲线 $x=\mu$,$D_x f(x,\mu)=-\mu$,稳定性正好相反:当 $\mu>0$ 时,平衡点渐近稳定;当 $\mu<0$ 时,平衡点渐近不稳定,如图 6-13 所示。

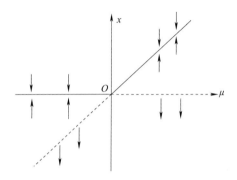

图 6-13　跨临界分岔

3. 叉形分岔

若方程(6.10)满足静态分岔的必要条件,且

$$\begin{cases} a=0,e_1=0 & (\text{限定条件}) \\ e_2\neq 0,e_4\neq 0 & (\text{非退化条件}) \end{cases} \tag{6.13}$$

则$(0,0)$称为叉形分岔点。在该点的邻域内,方程(6.10)有两条相交的解曲线 $x=-e_3\mu/2e_2+O(\mu^2)$ 和 $\mu=-e_4x^2/6e_2+O(x^3)$,解的数目 $p(\mu)$ 在 $\mu=0$ 左右发生从 1 到 3 的变化。

例 6.10　考虑一维动力系统 $\dot{x}=f(x,\mu)=x\mu-x^3$ 和 $\dot{x}=f(x,\mu)=x\mu+x^3$ 的平衡解及稳定性。

解:由 $f(x,\mu)=x\mu-x^3=0$ 得到三条解曲线:$x=0$,$x=\pm\sqrt{\mu}$,$\mu\geq 0$。此时,$D_x f(x,\mu)=\mu-3x^2$,对于解曲线 $x=0$,$D_x f(x,\mu)=\mu$,稳定性依赖于 μ 的符号:当 $\mu<0$ 时,是渐近稳定的;当 $\mu>0$ 时,是不稳定的。类似地,对于 $x=\pm\sqrt{\mu}$,$D_x f(x,\mu)=-2\mu\leq 0$,故 $x=\pm\sqrt{\mu}$ 是稳定的。根据图 6-14(a)可见,在 $\mu>0$ 时,出现非平凡解,即非平凡解对应的参数大于临界值 $\mu=0$,称为超临界叉形分岔。

对于 $\dot{x}=f(x,\mu)=x\mu+x^3$，由 $f(x,\mu)=x\mu+x^3=0$ 得到三条解曲线：$x=0$，$x=\pm\sqrt{-\mu}$，$\mu\leqslant0$。类似于上述分析，可知当 $\mu<0$ 时，$x=0$ 是稳定的，$x=\pm\sqrt{-\mu}$ 是不稳定的；当 $\mu>0$ 时，$x=0$ 是不稳定的。图 6-14(b)所示中，在 $\mu<0$ 时，出现非平凡解，即非平凡解对应的参数小于临界值 $\mu=0$，称为亚临界叉形分岔。

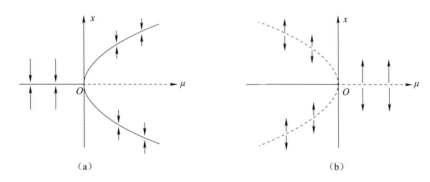

图 6-14 叉形分岔

(a)超临界叉形分岔；(b)亚临界叉形分岔

6.4.2 平衡点的动态分岔

考虑单参数动力系统 $\dot{x}=f(x,\mu)$，$x\in\mathbb{R}^n$，$\mu\in\mathbb{R}$，设对于任意的 μ，$x=0$ 为系统的平衡点，当 $\mu=\mu_0$ 时，$D_xf(0,\mu_0)$ 有一对纯虚共轭特征根，而其他 $n-2$ 个特征根有非零实部，因此 $(0,\mu_0)$ 是一个非双曲平衡点，结构不稳定。由中心流形定理 6.6 知，当 $\mu=\mu_0$ 时，系统在平衡点有二维中心流形，可将 n 维系统的分岔问题转化为二维系统的分岔问题。下面着重讨论动态分岔中的 Hopf 分岔。

将系统在平衡点进行泰勒展开得

$$\dot{x}=f(x,\mu)=\boldsymbol{A}(\mu)x+g(x,\mu),x\in\mathbb{R}^2,\mu\in\mathbb{R}^1 \tag{6.14}$$

其中，$g(x,\mu)=O(\|x\|^2)$。设矩阵 $\boldsymbol{A}(\mu)$ 具有共轭复特征根：

$$\lambda(\mu)=\alpha(\mu)\pm\mathrm{j}\beta(\mu),\alpha(0)=0,\beta(0)=\omega>0 \tag{6.15}$$

经过一系列坐标变换并利用式(6.15)可得极坐标下的 BP 范式为[11]

$$\begin{cases}\dot{r}=\alpha(\mu)r+a(\mu)r^3+O(r^5)\\\dot{\theta}=\beta(\mu)+b(\mu)r^2+O(r^4)\end{cases} \tag{6.16}$$

将方程(6.16)的系数在 $\mu=0$ 处进行泰勒展开并略去高阶项得到

$$\begin{cases}\dot{r}=c\mu r+ar^3\\\dot{\theta}=\omega+\mathrm{d}\mu+br^2\end{cases} \tag{6.17}$$

其中，$a=a(0)$，$b=b(0)$，$c=\mathrm{d}\alpha/\mathrm{d}\mu|_{\mu=0}$，$d=\mathrm{d}\beta/\mathrm{d}\mu|_{\mu=0}$。由于上式第一式是独立的，记

$h(r)=c\mu r+ar^3=0$，根据静态叉形分岔条件，对其中的参数作非退化要求：

$$c=\frac{\mathrm{d}\alpha}{\mathrm{d}\mu}\Big|_{\mu=0}\neq 0,a\neq 0$$

设 $c>0$，则 $\alpha(\mu)$ 是 μ 的递增函数，方程(6.17)在 $(0,0)$ 存在两条相交的解曲线：

$$r=0,r=\sqrt{-\frac{c\mu}{a}} \tag{6.18}$$

分别对应方程(6.17)的平衡点和极限环。由于 $h'(r)=c\mu+3ar^2$，对于解曲线 $r=0$，$h'(r)=c\mu$，稳定性依赖于 μ 的符号：当 $\mu<0$ 时，是渐近稳定的；当 $\mu>0$ 时，是不稳定的。类似地，对于 $r=\sqrt{-c\mu/a}$，$h'(r)=-2c\mu$，由于 $\mu a<0$，故当 $a<0,\mu>0$ 时，是渐近稳定的；当 $a>0,\mu<0$ 时，是不稳定的。

由上面的分析，可得下面的 Hopf 分岔定理：

定理 6.8（Hopf 分岔定理）　假设二维系统方程(6.14)满足：

(1) $f(0,\mu)=0$，$(0,0)$ 为系统的非双曲平衡点；

(2) 矩阵 $\mathbf{A}(\mu)$ 具有共轭复特征根 $\lambda(\mu)=\alpha(\mu)\pm\mathrm{j}\beta(\mu)$，$\alpha(0)=0$，$\beta(0)=\omega>0$；

(3) $c=\mathrm{d}\alpha/\mathrm{d}\mu|_{\mu=0}\neq 0,a\neq 0$

则系统(6.14)的平衡点在 $\mu=0$ 处失稳，出现 Hopf 分岔：当 $c\mu a<0$ 时，系统出现极限环，其稳定性与平衡点的稳定性相反。

注解 6.7：当分岔参数 μ 变化时，从平衡点产生极限环的分岔现象称为 Hopf 分岔。当 a 和 c 异号时，对应的是超临界分岔；当 a 和 c 同号时，对应的是亚临界分岔。

例 6.11　考虑 van der Pol 方程 $\ddot{x}+(x^2-\mu)\dot{x}+\omega^2 x=0$，$x\in\mathbb{R}$，$\mu\in\mathbb{R}$，分析系统平衡点随参数 μ 变化时的分岔情况。

解：令 $\dot{x}=y$，则状态方程为

$$\dot{\mathbf{X}}=f(\mathbf{X},\mu)=\begin{bmatrix} y \\ -(x^2-\mu)y-\omega^2 x \end{bmatrix}$$

其中，$\mathbf{X}=[x\ \ y]^{\mathrm{T}}$。由上式易见：$f(0,\mu)=0$，任意 $\mu\in\mathbb{R}$。此时，矩阵 $\mathbf{A}(\mu)$ 为

$$\mathbf{A}(\mu)=D_x f(0,\mu)=\begin{bmatrix} 0 & 1 \\ -\omega^2 & \mu \end{bmatrix}$$

当 $|\mu|<2\omega$ 时，$\mathbf{A}(\mu)$ 的特征根 $\lambda_{1,2}(\mu)=\alpha(\mu)\pm\mathrm{j}\beta(\mu)=\dfrac{\mu\pm\mathrm{j}\ \sqrt{4\omega^2-\mu^2}}{2}$，可得 $\alpha(0)=0$，$\beta(0)=\omega>0$，$c=\mathrm{d}\alpha/\mathrm{d}\mu|_{\mu=0}=1/2>0$。这里 α 的计算较为复杂，可根据参考文献[11]中的公式算得 $\alpha=-1/8$。

由定理 6.8 知，当 $\mu<0$ 时，$(0,\mu)$ 是渐近稳定的焦点；当 $\mu=0$ 时，$(0,\mu)$ 是中心；当

$\mu > 0$ 时，$(0,\mu)$ 变成不稳定的焦点，且其附近出现一个渐近稳定的极限环，此时 a 和 c 异号时，对应的是超临界 Hopf 分岔。具体的分岔如图 6-15 所示。

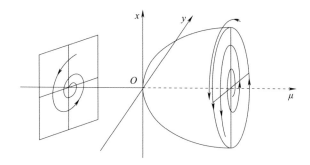

图 6-15 超临界 Hopf 分岔

6.5 保守系统

考虑单自由度的保守系统

$$\ddot{x} + f(x) = 0 \tag{6.19}$$

由于 $\ddot{x} = \dfrac{\mathrm{d}\dot{x}}{\mathrm{d}x} \cdot \dfrac{\mathrm{d}x}{\mathrm{d}t} = \dot{x} \cdot \dfrac{\mathrm{d}\dot{x}}{\mathrm{d}x}$，则方程(6.19)可写成

$$\dot{x}\,\mathrm{d}\dot{x} + f(x)\,\mathrm{d}x = 0 \tag{6.20}$$

对上式两端进行积分，得到

$$\frac{1}{2}\dot{x}^2 + V(x) = E \tag{6.21}$$

其中，$\dfrac{1}{2}\dot{x}^2$ 是系统的动能；$V(x) = \displaystyle\int_0^x f(u)\,\mathrm{d}u$ 是系统的势能；E 是系统的总机械能。

由方程(6.21)可见，方程(6.19)的相轨线整个位于能量的一个水平集上。下面介绍能量水平集。

定理 6.9 除系统的平衡点之外，能量水平集 $\left\{(x_1,x_2): \dfrac{1}{2}x_2^2 + V(x_1) = E\right\}$ 是在此集合上每一点的一个邻域内的光滑曲线。

注解 6.8：对于系统的平衡点，有 $f(x_1) = 0, x_2 = 0$，是总能量函数 $E(x_1,x_2)$ 的临界点，而使 $f(x_1) = 0$ 的点是系统势能 V 的临界点[12]。对于给定的系统能量 E，$x_2 = \pm\sqrt{2(E - V(x_1))}$，说明势能 V 越大，系统速度 x_2 的绝对值越小；当 $E = V(x_1)$ 时，保守系统速度 x_2 为零。易见，保守系统的相轨线关于 x_1 轴对称，故系统的平衡点不可能是焦点，且随着时间的增加，相轨线呈顺时针走向，并与 x_1 轴相交，具体如图 6-16 所示。

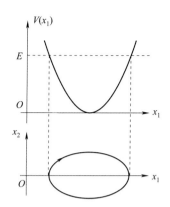

图 6 - 16　保守系统的势能函数和相应的相轨线

下面主要分析一下保守系统平衡点 $(x_{1s}, 0)$ 的类别。对于系统的平衡点有 $f(x_{1s}) = 0$，而 $V(x) = \int_0^x f(u)\mathrm{d}u$，故有

$$\left.\frac{\mathrm{d}V(x)}{\mathrm{d}x}\right|_{x=x_{1s}} = f(x_{1s}) = 0 \tag{6.22}$$

式(6.22)表明势能函数在平衡点处取极值。对应线性化系统的特征根满足

$$\det\begin{bmatrix} -\lambda & 1 \\ -f'(x_{1s}) & -\lambda \end{bmatrix} = \lambda^2 + f'(x_{1s}) = 0 \tag{6.23}$$

根据式(6.22)和式(6.23)可解得 $\lambda_{1,2} = \pm\sqrt{-V''(x_{1s})}$。在 6.2.2 小节根据特征根对线性系统奇点(平衡点)进行了分类，因此这里有：

(1)若 $V''(x_{1s}) < 0$，此时 $V(x_{1s})$ 为极大值，线性系统的特征根为异号实数，平衡点为鞍点；

(2)若 $V''(x_{1s}) > 0$，此时 $V(x_{1s})$ 为极小值，线性系统的特征根为一对共轭虚数，平衡点为中心；

(3)若 $V''(x_{1s}) = 0$，需要计算势能函数的更高阶导数。记 $V^{(k)}(x_{1s})$ 为势能函数在平衡点处的 k 阶导数，且前 $k-1$ 阶导数均为零，$V^{(k)}(x_{1s}) \neq 0$。可分为下面两种情形进行讨论：

①当 k 为奇数时，$(x_{1s}, 0)$ 是势能函数的极值点，且当 $V^{(k)}(x_{1s}) > 0$ 时，$V(x_{1s})$ 为极小值，$(x_{1s}, 0)$ 为 k 阶中心；当 $V^{(k)}(x_{1s}) < 0$ 时，$V(x_{1s})$ 为极大值，$(x_{1s}, 0)$ 为 k 阶鞍点；

②当 k 为偶数时，$(x_{1s}, 0)$ 是势能函数的拐点，称作 k 阶奇点。

例 6.12　考虑保守系统 $\ddot{X} + U_0'(X) = 0$，其中 $U_0(X) = -\dfrac{1}{2}\delta_1 X^2 + \dfrac{1}{4}\delta_3 X^4$，$\delta_1 > 0$，$\delta_3 > 0$，分析系统平衡点及相轨线。

解:由式(6.21)可知系统的总能量函数为

$$\frac{1}{2}\dot{X}^2+U_0(X)=H$$

根据$U'_0(X)=-\delta_1 X+\delta_3 X^3=0$可求得两个稳定平衡点和一个不稳定平衡点,如图6-17(a)所示,即

$$X_1^*=\sqrt{\delta_1/\delta_3}, X_2^*=-\sqrt{\delta_1/\delta_3}, X_3^*=0$$

根据上式可知,$U''_0(X)=-\delta_1+3\delta_3 X^2$。对于平衡点$(\pm\sqrt{\delta_1/\delta_3},0)$,$U''_0=2\delta_1>0$,平衡点为中心;对于平衡点$(0,0)$,$U''_0=-\delta_1<0$,平衡点为鞍点。系统在不同能量水平$H_i(i=1,2,3)$下的相轨线如图6-17(b)所示,它们将相平面分成不同的区域,系统运动轨迹取决于初始位置和总能量水平。对于闭轨线,其运动的周期为

$$T=2\int_{x_{1\min}}^{x_{2\max}}\frac{\mathrm{d}X_1}{\sqrt{2H-2U_0(X_1)}}$$

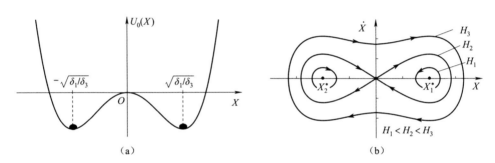

图6-17　保守系统

(a)势能函数;(b)等能量相轨线

6.6　全速度差交通流模型

随着全球经济的快速发展和科技的飞速进步,人们对于交通的需求不断增加,世界各地车辆迅速增长,交通运输业越来越繁忙。然而由于道路设施的有限性以及交通管理措施的不完善,交通问题也随之层出不穷。针对日益严重的交通问题,只靠"硬件"方面增加通行能力,比如加强交通基础设施建设,扩建道路、加宽路面、增建高架桥等方法是远远不够的。除了加强"硬件"建设外,还可以从"软件"方面入手,通过对交通流进行科学的组织与管理,这就需要深入探究交通流的运行规律,研究交通堵塞的形成机理。

车辆跟驰模型是交通流理论研究的基础,使用车辆跟驰模型可从微观的角度来分析宏观交通现象,如交通振荡、交通拥堵等。通过分析车辆跟驰行为和交通拥堵之间的影

响关系,一定程度上可揭示交通拥堵产生的原因并获得相应的解决方案,这对缓解、避免交通拥堵具有重要意义。下面基于交通流跟驰模型,主要利用本章中讲到的线性稳定性分析方法、Hopf 分岔分析方法,研究了全速度差交通流模型(FVDM)的线性稳定性条件及随参数变化时系统的 Hopf 分岔。

6.6.1　全速度差交通流模型的线性稳定性

考虑如下全速度差交通流模型[13]

$$\frac{\mathrm{d}^2 x_i(t)}{\mathrm{d}t^2} = a[V(\Delta x_i(t)) - \dot{x}_i(t)] + k\Delta \dot{x}_i(t) \tag{6.24}$$

其中,$x_i(t)$ 和 $\dot{x}_i(t)(i=1,2,\cdots,N)$ 分别代表第 i 辆车在时刻 t 的空间位置和速度;$\Delta x_i(t) = x_{i+1}(t) - x_i(t)$,代表第 i 辆车与前车的车间距;a 是敏感系数;参数 $k > 0$;$V(\Delta x_i(t))$ 是依赖于车间距 $\Delta x_i(t)$ 的优化速度函数,其表达式取为

$$V(x) = v^0 \frac{x^2}{1+x^2} \tag{6.25}$$

其中,无量纲参数 $v^0 = \max V(x) > 0$,称为最优速度。当 $k = 0$ 时,FVDM 方程(6.24)退化为经典的优化速度模型(OVM),OVM 构建了一个优化速度函数,这个函数是通过车间距和安全距离来表示的,即通过车间距得出优化后的跟驰车速度,从而表示出跟驰车的加速度变化。OVM 可以解释真实交通流中的很多行为,例如走走停停的交通波、密度—通量关系、自由流和拥堵流之间的动态演化过程等。FVDM 方程(6.24)考虑了正、负速度差的影响,即同时考虑了前导车速度小于跟驰车的情况和前导车速度大于跟驰车的情况,更加全面地描述了交通流的跟驰现象,解决了 OVM 存在的高加速和不现实的减速等问题。

交通流跟驰模型的边界条件通常包括周期性边界条件和开放性边界条件。在图 6-18(a) 所示中,所有车辆都在长为 L 的环形道路上跟车行驶,不存在超车行为,并且所有车辆的车间距满足周期性边界的约束条件 $\sum_{j=1}^{N} \Delta x_j = L$。在图 6-18(b) 所示中,开放的长直车道 L,车辆总数为 N,每辆车的初始速度一定且以车间距 b 均匀分布。下面的分析中主要考虑的是周期性边界条件。

方程(6.24)可写为以下状态方程的形式

$$\begin{cases} \dot{x}_i = y_i \\ \dot{y}_i = a[V(x_{i+1} - x_i) - y_i] + k(y_{i+1} - y_i) \end{cases} \tag{6.26}$$

假设方程(6.25)具有以下均匀流解

$$x_i^{(0)}(t) = ib + V(b)t, b = L/N \tag{6.27}$$

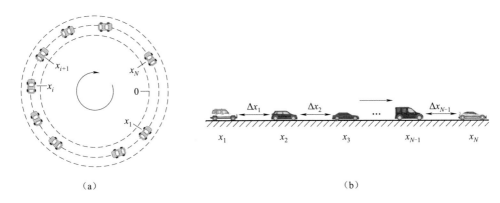

图 6-18　交通流跟驰模型的边界条件

(a)周期性边界条件；(b)开放性边界条件

其中，L 是环形道路的长度；b 是相邻车辆的间隔常数；$V(b)$ 是常速度。

假设$(\xi(t),\eta_i(t))$为均匀流解方程(6.27)的小扰动，即

$$x_i(t)=ib+V(b)t+\xi_i(t),y_i(t)=V(b)+\eta_i(t) \tag{6.28}$$

将方程(6.28)代入方程(6.26)中，可得如下的线性化方程

$$\begin{pmatrix}\dot{\boldsymbol{\xi}}\\\dot{\boldsymbol{\eta}}\end{pmatrix}=\begin{pmatrix}\boldsymbol{O}&\boldsymbol{I}\\\boldsymbol{A}&\boldsymbol{B}\end{pmatrix}\begin{pmatrix}\boldsymbol{\xi}\\\boldsymbol{\eta}\end{pmatrix}=\boldsymbol{M}\begin{pmatrix}\boldsymbol{\xi}\\\boldsymbol{\eta}\end{pmatrix} \tag{6.29}$$

其中，$\boldsymbol{\xi}=\begin{bmatrix}\xi_1&\xi_2&\cdots&\xi_N\end{bmatrix}^{\mathrm{T}}$；$\boldsymbol{\eta}=\begin{bmatrix}\eta_1&\eta_2&\cdots&\eta_N\end{bmatrix}^{\mathrm{T}}$；$\boldsymbol{O}$ 为 $N\times N$ 的零矩阵；$\boldsymbol{I}$ 为 $N\times N$ 的单位矩阵；$\boldsymbol{A}$ 和 $\boldsymbol{B}$ 具有如下形式

$$\boldsymbol{A}=\begin{bmatrix}-\beta&\beta&0&\cdots&0\\0&-\beta&\beta&\cdots&\vdots\\\vdots&\ddots&\ddots&\ddots&0\\0&\cdots&0&-\beta&\beta\\\beta&0&\cdots&0&-\beta\end{bmatrix}_{N\times N}$$

$$\boldsymbol{B}=\begin{bmatrix}-a-k&k&0&\cdots&0\\0&-a-k&k&\cdots&\vdots\\\vdots&\ddots&\ddots&\ddots&0\\0&\cdots&0&-a-k&k\\k&0&\cdots&0&-a-k\end{bmatrix}_{N\times N} \tag{6.30}$$

其中，$\beta=aV'(b)$。

根据方程(6.29)可推导出矩阵 $\boldsymbol{M}$ 对应的特征方程为

$$[\lambda^2+(a+k)\lambda+\beta]^N-[k\lambda+\beta]^N=0 \tag{6.31}$$

令特征根 $\lambda = \mu + \mathrm{i}\omega$，将其代入式 (6.31) 有

$$
\begin{cases}
\mu^2 - \omega^2 + \mu(a+k) + \beta = (k\mu + \beta)c_m - k\omega s_m \\
\omega(2\mu + a + k) = (k\mu + \beta)s_m + k\omega c_m
\end{cases}
\tag{6.32}
$$

其中，$c_m = \cos(2\pi m/N)$；$s_m = \sin(2\pi m/N)(m \in \{1, 2, \cdots, N\})$；$m$ 表示离散空间的振荡波数。

当 $m = N$ 时，对任意的 β, a 和 k，由方程 (6.32) 可解得两个实根 $(\mu, \omega) = (0, 0)$ 和 $(\mu, \omega) = (-a, 0)$。对于固定的 $a = 1, N = 5$ 且 $m \neq N$，方程 (6.32) 特征根的实部和虚部的分布情况如图 6-19 所示。由图可见，当 $\beta = 0$ 和 $k = 0$ 时，特征根位于 $O = (0, 0)$ 点和 $M = (-1, 0)$ 点。随着参数 β 和 k 的增加，除了 $m \neq N$ 时，特征值还位于 O 和 M，其他所有特征值在两个固定点处沿着双曲线彼此分开。对于充分小的 $\beta > 0$ 或充分大的 $k > 0$，所有的特征根均位于复平面的左半平面，此时系统的解是渐近稳定的。对于固定的 $k = 0.1$，图 6-19(a) 显示有一对共轭特征根随着 β 的增加从左半平面穿越虚轴进入右半平面，此时系统的解失稳。在图 6-19(b) 所示中，取 $k = 0.3$，通过与图 6-19(a) 所示中的曲线对比发现，此时复特征根需要花更长的时间才能从左半平面穿越虚轴进入右半平面，说明 $k > 0$，有利于系统的稳定性。

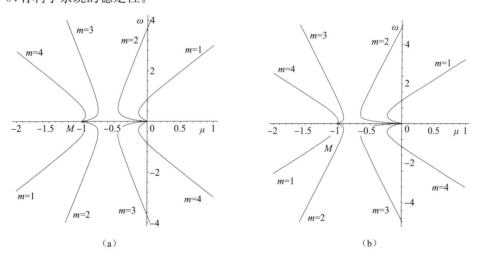

图 6-19　$N = 5, a = 1$ 时，系统特征根实部和虚部的分布

(a)$k = 0.1$；(b)$k = 0.3$

6.6.2　全速度差交通流模型的 Hopf 分岔

由 6.6.1 小节分析得出，当特征根曲线从左到右穿过虚轴时，由式 (6.32) 定义的特征方程产生一对纯虚根 $\lambda_{1,2} = \pm \mathrm{i}\omega(\omega > 0)$，系统发生 Hopf 分岔。由于系统的高维度特征，不会只发生一次分岔，m 值的特征根曲线随后也会穿越虚轴而发生 Hopf 分岔。将

$\lambda = \mathrm{i}\omega$（即 $\mu = 0$）代入特征方程(6.31)并且分离实部和虚部,得到

$$\begin{cases} -\omega^2 + \beta = \beta c_{\mathrm{m}} - k\omega s_{\mathrm{m}} \\ \omega(a + k) = \beta s_{\mathrm{m}} + k\omega c_{\mathrm{m}} \end{cases}$$

由上式中第二个方程得到 $\beta = [a + k(1 - c_{\mathrm{m}})] \cdot \dfrac{\omega}{s_{\mathrm{m}}}$,将其代入第一个方程中,有 $\dfrac{\omega}{s_{\mathrm{m}}} = k + \dfrac{a + k(1 - c_{\mathrm{m}})}{1 + c_{\mathrm{m}}}$,由此可解得系统线性稳定的临界条件[14]：

$$\beta_{\mathrm{cr}} = [a + k(1 - c_{\mathrm{m}})] \cdot \left[k + \frac{a + k(1 - c_{\mathrm{m}})}{1 + c_{\mathrm{m}}} \right] \tag{6.33}$$

此时根据式(6.32)可得到模型的线性稳定性条件为

$$V'(b) < k + \frac{a}{1 + c_{\mathrm{m}}} + \frac{2k[a(1 - c_{\mathrm{m}}) + k(1 + c_{\mathrm{m}})]}{a(1 + c_{\mathrm{m}})} \tag{6.34}$$

将 Hopf 分岔发生时的临界参数值记为 β_{cr},在该临界值处,需要同时满足 Hopf 分岔的发生条件为

$$\mu'(\beta_{\mathrm{cr}}) = \mathrm{Re}\left(\frac{\mathrm{d}\lambda(\beta_{\mathrm{cr}})}{\mathrm{d}\beta} \right) = \frac{(a + 2k)s_{\mathrm{m}}^2}{(5 - 3c_{\mathrm{m}})[a^2 + 2k^2(1 - c_{\mathrm{m}})] + 2ak(1 - c_{\mathrm{m}})(7 - c_{\mathrm{m}})} \tag{6.35}$$

显见,由方程(6.35)确定的 $\mu'(\beta_{\mathrm{cr}}) > 0$,故此时有 Hopf 分岔发生。同时,可推导得到道路长度的临界值 L^* 满足的方程为

$$V'\left(\frac{L^*}{N} \right) = \frac{\beta_{\mathrm{cr}}}{a} = \left[1 + \frac{k(1 - c_{\mathrm{m}})}{a} \right] \cdot \left[k + \frac{a + k(1 - c_{\mathrm{m}})}{1 + c_{\mathrm{m}}} \right] \tag{6.36}$$

为了直观地理解 Hopf 分岔条件方程(6.36),在图 6-20 所示中给出了 $m = 1$ 时不同 k 值下两个平面 $Z(L, N) = [1 + k(1 - \cos(2\pi/N))/a] \cdot [k + (a + k(1 - \cos(2\pi/N)))/(1 + \cos(2\pi/N))]$（深色）和 $Z(L, N) = V'(L/N)$（浅色）的交线。在图 6-20(a)所示中,由深色表示的不稳定区域相应于第一对具有正实部的特征根。由 Hopf 分岔条件方程(6.36)确定的 (L^*, N) 形成了浅色区域和深色区域的边界。换句话说,Hopf 分岔诱导系统的稳态解失稳。通过对比图 6-20(a)和图 6-20(b)发现,不稳定区域的大小随着 k 的增加而减小,说明考虑速度差的交通流模型在稳定性方面优于 OVM。

由上述分析可知,FVDM 具有特定的稳定性边界条件方程(6.36),当系统参数满足该稳定性条件时,即便系统受到微小扰动,也可以保持均匀的交通流;当系统参数不满足该稳定性条件时,微小扰动会使系统失稳并发生交通拥堵。为了使不稳定的交通流系统达到稳定状态,可以通过选择时滞反馈控制方法来控制 Hopf 分岔并提高跟驰交通流模型的稳定性。例如,作者提出了速度差时滞反馈控制、速度差和加速度差时滞反馈控制方法对 OVM 进行控制[15,16]。根据稳定性条件,使用稳定性切换和定积分判别法来确定时滞和反馈增益的第一稳定区间,当时滞和反馈增益从稳定区间选取时,受控系统是稳

定的,进而设计合适的反馈控制策略抑制 Hopf 分岔的发生和缓解交通流拥堵,以提高受控系统的稳定性。

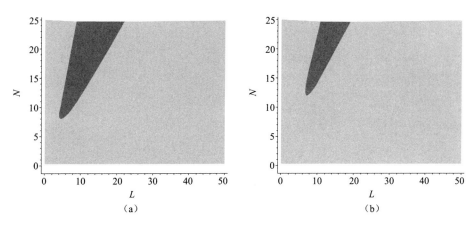

图 6 - 20 $v^0 = 1, a = 1$ 时,系统 Hopf 分岔条件(6.36)示意

(a)$k = 0.05$;(b)$k = 0.1$

习　题　6

6.1 利用李雅普诺夫稳定性定理分析下列动力系统零解的稳定性:

(1) $\begin{cases} \dot{x}_1 = -x_2 + x_1(x_1^2 + x_2^2) \\ \dot{x}_2 = x_1 + x_2(x_1^2 + x_2^2) \end{cases}$ 　　(2) $\begin{cases} \dot{x}_1 = x_2 \\ \dot{x}_2 = -x_1 + x_2 \end{cases}$

(3) $\begin{cases} \dot{x}_1 = \tan(x_2 - x_1) \\ \dot{x}_2 = 2^{x_2} - 2\cos(\pi - x_1) \end{cases}$

6.2 试对下列动力系统的奇点$(0,0)$进行分类并分析其稳定性:

(1) $\begin{cases} \dot{x}_1 = -x_1 + x_2 \\ \dot{x}_2 = x_1 \end{cases}$ 　　(2) $\begin{cases} \dot{x}_1 = 2x_1 - 5x_2 \\ \dot{x}_2 = 3x_1 - 6x_2 \end{cases}$

(3) $\begin{cases} \dot{x}_1 = -x_1 - x_2 \\ \dot{x}_2 = 2x_1 \end{cases}$ 　　(4) $\begin{cases} \dot{x}_1 = 2x_1 + 6x_2 \\ \dot{x}_2 = x_1 + x_2 \end{cases}$

6.3 分析下列非线性微分方程组在平衡点$(0,0)$处的稳定性:

(1) $\begin{cases} \dot{x}_1 = -x_2 + x_1(x_1^2 + x_2^2) \\ \dot{x}_2 = x_1 + x_2(x_1^2 + x_2^2) \end{cases}$ 　　(2) $\begin{cases} \dot{x}_1 = e^{x_1 + 2x_2} - \cos 3x_1 \\ \dot{x}_2 = \sqrt{4 + 8x_1} - 2e^{x_2} \end{cases}$

6.4 在研究飞行器姿态控制中,通常视飞行器为刚体,用其绕三个惯性主轴的角速度 $\omega_i (i = 1, 2, 3)$ 来描述飞行器的姿态。根据刚体运动的欧拉方程,可将飞行器的受控

运动微分方程写为

$$\begin{cases} J_1\dot{\omega}_1 + (J_3 - J_2)\omega_2\omega_3 = -k_1 J_1 \omega_1 \\ J_2\dot{\omega}_2 + (J_1 - J_3)\omega_1\omega_3 = -k_2 J_2 \omega_2 \\ J_3\dot{\omega}_3 + (J_2 - J_1)\omega_1\omega_2 = -k_3 J_3 \omega_3 \end{cases}$$

其中，$J_i(i=1,2,3)$ 为转动惯量；$k_i(i=1,2,3)$ 是线性控制力矩的反馈增益。试分析飞行器在指定姿态 $\omega_i(i=1,2,3)$ 处的稳定性。

6.5 利用 Routh-Hurwitz 判据判定下列线性微分方程零解的稳定性：

(1) $x^{(3)} + 5\ddot{x} + 8\dot{x} + 10x = 0$

(2) $x^{(4)} + 6x^{(3)} + 12\ddot{x} + 11\dot{x} + 6x = 0$

(3) $x^{(4)} + 2x^{(3)} + 3\ddot{x} + 4\dot{x} + 5x = 0$

(4) $x^{(5)} + 6x^{(4)} + 3x^{(3)} + \ddot{x} + 4\dot{x} + 8x = 0$

6.6 求线性动力系统 $\begin{cases} \dot{x}_1 = x_1 + 2x_2 \\ \dot{x}_2 = x_1 \\ \dot{x}_3 = 0 \end{cases}$ 的平衡点和不变子空间。

6.7 考虑非线性动力系统

$$\begin{cases} \dot{x}_1 = -x_2 + x_1[1 - a(x_1^2 + x_2^2)] \\ \dot{x}_2 = x_1 + x_2[1 - a(x_1^2 + x_2^2)] \end{cases}$$

试求：

(1) 系统的奇点并进行分类；

(2) 讨论 a 取不同值时，系统极限环的稳定性。

6.8 考虑一维动力系统 $\dot{x} = f(x,\mu) = p - x^2$ 的平衡解及稳定性。

6.9 考虑一维动力系统 $\dot{x} = f(x,\mu) = x(p^2 - x^2)$ 的平衡解及稳定性。

6.10 考虑单自由度振动系统 $\ddot{x} - \mu\dot{x} + \dot{x}^3 + x = 0$ 的平衡解及稳定性。

第7章

常微分方程的数值解

随着计算机技术的快速发展,数值方法成为求解常微分方程的重要手段,特别是针对工程实际问题中建立的复杂、高维和非线性动力学系统,可以利用数值方法求得非线性常微分方程的近似解,但是由于数值方法有计算精度、计算时间等的限制,往往需要针对不同问题对解的精度要求和计算代价进行考虑。因此,本章主要介绍一些经典的常微分方程的数值求解方法及其精度,利用 MATLAB 等编程实现并应用于解决一些工程问题。

7.1 一阶常微分方程的数值解

对于如下一阶常微分方程的初值问题

$$\begin{cases} \dfrac{\mathrm{d}y}{\mathrm{d}x} = F(x,y) & x \in [a,b] \\ y(a) = y_0 \end{cases} \tag{7.1}$$

其中,$F(x,y)$ 为定义在 $[a,b] \times \mathbb{R}$ 上的函数,当 $F(x,y)$ 满足定理 3.1 的两个条件时,则初值问题(7.1)存在唯一的连续可微解 $y(x)$。

常微分方程(7.1)的数值求解就是计算解函数 $y(x)$ 在一系列节点 $a = x_0 < x_1 < \cdots < x_n = b$ 处的近似值 $y_i \approx y(x_i)(i=1,\cdots,n)$,节点间距 $h_i = x_{i+1} - x_i (i=0,\cdots,n-1)$ 为步长,通常采用等距节点,即取 $h_i = h = \dfrac{b-a}{n}(i=0,\cdots,n-1)$。在这些节点上采用离散化方法将上述初值问题化成关于离散变量的相应问题。下面主要介绍三种微分方程的离散化方法。

7.1.1 差分方法

在节点区间 $[x_i,x_{i+1}]$ 上考虑差商 $\dfrac{y(x_{i+1}) - y(x_i)}{h}$,根据微分中值定理可知

$$y'(\xi) = \frac{y(x_{i+1}) - y(x_i)}{h} \quad (\xi \in [x_i, x_{i+1}]; i = 0, 1, 2, \cdots, n-1) \tag{7.2}$$

根据方程(7.1),方程(7.2)可改写为

$$y_{i+1} = y(x_i) + hy'(\xi) = y_i + hF(\xi, y(\xi)) \tag{7.3}$$

其中,$K^* = F(\xi, y(\xi))$,代表区间$[x_i, x_{i+1}]$上的平均斜率,平均斜率K^*的不同计算方法会导致不同的数值方法。那么,一阶常微分方程的初值问题方程(7.1)就转换为如下离散差分方程的初值问题

$$\begin{cases} y_{i+1} = y_i + hF(\xi, y(\xi)) \quad (\xi \in [x_i, x_{i+1}] \subset [a, b]; i = 0, 1, \cdots, n-1) \\ y(a) = y_0 \end{cases} \tag{7.4}$$

7.1.2 数值积分方法

在节点区间$[x_i, x_{i+1}]$上,对方程(7.1)两端的x进行积分得

$$\int_{x_i}^{x_{i+1}} y'(x) \mathrm{d}x = \int_{x_i}^{x_{i+1}} F(x, y(x)) \mathrm{d}x \quad (i = 0, \cdots, n-1) \tag{7.5}$$

式(7.5)左端由 Newton-Leibniz 公式计算得到$\int_{x_i}^{x_{i+1}} y'(x) \mathrm{d}x = y(x_{i+1}) - y(x_i)$;右端定积分$\int_{x_i}^{x_{i+1}} F(x, y(x)) \mathrm{d}x$的几何意义为曲边梯形的面积,当用左矩形公式近似时,有

$$\int_{x_i}^{x_{i+1}} F(x, y(x)) \mathrm{d}x \approx hF(x_i, y(x_i)) \tag{7.6}$$

根据式(7.5)和式(7.6)可知

$$y(x_{i+1}) - y(x_i) \approx hF(x_i, y(x_i)) \tag{7.7}$$

当用梯形公式近似$\int_{x_i}^{x_{i+1}} F(x, y(x)) \mathrm{d}x$时,有

$$y(x_{i+1}) - y(x_i) \approx \frac{h}{2} [F(x_i, y(x_i)) + F(x_{i+1}, y(x_{i+1}))] \tag{7.8}$$

当然,式(7.5)右端的积分还可以用其他近似方法,例如,辛普森公式,这样就可得到不同的离散化方程。

7.1.3 泰勒展开法

函数$y(x)$在节点x_i处的一阶泰勒展开式作为$y(x)$的近似值,即

$$y(x) \approx y(x_i) + y'(x_i)(x - x_i) \quad (i = 0, \cdots, n-1) \tag{7.9}$$

根据方程(7.1),可将式(7.9)写为

$$y(x) \approx y(x_i) + F(x_i, y(x_i))(x - x_i) \tag{7.10}$$

式(7.10)中,当 x 取为 x_{i+1} 时,可得 $y(x_{i+1})$ 的近似值。

7.2 Euler 方法和改进的 Euler 方法

在方程(7.3)中,当取 x_i 处的斜率来近似平均斜率 K^* 时,即 $F(\xi,y(\xi))\approx F(x_i,y_i)$,则有如下公式

$$y_{i+1}=y_i+hF(x_i,y_i) \quad (i=0,\cdots,n-1) \tag{7.11}$$

式(7.11)称为(前向)Euler 方法的计算公式。

需要指出的是,在方程(7.1)进行离散化时,同样可以采用数值积分(7.6)来近似,也可以得到(前向)Euler 方法的计算公式。下面主要讨论 Euler 方法的误差估计。

定义 7.1 在假设 $y_i=y(x_i)$,即第 i 步计算是精确的前提下,考虑的截断误差 $R_i=y(x_{i+1})-y_{i+1}$ 称为局部截断误差。

定义 7.2 若某种算法的局部截断误差为 $O(h^{p+1})$,则称该算法有 p 阶精度。

根据定义 7.1 可得 Euler 法的局部截断误差:

$$\begin{aligned}
R_i &= y(x_{i+1})-y_{i+1}\\
&=\left[y(x_i)+hy'(x_i)+\frac{h^2}{2}y''(x_i)+O(h^3)\right]-\left[y_i+hf(x_i,y_i)\right]\\
&=\frac{h^2}{2}y''(x_i)+O(h^3)=O(h^2)
\end{aligned} \tag{7.12}$$

由定义 7.2 和式(7.12)可知 Euler 法具有一阶精度。

为了提高 Euler 法的精度,在方程(7.12)中,当取 x_i 处和 x_{i+1} 处的斜率值的算数平均来近似平均斜率 K^* 时,即 $K^*\approx\frac{1}{2}[F(x_i,y_i)+F(x_{i+1},y_{i+1})]$,此时有

$$y_{i+1}-y_i=\frac{h}{2}[F(x_i,y_i)+F(x_{i+1},y_{i+1})] \tag{7.13}$$

由于式(7.13)是隐式公式,可采取迭代格式计算,即

$$\begin{cases}
y_{i+1}^{(0)}=y_i+hf(x_i,y_i)\\
y_{i+1}^{(k+1)}=y_i+\frac{h}{2}[f(x_i,y_i)+f(x_{i+1},y_{i+1}^{(k)})] \quad (k=0,1,2,\cdots)
\end{cases} \tag{7.14}$$

若方程(7.14)中的迭代只取一次,则可以得到改进的 Euler 方法的计算公式:

$$\begin{cases}
\widetilde{y}_{i+1}=y_i+hf(x_i,y_i)\\
y_{i+1}=y_i+\frac{h}{2}[f(x_i,y_i)+f(x_{i+1},\widetilde{y}_{i+1})]
\end{cases} \tag{7.15}$$

式(7.15)中的第一个式子为 y_i 已知的前提下,利用 Euler 方法对 $i+1$ 步的值 y_{i+1} 进

行预测,并将该预测值 $\tilde{y}_{i+1}$ 代入第二个式子的右端进行进一步的修正得到 y_{i+1}。显见,改进的 Euler 方法方程(7.15)比 Euler 方法迭代次数多,计算量大。那么,它的精度是否有显著提高呢?

利用定义 7.2,可得改进的 Euler 法的局部截断误差为

$$
\begin{aligned}
R_i &= y(x_{i+1}) - y_{i+1} \\
&= \left[y(x_i) + hy'(x_i) + \frac{h^2}{2}y''(x_i) + \frac{h^3}{6}y'''(x_i) + O(h^4) \right] - \\
&\quad \left[y_i + \frac{h}{2}(2y'(x_i) + hy''(x_i) + \frac{h^2}{2}y'''(x_i) + O(h^3)) \right] \\
&= -\frac{h^3}{12}y'''(x_i) + O(h^4) = O(h^3)
\end{aligned}
\tag{7.16}
$$

因此,改进的 Euler 法具有二阶精度。

例 7.1 试用 Euler 方法求解如下初值问题:

$$
\begin{cases}
\dfrac{\mathrm{d}y}{\mathrm{d}x} = y - 2xy^3 \\
y(0) = 1
\end{cases}
$$

其中,$0 \leqslant x \leqslant 1.5$。

解:本题中,$F(x,y) = y - 2xy^3$,$a=0$,$b=1.5$,$y_0=1$,若取 $N=15$,则步长 $h=0.1$。利用 Euler 方法的计算公式:

$$
y_{i+1} = y_i + h(y_i - 2x_iy_i^3) \quad (i=0,\cdots,14)
$$

可得该初值问题的数值解。表 7-1 所示的是取 $N=15$,步长 $h=0.3$ 时,该问题的数值解。

此外,$\dfrac{\mathrm{d}y}{\mathrm{d}x} = y - 2xy^3$ 为 $n=3$ 的伯努力微分方程,利用第 2 章中的公式(2.15),令 $z = y^{-2}$ 可将原方程写为 $\dfrac{\mathrm{d}z}{\mathrm{d}x} = -2z + 4xz$,利用常数变易法解得通解为 $y(x) = (Ce^{-2x} + 2x - 1)^{-1/2}$,考虑初值条件 $y(0)=1$,则有精确解为 $y(x) = (2e^{-2x} + 2x - 1)^{-1/2}$。

表 7-1 精确解和数值计算结果

x_i	精确解 $y(x_i)$	$h=0.1$		$h=0.3$	
		Euler 法 y_i	局部截断误差 R_i	Euler 法 y_i	局部截断误差 R_i
0	1	1	0	1	0
0.1	1.092 742	1.100 000	0.007 258	——	——
0.2	1.161 974	1.183 380	0.021 406	——	——

续表

x_i	精确解 $y(x_i)$	$h=0.1$		$h=0.3$	
		Euler 法 y_i	局部截断误差 R_i	Euler 法 y_i	局部截断误差 R_i
0.3	1.197 263	1.235 430	0.038 167	1.300 000	0.102 737
0.4	1.196 376	1.245 836	0.049 460	—	—
0.5	1.165 822	1.215 726	0.049 904	—	—
0.6	1.116 369	1.157 615	0.041 247	1.234 540	0.118 171
0.7	1.058 101	1.087 222	0.029 121	—	—
0.8	0.998 109	1.016 023	0.017 914	—	—
0.9	0.940 472	0.949 810	0.009 338	0.912 196	0.028 276
1.0	0.887 122	0.890 556	0.003 434	—	—
1.1	0.838 707	0.838 354	0.000 354	—	—
1.2	0.795 196	0.792 559	0.002 637	0.872 944	0.077 747
1.3	0.756 243	0.752 332	0.003 911	—	—
1.4	0.721 384	0.716 851	0.004 532	—	—
1.5	0.690 136	0.685 392	0.004 743	0.767 743	0.077 608

图 7-1 所示的是该初值问题的 Euler 方法计算的数值解和精确解详细结果对比图，在图 7-1(a)所示中，通过将不同步长下 Euler 方法计算得到的数值解和精确解对比，发现步长越小，数值解与精确解越接近。由图 7-1(b)所示可见，截断误差随着步长的增加而增大。

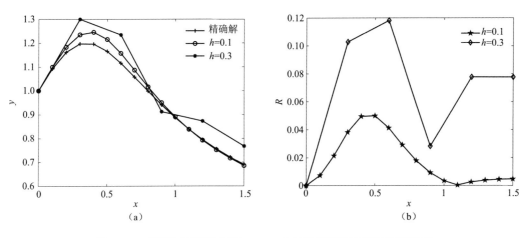

图 7-1 不同步长下精确解与 Euler 方法数值解的比较及截断误差

(a)精确解与数值解；(b)截断误差

注解 7.1：例 7.1 的 MATLAB 计算代码如下：

```
%% Euler 法
% 步长 h=0.1
a=0;b=1.5;
N=15;
h1=(b-a)/N;% 步长
x=0:h:1.5; % 自变量 x 范围
y(1)=1;    % 初值
for i=1:length(x)-1
   y(i+1)=y(i)+h*(y(i)-2*x(i)*y(i)^3);
end
% 步长 h=0.3
a=0;b=1.5;
N1=5;
h1=(b-a)/N1;% 步长
x1=0:h1:1.5;% 自变量 x 范围
y1(1)=1;     % 初值
for i=1:length(x1)-1
   y1(i+1)=y1(i)+h1*(y(i)-2*x1(i)*y1(i)^3);
end
```

例 7.2 试用改进的 Euler 方法求解如下初值问题：

$$\begin{cases} \dfrac{\mathrm{d}y}{\mathrm{d}x}=y-\dfrac{2x}{y} \\ y(0)=1 \end{cases}$$

其中，$0 \leqslant x \leqslant 1.5$。

解：本题中，$F(x,y)=y-2xy^{-1}$，$a=0$，$b=1.5$，$y_0=1$，若取 $N=15$，则步长 $h=0.1$。利用改进的 Euler 方法的计算公式有

$$\begin{cases} \widetilde{y}_{i+1}=y_i+h(y_i-2x_iy_i^{-1}) \\ y_{i+1}=y_i+\dfrac{h}{2}\left[(y_i-2x_iy_i^{-1})+(\widetilde{y}_{i+1}-2x_{i+1}\widetilde{y}_{i+1}^{-1})\right] \end{cases} \quad (i=0,1,\cdots,14)$$

可得该初值问题的数值解。表 7-2 所示的是利用 Euler 方法和改进的 Euler 方法计算得到的数值解。

此外，$\dfrac{\mathrm{d}y}{\mathrm{d}x}=y-2xy^{-1}$ 为 $n=-1$ 的伯努力微分方程，令 $z=y^3$ 将原方程写为 $\dfrac{\mathrm{d}z}{\mathrm{d}x}=$

$3z-6xz$，利用常数变易法解得通解为 $y(x)=\sqrt{Ce^{2x}+2x+1}$，考虑初值条件 $y(0)=1$，则有精确解为 $y(x)=\sqrt{1+2x}$。

由表 7－2 和图 7－2 所示中的计算结果可见，利用改进的 Euler 方法得到的数值解更接近精确解，改进的 Euler 方法的计算精度明显要好于 Euler 方法。在图 7－2(b)所示中，改进的 Euler 方法的截断误差明显小于 Euler 方法的截断误差。

表 7－2 例 7.2 的计算结果

x_i	精确解 $y(x_i)$	Euler 法 y_i	Euler 方法的局部截断误差 R_i	改进的 Euler 法 y_i	改进的 Euler 方法的局部截断误差 R_i
0	1	1	0	1	0
0.1	1.095 445	1.1	0.004 555	1.095 909	0.000 464
0.2	1.183 216	1.191 818	0.008 602	1.184 096	0.000 881
0.3	1.264 911	1.277 438	0.012 527	1.260 201	0.001 290
0.4	1.341 641	1.358 213	0.016 572	1.343 360	0.001 719
0.5	1.414 214	1.435 133	0.020 919	1.416 102	0.002 188
0.6	1.483 240	1.508 966	0.025 727	1.482 956	0.002 716
0.7	1.549 193	1.580 338	0.031 145	1.552 515	0.003 321
0.8	1.612 452	1.649 783	0.037 332	1.616 476	0.004 023
0.9	1.673 320	1.717 779	0.044 459	1.678 168	0.004 846
1.0	1.732 051	1.784 770	0.052 720	1.737 869	0.005 817
1.1	1.788 854	1.851 18	0.062 334	1.795 822	0.006 965
1.2	1.843 909	1.917 464	0.073 556	1.852 242	0.008 330
1.3	1.897 367	1.984 046	0.086 680	1.907 323	0.009 954
1.4	1.949 359	2.051 404	0.102 047	1.961 253	0.011 891
1.5	2.000 000	2.120 052	0.120 054	2.014 207	0.014 203

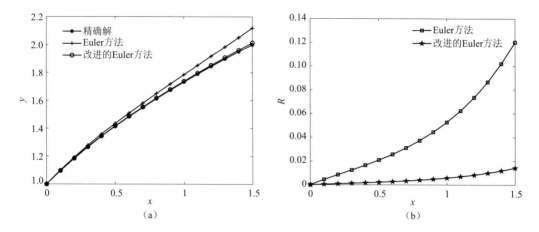

图 7 - 2　精确解、Euler 方法数值解及改进的 Euler 方法数值解的比较及截断误差

(a)精确解与数值解;(b)截断误差

注解 7.2:例 7.2 的 MATLAB 计算代码如下:

```
%%Euler 法
a=0;b=1.5;
N=15;
h=(b-a)/N;%  步长
x=0:h:1.5;%  自变量 x 范围
y(1)=1;    %  初值
for i=1:length(x)-1
  y(i+1)=y(i)+h*(y(i)-2*x(i)*y(i)^(-1));
end
%%改进 Euler 法
a=0;b=1.5;
N1=15;
h1=(b-a)/N1;%  步长
x1=0:h1:1.5;%  自变量 x 范围
y1(1)=1;    %  初值
for i=1:length(x1)-1
  k1=y1(i)-2*x1(i)*y1(i)^(-1);
  k2=y1(i)+h1*k1-2*x1(i+1)/(y1(i)+h1*k1);
  y1(i+1)=y1(i)+h1/2*(k1+k2);
end
```

7.3　Runge-Kutta 方法

根据式(7.4)可知,不同的平均斜率 K^* 的近似可产生不同的算法,为了构造出具有更高精度的计算公式,是否可以通过在区间$[x_i,x_{i+1}]$内多预测几个点的平均值,然后将它们加权平均起来近似 K^*? 事实上,这就是 Runge-Kutta 方法构造的基本思想。

7.3.1　二阶 Runge-Kutta 方法

在区间$[x_i,x_{i+1}]$上任取一点 $x_{i+p}=x_i+ph(0<p\leqslant1)$,则通过 Euler 方法可预测出 $y_{i+p}=y_i+phK_1$,这里 $K_1=F(x_i,y_i)$。令 $K_2=F(x_{i+p},y_{i+p})$,可以通过 K_1 和 K_2 加权平均后的值作为平均斜率 K^* 的近似值,即 $K^*=\lambda_1K_1+\lambda_2K_2,\lambda_1+\lambda_2=1$。将 K^* 代入式(7.3)可得如下计算公式:

$$\begin{cases} y_{i+1}=y_i+h[\lambda_1K_1+\lambda_2K_2] \\ K_1=F(x_i,y_i) \\ K_2=F(x_i+ph,y_i+phK_1) \end{cases} \tag{7.17}$$

其中,λ_1,λ_2,p 为待定系数,通过适当选取它们的值,可使上述算法具有较高精度。

为使算法格式(7.17)有二阶精度,即在 $y_i=y(x_i)$ 的前提假设下,使得 $R_i=y(x_{i+1})-y_{i+1}=O(h^3)$。首先,将 K_2 在(x_i,y_i)点作 Taylor 展开:

$$\begin{aligned} K_2 &=F(x_i+ph,y_i+phK_1) \\ &=F(x_i,y_i)+phF_x(x_i,y_i)+phK_1F_y(x_i,y_i)+O(h^2) \\ &=F(x_i,y_i)+ph[F_x(x_i,y_i)+y'(x_i)F_y(x_i,y_i)]+O(h^2) \\ &=y'(x_i)+phy''(x_i)+O(h^2) \end{aligned} \tag{7.18}$$

然后,将式(7.18)代入式(7.17)中的第一个式子,得到

$$\begin{aligned} y_{i+1} &=y_i+h\{\lambda_1y'(x_i)+\lambda_2[y'(x_i)+phy''(x_i)+O(h^2)]\} \\ &=y_i+(\lambda_1+\lambda_2)hy'(x_i)+\lambda_2ph^2y''(x_i)+O(h^3) \end{aligned} \tag{7.19}$$

由于 $y(x_{i+1})$在 x_i 点的泰勒展开为

$$y(x_{i+1})=y(x_i)+hy'(x_i)+\frac{h^2}{2}y''(x_i)+O(h^3) \tag{7.20}$$

式(7.19)和式(7.20)要满足 $R_i=y(x_{i+1})-y_{i+1}=O(h^3)$,则必有:

$$\begin{cases} \lambda_1+\lambda_2=1 \\ \lambda_2p=\dfrac{1}{2} \end{cases} \tag{7.21}$$

注意,式(7.21)有 3 个未知参数,两个方程,故存在无穷多个解。所有满足式(7.21)的格式(7.17)统称为二阶 Runge-Kutta 格式。特别地,当取 $p=1,\lambda_1=\lambda_2=\dfrac{1}{2}$ 时,式(7.17)就是改进的 Euler 方法,即

$$\begin{cases} y_{i+1}=y_i+h\left[\dfrac{1}{2}K_1+\dfrac{1}{2}K_2\right] \\ K_1=F(x_i,y_i) \\ K_2=F(x_i+h,y_i+hK_1) \end{cases} \tag{7.22}$$

基于上述构造思路,为获得更高的精度,可以将式(7.19)进一步推广为

$$\begin{cases} y_{i+1}=y_i+h[\lambda_1 K_1+\lambda_2 K_2+\cdots+\lambda_m K_m] \\ K_1=F(x_i,y_i) \\ K_2=F(x_i+\alpha_2 h,y_i+\beta_{21}hK_1) \\ K_3=F(x_i+\alpha_3 h,y_i+\beta_{31}hK_1+\beta_{32}hK_2) \\ \qquad\qquad \vdots \\ K_m=F(x_i+\alpha_m h,y_i+\beta_{m1}hK_1+\cdots+\beta_{mn-1}hK_{m-1}) \end{cases} \tag{7.23}$$

其中,$\lambda_i(i=1,\cdots,m)$、$\alpha_i(i=2,\cdots,m)$ 和 $\beta_{ij}(i=2,\cdots,m;j=1,\cdots,i-1)$ 均为待定系数,确定这些系数的步骤与前面相似。

7.3.2 经典四阶 Runge-Kutta 方法

在式(7.23)包含的所有格式中,最为常用的是经典四阶 Runge-Kutta 方法,其计算格式如下:

$$\begin{cases} y_{i+1}=y_i+\dfrac{h}{6}(K_1+2K_2+2K_3+K_4) \\ K_1=F(x_i,y_i) \\ K_2=F\left(x_i+\dfrac{1}{2}h,y_i+\dfrac{h}{2}K_1\right) \\ K_3=F\left(x_i+\dfrac{1}{2}h,y_i+\dfrac{h}{2}K_2\right) \\ K_4=F(x_i+h,y_i+hK_3) \end{cases} \tag{7.24}$$

式(7.24)的局部截断误差具有 $O(h^5)$ 阶,故该 Runge-Kutta 方法具有四阶精度。

例 7.3 试用经典四阶 Runge-Kutta 方法求解如下初值问题:

$$\begin{cases} \dfrac{\mathrm{d}y}{\mathrm{d}x}=-y+x^2 \\ y(0)=1 \end{cases}$$

其中,$0 \leqslant x \leqslant 1.5$。

解: 本题中,$F(x,y) = -y + x^2$,$a = 0$,$b = 1.5$,$y_0 = 1$,若取 $N = 15$,则步长 $h = 0.1$。利用经典四阶 Runge-Kutta 方法的计算公式为

$$\begin{cases} y_{i+1} = y_i + \dfrac{h}{6}(K_1 + 2K_2 + 2K_3 + K_4) \\ K_1 = x_i^2 - y_i \\ K_2 = (x_i + 0.05)^2 - (y_i + 0.05K_1) \\ K_3 = (x_i + 0.05)^2 - (y_i + 0.05K_2) \\ K_4 = (x_i + 0.1)^2 - (y_i + 0.1K_3) \end{cases} \quad (i = 0, \cdots, 14)$$

可得该初值问题的数值解。表 7-3 所示的是利用经典四阶 Runge-Kutta 方法和改进的 Euler 方法计算得到的数值解。

此外,$\dfrac{\mathrm{d}y}{\mathrm{d}x} = -y + x^2$ 为线性常系数微分方程,利用第 2 章中的常数变易法,可得通解为 $y(x) = Ce^{-x} + x^2 - 2x + 2$,考虑初值条件 $y(0) = 1$,则有精确解为 $y(x) = -e^{-x} + x^2 - 2x + 2$。

由表 7-3 和图 7-3 可见,经典四阶 Runge-Kutta 方法的计算精度明显要好于改进的 Euler 方法,其截断误差接近于零,是高精度的数值计算方法。

表 7-3　例 7.3 的计算结果

x_i	精确解 $y(x_i)$	改进的 Euler 法 y_i	经典四阶 Runge-Kutta 方法 y_i
0	1	1	1
0.1	0.905 162 6	0.905 500 0	0.905 162 7
0.2	0.821 269 2	0.821 927 5	0.821 269 5
0.3	0.749 181 8	0.750 144 4	0.749 182 1
0.4	0.689 680 0	0.690 930 7	0.689 680 4
0.5	0.643 469 3	0.644 992 3	0.643 469 9
0.6	0.611 188 4	0.612 968 0	0.611 189 1
0.7	0.593 414 7	0.595 436 0	0.593 415 5
0.8	0.590 671 0	0.592 919 6	0.590 671 9
0.9	0.603 430 3	0.605 892 2	0.603 431 3
1.0	0.632 120 6	0.634 782 4	0.632 121 6

x_i	精确解 $y(x_i)$	改进的 Euler 法 y_i	经典四阶 Runge-Kutta 方法 y_i
1.1	0.677 128 9	0.679 978 1	0.677 130 0
1.2	0.738 805 8	0.741 830 2	0.738 807 0
1.3	0.817 468 2	0.820 656 4	0.817 469 5
1.4	0.913 403 0	0.916 744 0	0.913 404 4
1.5	1.026 869 8	1.030 353 3	1.026 871 2

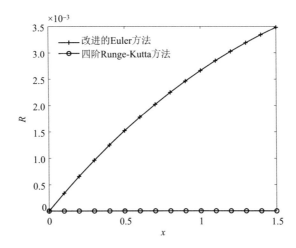

图 7－3　改进的 Euler 方法和四阶 Runge-Kutta 方法的截断误差比较

注解 7.3：例 7.3 的 MATLAB 计算代码如下：

```
%%改进 Euler 法
a=0;b=1.5;
N=15;
h=(b-a)/N;%  步长
x=0:h:1.5;%  自变量 x 范围
y(1)=1;    %  初值
for i=1:length(x)-1
   L1=-y(i)+x(i)^2;
   L2=-(y(i)+h*L1)+x(i+1)^2;
   y(i+1)=y(i)+h/2*(L1+L2);
end
%%四阶 Runge-Kutta 法
```

```
a=0;b=1.5;

N1=15;

h1=(b-a)/N1;%  步长

x1=0:h1:1.5;%  自变量 x 范围

y1(1)=1;      %  初值

for i=1:length(x1)-1

  k1=x1(i)^2-y1(i);

  k2=(x1(i)+0.05)^2-(y1(i)+0.05*k1);

  k3=(x1(i)+0.05)^2-(y1(i)+0.05*k2);

  k4=(x1(i)+0.1)^2-(y1(i)+0.1*k3);

  y1(i+1)=y1(i)+h1/6*(k1+2*k2+2*k3+k4);

end
```

7.4　一阶常微分方程组的数值解

考虑如下一阶常微分方程组的初值问题：

$$\begin{cases} \boldsymbol{y}' = \boldsymbol{F}(x, \boldsymbol{y}) & x \in [a, b] \\ \boldsymbol{y}(a) = \boldsymbol{y}_0 \end{cases} \tag{7.25}$$

其中，$\boldsymbol{F}(x, \boldsymbol{y})$ 为定义在 $[a, b] \times \mathbb{R}^n$ 上的向量函数，当 $\boldsymbol{F}(x, \boldsymbol{y})$ 满足定理 5.1 的两个条件时，则初值问题(7.25)存在唯一的连续可微解 $\boldsymbol{y} = \boldsymbol{y}(x)$。

由于微分方程组(7.25)与方程(7.1)具有基本相同的形式，故前几节中针对方程(7.1)提出的数值方法也适用于方程(7.25)，仅需将 $\boldsymbol{y}$ 和 $\boldsymbol{F}(x, \boldsymbol{y})$ 理解为向量 $\boldsymbol{y}$ 和 $\boldsymbol{F}(x, \boldsymbol{y})$。因此，可将方程(7.25)的几种数值求解方法总结如下：

Euler 方法的计算公式：

$$\boldsymbol{y}_{i+1} = \boldsymbol{y}_i + h\boldsymbol{F}(x_i, \boldsymbol{y}_i) \tag{7.26}$$

改进的 Euler 方法的计算公式：

$$\begin{cases} \boldsymbol{y}_{i+1} = \boldsymbol{y}_i + h\left[\dfrac{1}{2}\boldsymbol{K}_1 + \dfrac{1}{2}\boldsymbol{K}_2\right] \\ \boldsymbol{K}_1 = \boldsymbol{F}(x_i, \boldsymbol{y}_i) \\ \boldsymbol{K}_2 = F(x_i + h, \boldsymbol{y}_i + h\boldsymbol{K}_1) \end{cases} \tag{7.27}$$

经典四阶 Runge-Kutta 方法的计算公式：

$$
\begin{cases}
\boldsymbol{y}_{i+1} = \boldsymbol{y}_i + \dfrac{h}{6}(\boldsymbol{K}_1 + 2\boldsymbol{K}_2 + 2\boldsymbol{K}_3 + \boldsymbol{K}_4) \\[2mm]
\boldsymbol{K}_1 = \boldsymbol{F}(x_i, \boldsymbol{y}_i) \\[2mm]
\boldsymbol{K}_2 = \boldsymbol{F}\left(x_i + \dfrac{1}{2}h, \boldsymbol{y}_i + \dfrac{h}{2}\boldsymbol{K}_1\right) \\[2mm]
\boldsymbol{K}_3 = \boldsymbol{F}\left(x_i + \dfrac{1}{2}h, \boldsymbol{y}_i + \dfrac{h}{2}\boldsymbol{K}_2\right) \\[2mm]
\boldsymbol{K}_4 = \boldsymbol{F}(x_i + h, \boldsymbol{y}_i + h\boldsymbol{K}_3)
\end{cases}
\tag{7.28}
$$

例 7.4 试用经典四阶 Runge-Kutta 方法求解如下 Duffing 方程。

$$
\begin{cases}
\dot{x}(t) = y(t) \\
\dot{y}(t) = -0.3y(t) + x(t) - x^3(t) + F\cos(1.2t)
\end{cases}
$$

其中,初始条件 $x(0)=0$;$y(0)=-0.5$;当 $F=0.2,0.27,0.29,0.2918,0.32$ 时,分别绘制 Duffing 方程的时间历程图和相图。

解: 由于 Duffing 方程属于二阶非线性微分方程,在外激励的作用下,是非自治系统,无法求出精确解的表达式,故根据式(7.28),可用 MATLAB 编写代码对 Duffing 方程进行数值计算,可得如图 7-4 所示的不同激励振幅下 Duffing 方程的时间历程图和相图。当 $F=0.2,0.27,0.29,0.2918$ 时,Duffing 方程的解分别是周期 1、周期 2、周期 4 和周期 8 的解,即随着 F 的增加出现倍周期分岔。当 $F=0.32$ 时,Duffing 方程出现混沌解,说明倍周期分岔是通向混沌的道路。为了进一步验证相轨线中呈现的现象,在图 7-5 所示中给出了系统在不同激励振幅下 Duffing 方程的庞加莱映射图形。在图 7-5 所示中分别看到庞加莱截面上的图形为 1 个点、2 个点、4 个点、8 个点,分别对应周期 1、周期 2、周期 4 和周期 8 的解。此外,当 $F=0.32$ 时,其在庞加莱截面上形成奇怪吸引子,说明产生混沌。

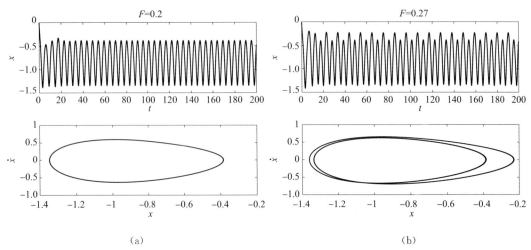

（a） （b）

图 7-4 不同激励振幅下 Duffing 方程的时间历程图和相图

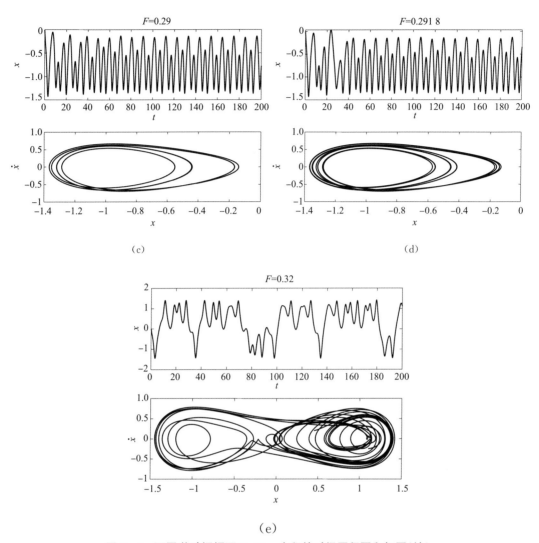

图 7-4　不同激励振幅下 Duffing 方程的时间历程图和相图(续)

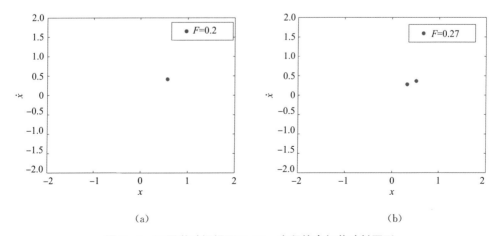

图 7-5　不同激励振幅下 Duffing 方程的庞加莱映射图形

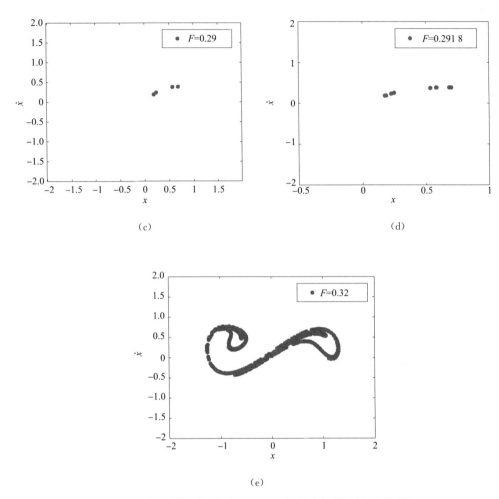

（c）　　　　　　　　　　　　　　　　　（d）

（e）

图 7 - 5　不同激励振幅下 Duffing 方程的庞加莱映射图形（续）

%%用四阶 Runge-Kutta 方法绘制 Duffing 方程的时间历程图和相图

```
clear all:
a=0.3;k=-1;u=1;Omega=1.2;F=0.2;%   参数取值
N=20000;
dt=0.01;                    %  步长
t=[0:N]*dt;
x=zeros(1,N+1);y=zeros(1,N+1);
x(1)=0;y(1)=-0.5;            %  初值
```

%%四阶 Runge- Kutta 方法数值求解 Duffing 方程

```
for i=1:N
    A1=y(i)*dt;
```

B1=(-a＊y(i)-k＊x(i)- u＊x(i)^3+F＊cos(Omega＊t(i)))＊dt;

A2=(y(i)+0.5＊B1)＊dt;

B2=(-a＊(y(i)+0.5＊B1)-k＊(x(i)+0.5＊A1)-u＊(x(i)+0.5＊A1)^3+F＊cos(Omega＊(t(i)+0.5＊dt)))＊dt;

A3=(y(i)+0.5＊B2)＊dt;

B3=(-a＊(y(i)+0.5＊B2)-k＊(x(i)+0.5＊A2)-u＊(x(i)+0.5＊A2)^3+F＊cos(Omega＊(t(i)+0.5＊dt)))＊dt;

A4=(y(i)+B3)＊dt;

B4=(-a＊(y(i)+B3)-k＊(x(i)+A3)-u＊(x(i)+A3)^3+F＊cos(Omega＊(t(i)+dt)))＊dt;

x(i+1)=x(i)+(A1+2＊A2+2＊A3+A4)/6;

y(i+1)=y(i)+(B1+2＊B2+2＊B3+B4)/6;

end

注解 7.4：混沌(Chaos)是指发生在确定微分方程中的内在随机性行为。这种随机性的出现并非来自外部干扰,而是产生于方程内部的非线性。在表现的随机性中,又蕴涵着规律和有序。当方程的解表现出这样一种既不完全确定,又不完全随机的形态时,称其处于混沌。

例 7.5　试用经典四阶 Runge-Kutta 方法求解平面双摆方程。

$$\begin{cases} (m_1+m_2)l_1\ddot{\theta}_1+m_2l_2\ddot{\theta}_2\cos(\theta_1-\theta_2)+m_2l_2\dot{\theta}_2^2\sin(\theta_1-\theta_2)+(m_1+m_2)g\sin\theta_1=0 \\ m_2l_2\ddot{\theta}_2+m_2l_2\ddot{\theta}_1\cos(\theta_1-\theta_2)-m_2l_1\dot{\theta}_1^2\sin(\theta_1-\theta_2)+m_2g\sin\theta_2=0 \end{cases}$$

其中,$m_1=m_2=1;l_1=1;l_2=1$。在不同初始条件 $\theta_1(0)=\pi/50,\dot{\theta}_1(0)=0,\theta_2(0)=\pi/15,$ $\dot{\theta}_2(0)=0$ 和 $\theta_1(0)=\pi/6,\dot{\theta}_1(0)=0,\theta_2(0)=2\pi/3,\dot{\theta}_2(0)=0$ 下,分别绘制方程的时间历程图和相图。

解：基于四阶龙格—库塔方法,利用 MATLAB 编写代码对平面双摆方程进行数值计算,取时间步长 $h=0.01,t=[0,100]$,可得如图 7-6 所示的不同初始条件下平面双摆方程的时间历程图和相图。当初始条件 $\theta_1(0)=\pi/50,\dot{\theta}_1(0)=0,\theta_2(0)=\pi/15,\dot{\theta}_2(0)=0$ 时,平面双摆方程的时间历程和相图如图 7-6(a)所示,此时系统输出具有准周期解的特征;当初始条件 $\theta_1(0)=\pi/6,\dot{\theta}_1(0)=0,\theta_2(0)=2\pi/3,\dot{\theta}_2(0)=0$ 时,平面双摆方程的时间历程和相图如图 7-6(b)所示,此时系统输出具有混沌解的特征。

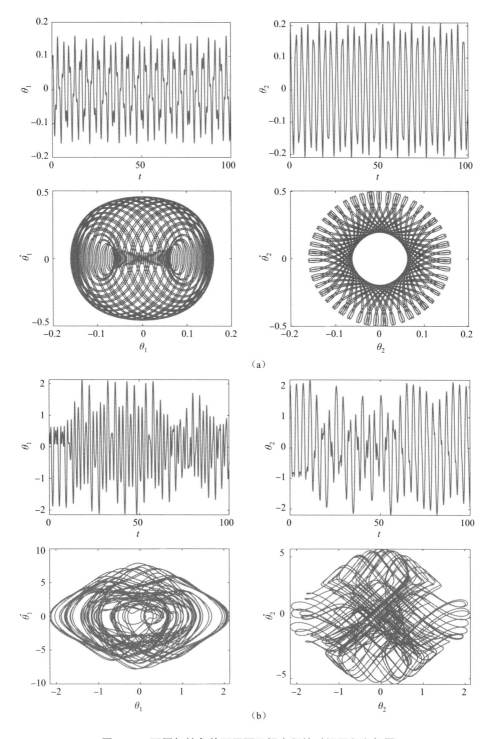

图 7-6 不同初始条件下平面双摆方程的时间历程和相图

(a)当初始条件 $\theta_1(0)=\pi/50,\dot\theta_1(0)=0,\theta_2(0)=\pi/15,\dot\theta_2(0)=0$ 时;

(b)当初始条件 $\theta_1(0)=\pi/6,\dot\theta_1(0)=0,\theta_2(0)=2\pi/3,\dot\theta_2(0)=0$ 时

7.5　基于 MATLAB 或 Maple 中 ODE 求解器的数值解

在 MATLAB 软件和 Maple 软件中,针对常微分方程(组)的初值问题都有专门的求解器。在解决很多工程实际问题时,可以直接调用这些求解器对常微分方程(组)进行求解,十分方便有效。本节主要介绍这些 ODE 求解器的特点和适用场合,并通过一些例子来演示具体的调用求解过程。

7.5.1　MATLAB 软件中的 ODE 求解器

为了利用 MATLAB 软件中的 ODE 求解器对方程(7.1)求解,表 7－4 中给出了 MATLAB 软件中的各种解算指令(solver)。一般情况下,解 ODE 初值问题的调用函数的格式为

$$[t,Y]= solver('F',tspan,Y0)$$

其中,solver 为表 7－4 中的函数名(例如,ode23);F 是 ODE 函数文件名;tspan 是求解时自变量的变化区间;Y0 是初值的列向量。

表 7－4　MATLAB 软件中求 ODE 初值问题的 solver

函数名	适用类型	算法特点
ode23	非刚性问题	单步法,采用变步长的二、三阶 Runge-Kutta 方法
ode45	非刚性问题	单步法,采用变步长的四、五阶 Runge-Kutta 方法
ode113	非刚性问题	多步法,采用变阶数的 Adams-Bashforth-Moulton 方法
ode23t	适度刚性问题	单步法,采用基于自由插值基函数实现的梯形方法
ode15s	刚性问题	多步法,采用 Gear's 反向数值微分的方法
ode23s	刚性问题	单步法,采用二阶 Rosenbrock 公式
ode23tb	刚性问题	单步法,采用两级隐式 Runge-Kutta 方法

表 7－4 所示中的 solver 有些适合求解刚性问题,有些不适合。下面先介绍常微分方程刚性问题的定义。

定义 7.3　如果常微分方程初值问题方程(7.1)的准确解函数随时间变化缓慢,但经过其附近点(且满足原微分方程)的解是随时间变化很快的函数,则这类问题称为刚性问题[17]。

例 7.6(刚性问题)　试求微分方程组的解。

$$\begin{cases} x'(t) = -2\,000x(t) + 999.75y(t) + 1\,000.25 \\ y'(t) = x(t) - y(t) \end{cases}$$

其中,初始条件 $x(0)=0; y(0)=-2$。

解: 该微分方程组对应的系数矩阵为 $\mathbf{A}=\begin{bmatrix} -2\,000 & 999.75 \\ 1 & -1 \end{bmatrix}$,容易写出对应齐次方程组的特征多项式为

$$|\lambda \mathbf{I} - \mathbf{A}| = \lambda^2 + 2\,001\lambda + 1\,000.25 = 0$$

解得特征值为 $\lambda_1 = -2\,000.5, \lambda_2 = -0.5$,则该方程组的解为

$$\begin{cases} x(t) = C_1 e^{-2\,000.5t} + C_2 e^{-0.5t} + 1 \\ y(t) = -0.000\,5C_1 e^{-2\,000.5t} + 2C_2 e^{-0.5t} + 1 \end{cases}$$

考虑初始条件 $x(0)=0, y(0)=-2$,则可解得 $C_1 = 0.499\,875, C_2 = -1.499\,875$。因此,方程组的精确解为

$$\begin{cases} x(t) = 0.499\,875 e^{-2\,000.5t} - 1.499\,875 e^{-0.5t} + 1 \\ y(t) = -0.000\,25 e^{-2\,000.5t} - 2.999\,75 e^{-0.5t} + 1 \end{cases}$$

其中,包含 $e^{-0.5t}$ 的项为慢变分量,包含 $e^{-2\,000.5t}$ 的项为快变分量,虽然当 $t \to +\infty$ 时,$(x(t), y(t)) \to (1,1)$,但是慢变分量和快变分量衰减的速度相差很大。故上述方程是一个刚性问题。在求解刚性问题时,因为准确解函数附近的解是快变函数,所以必须采用很小的步长才能减低数值解过大偏离准确解的风险[17]。图 7-7 所示中给出了方程组的精确解和用 ode23tb 得到的数值解,发现拟合度很好。

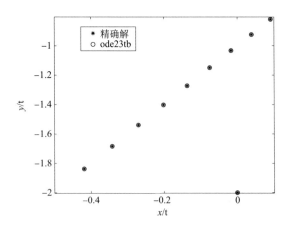

图 7-7 方程的精确解和用 ode23tb 得到的数值解

具体程序代码如下:

```
%%根据方程组定义函数
```

```
function ff=stiff(t,Y)
ff=[999.75*Y(2)-2000*Y(1)+1000.25;  Y(1)-Y(2)];
end
%%比较精确解和数值解
clc;
clear;
y0=[0;-2];
tspan=linspace(0,1,10);
figure(1)
x=0.499875*exp(-2000.5*tspan)-1.499875*exp(-0.5*tspan)+1;
y=-0.00025*exp(-2000.5*tspan)-2.99975*exp(-0.5*tspan)+1;
plot(x,y,'*')
holdon
[t,Y]=ode23tb('stiff',tspan,y0);
plot(Y(:,1),Y(:,2),'o');
```

例 7.7 试求解 Lorenz 方程：

$$\begin{cases} \dot{x}(t)=a(y(t)-x(t)) \\ \dot{y}(t)=cx(t)-x(t)z(t)-y(t) \\ \dot{z}(t)=x(t)y(t)-bz(t) \end{cases}$$

其中，$a=10$；$b=8/3$；$c=28$。绘制方程的时间历程图和相图。

解：该方程属于非线性微分方程组，无法给出其解析解，在数值求解之前，先对方程组的平衡点进行分析。根据平衡点的定义，令 Lorenz 方程左端的导数项为零，当 $c<1$ 时，系统只有一个平衡点 $(0,0,0)$，表示系统处于只有热传导而无对流的平衡态；当 $c>1$ 时，系统有如下两个平衡点：

$$\left.\begin{array}{l} 0=a(y_0-x_0) \\ 0=cx_0-x_0z_0-y_0 \\ 0=x_0y_0-bz_0 \end{array}\right\} \Rightarrow \begin{cases} x_0=\pm\sqrt{b(c-1)} \\ y_0=\pm\sqrt{b(c-1)} \quad (c>1) \\ z_0=c-1 \end{cases} \tag{7.29}$$

表示系统有两个稳定的对流的状态，特别当 $c>24.74$ 时，式 (7.29) 表示的平衡点为鞍点，即一个方向稳定，另外两个方向为不稳定的焦点，此时相空间可能出现混沌运动，见图 7-8。下面调用 MATLAB 软件中的 ode45 对 Lorenz 方程进行求解。具体程序代码如下：

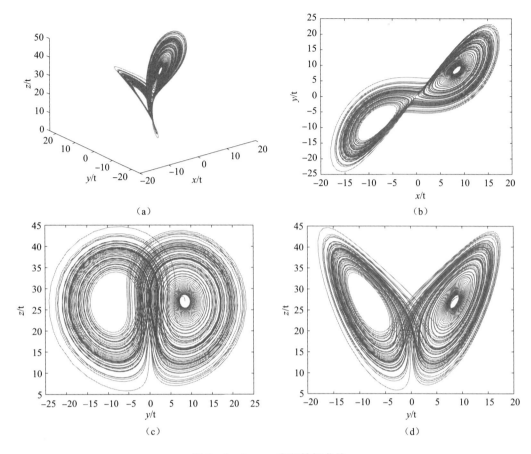

（a）

（b）

（c）

（d）

图 7 - 8　Lorenz 方程的解曲线

（a）奇怪吸引子；（b）在 x—y 平面的投影；（c）在 y—z 平面的投影；（d）在 x—z 平面的投影

```
%根据 Lorenz 方程定义函数
function yy= Lorenz(t,Y)
a= 10;b= 8/3;c= 28;
yy= [a * (Y(2)- Y(1));c * Y(1)- Y(3). * Y(1)- Y(2);Y(2). * Y(1)- b * Y(3)];
end
%利用 ode45 对 Lorenz 方程进行求解
clc;clear;
a= 10;b= 8/3;c= 28;
yc= [sqrt(b * (c- 1));sqrt(b * (c- 1));c- 1];
y0= yc+ [3;0;0];
tspan= [0,100];
[t,Y]= ode45('Lorenz',tspan,y0,a,b,c);
```

```
figure(1)
plot3(Y(:,1),Y(:,2),Y(:,3));
figure(2)
plot(Y(:,1),Y(:,2));
figure(3)
plot(Y(:,2),Y(:,3));
figure(4)
plot(Y(:,1),Y(:,3));
```

由图 7-8 可看到,Lorenz 方程在该组参数 $a=10,b=8/3,c=28$ 下,系统做混沌运动,其解曲线在相空间中往往受到折叠作用,使吸引子具有复杂且独特的性质和结构,这种吸引子也称为奇怪吸引子。混沌运动高度依赖于初始条件,从而实际不可重复;吸引子局部不稳定(一般呈指数型发散),但总体是有界的,且是无周期、无序的。

注解 7.5: Lorenz 是美国的一位气象学家,1961 年,他建立了一个仿真气象模型,该模型涉及包含 12 个方程的联立方程组。在计算该方程组时,他发现系统的解对于初始值高度敏感。后来经过简化模型,1963 年,Lorenz 提出了仅含三个变量的 Lorenz 方程,成为研究混沌运动的最经典模型。1979 年,Lorenz 在华盛顿科学进步协会的一次大会报告中,称该现象为"蝴蝶效应",意思是指巴西的一只蝴蝶拍一下翅膀,使大气的状态产生微小的变化,过一段时间有可能引起得克萨斯的一场龙卷风。在 1983 年,由蔡少棠教授设计了一种简单的非线性电子电路,称为蔡氏电路(Chua's circuit),其典型的电路结构已成为理论和实验研究混沌的一个范例。

7.5.2 Maple 软件中的 ODE 求解器

在 Maple 软件中,dsolve 可以求解微分方程或微分方程组的数值解,其调用格式为

dsolve(deqns,vars,numeric,options)

其中,deqns 为常微分方程组和初始条件;vars 是要求解的变量或者变量集合;options(可选项)形式是 keyword＝value 的方程。可选项中的 method 可以是 method＝rkf45,method＝dverk78, method＝classical, method＝gear, method＝mgear, method＝taylorseries 等。默认值是 method＝rkf45(四、五阶 Runge-Kutta 方法)。

例 7.8 考虑 van der Pol 方程
$$\ddot{x}(t)+a\dot{x}(t)(x^2(t)-1)+x(t)=0$$
其中,$a>0$,初始条件 $x(0)=0,\dot{x}(0)=1$,试:

(1)分析参数 $a>0$ 对 van der Pol 方程奇点(0,0)稳定性的影响;

（2）分别绘制 $\alpha=0.1,\alpha=1$ 和 $\alpha=10$ 时 van der Pol 方程的时间历程图和相图。

解：（1）该方程属于非线性微分方程，无法给出其精确解析解，在数值求解之前，先对方程的平衡点进行分析。首先，将 van der Pol 方程改写为

$$\begin{cases} \dot{x}(t)=y(t) \\ \dot{y}(t)=-\alpha y(t)(x^2(t)-1)-x(t) \end{cases} \tag{7.30}$$

根据奇点的定义，令方程（7.30）左端的导数项为零，系统只有一个奇点 $(0,0)$。对于奇点 $(0,0)$，其对应的线性化方程及特征根为

$$\left.\begin{aligned} \frac{\mathrm{d}\xi(t)}{\mathrm{d}t}&=\eta(t) \\ \frac{\mathrm{d}\eta(t)}{\mathrm{d}t}&=-\xi(t)+\alpha\eta(t) \end{aligned}\right\} \Rightarrow \lambda_{1,2}=\frac{\alpha\pm\sqrt{\alpha^2-4}}{2}$$

当 $0<\alpha<2$ 时，特征根为正实部的一对共轭复根，奇点为不稳定的焦点；当 $\alpha\geqslant 2$ 时，特征根为正实根，奇点为不稳定的结点。

（2）根据方程（7.30）可知，当系统的振幅 $|x|>1$，阻尼项为正，系统消耗能量减小振幅；当系统的振幅 $|x|<1$，阻尼项为负，系统吸收能量增加振幅；最终形成固定幅值的周期振动。下面调用 Maple 软件中的 dsolve 对 van der Pol 方程进行数值求解。具体程序代码如下：

```
% van der Pol 方程的解 (a=10)

    restart:

    sys:={diff(x(t),t)=y(t),diff(y(t),t)= - alpha * (x(t)^2- 1) * y(t)- x(t),x(0)=1,y(0)=1};

    alpha:=10;

    dsol2:=dsolve(sys,numeric,method= rkf45,output= procedurelist):

    with(plots):

    odeplot(dsol2,[t,x(t)],0..300,  numpoints=10000,color=black,thickness=2);

    odeplot(dsol2,[x(t),y(t)],0..300,numpoints=10000,color=blue,thickness=2);
```

图 7-9 所示的是不同 α 取值时，van der Pol 方程的时间历程图和相图。对于任意非零初始条件，系统最终趋于一周期运动。当 $\alpha=0.1$ 时，该周期运动接近简谐运动；随着 α 的增大，周期运动远离简谐运动。特别是，当 $\alpha=10$ 时，若位移振幅 $|x|>1$，位移会缓慢减小；一旦系统位移振幅 $|x|<1$，位移骤减或骤增到反向极值，这种一张一弛的振动被称作张弛振动。由相图可见，系统在相平面的解轨线形成了封闭曲线，也称为极限环。

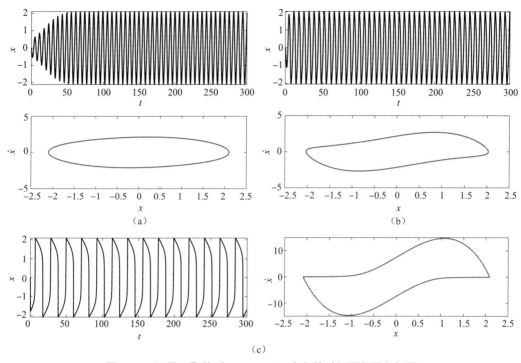

图 7 - 9　不同 α 取值时，van der Pol 方程的时间历程图和相图

(a)$\alpha=0.1$；(b)$\alpha=1$；(c)$\alpha=10$

7.6　非线性振动能量采集器

《中国力学 2035 发展战略》[18]强调"力学发展要坚持'四个面向'，即面向世界科技前沿、面向经济主战场、面向国家重大需求、面向人民生命健康，不断向科学技术的广度和深度进军"。近年来，面向无线传感网络技术、低功耗嵌入式技术、微机电系统（MEMS）、无线射频识别和各类植入式微电子传感器等技术的发展，这些器件的供电问题成为制约其发展的"瓶颈"问题之一。因此，开发一个可持续性的电源系统，将自然环境中的能量源转化为电能的解决方案就吸引了许多研究领域专家的目光，也就是能量采集技术。振动普遍存在于自然界中，常见的有：车辆通过地面和桥梁时产生的振动、海洋波浪拍击船舶时产生的振动、工业设备工作时的机器振动以及人体的心脏跳动等。振动能量采集技术是将振动能转化为电能并将其存储起来加以利用的一种技术手段，提供了一种具有可持续性、无污染、绿色环保的电源系统，可以满足无线传感网络和低功耗产品的供电需求。该技术涉及机械设计、力学、材料、电学、制造业等的交叉融合，特别是非线性结构设计的引入使得非线性动力学成为解决结构优化和性能提高的关键手段。

压电式能量采集器主要是基于压电效应基本原理,利用压电材料的正压电效应,通过外界振动激励使压电材料变形,导致压电层产生应力应变,从而产生正负电荷分离,电荷分离流动形成电流,继而产生电能,从而实现振动机械能向电能的转化。线性压电振动能量采集器由于结构共振频带较窄,很难匹配环境振动的宽频,从而很难实现较高的发电效率。为了解决此难题,研究者利用系统的非线性结构来实现宽频振动能量采集,使得设计出来的压电振动能量采集器具有宽频带特性。非线性压电振动能量采集器根据系统的结构,一般可分为单稳态系统、双稳态系统和多稳态系统。本节主要介绍双稳态系统和三稳态系统的非线性压电振动能量采集器。

7.6.1　非线性压电振动能量采集器建模

图 7-10(a)~(b)所示的是压电悬臂梁的振动能量采集系统,该模型主要由悬臂梁、两个(或三个)相斥的磁铁、外载电路以及悬臂梁上粘贴的压电片组成。图 7-10(a)所示的磁斥力双稳态振子的基本原理是通过在弹性悬臂梁的轴向施加相斥磁极间的斥力,使得弹性梁发生失稳,原稳定位置失去稳定性,产生两个对称的新平衡位置,实现能量采集器的非线性双稳态的结构。类似地,图 7-10(b)所示的是通过磁铁摆放位置和数量的不同来实现非线性三稳态的结构。

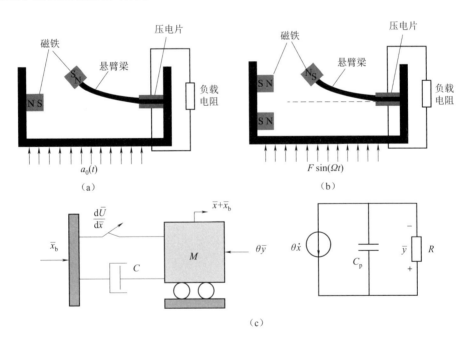

图 7-10　多稳态压电悬臂梁振动能量采集系统

(a)磁斥力双稳态振子的基本原理示意;(b)通过磁铁摆放位置和数量的不同来实现非线性三稳态的结构示意;

(c)等效振动系统和电路系统示意

由于振动能量采集系统既含有机械俘能系统,又含有电路系统,其可由如图 7 - 10 (c)所示的等效振动系统和电路系统来表示,根据基尔霍夫定律,该机电耦合系统的动力学方程为

$$\begin{cases} m\ddot{\overline{x}} + c\dot{\overline{x}} + \dfrac{\mathrm{d}\overline{U}(\overline{x})}{\mathrm{d}\overline{x}} + \theta\overline{y} = -m\ddot{\overline{x}}_b \\ C_p\dot{\overline{y}} + \dfrac{\overline{y}}{R} = \theta\dot{\overline{x}} \end{cases} \tag{7.31}$$

其中,$\overline{x}$ 是质量块 M 的位移;$\dot{\overline{x}}$ 和 $\ddot{\overline{x}}$ 为 $\overline{x}$ 对时间 t 的一阶导和二阶导;c 表示等效线性阻尼系数;θ 表示机电耦合系数;$-\ddot{\overline{x}}_b$ 表示外部基座受到的加速度激励;$\overline{y}$ 表示输出电压;R 表示负载电阻;C_p 表示压电元件的有效电容;$\overline{U}(\overline{x})$ 表示系统的非线性势函数,有

$$\overline{U}(\overline{x}) = \frac{1}{2}(1-r)\overline{k}_1\overline{x}^2 + \frac{1}{4}\overline{k}_3\overline{x}^4 + \frac{1}{6}\overline{k}_5\overline{x}^6 \tag{7.32}$$

其中,$\overline{k}_1$、$\overline{k}_3$ 和 $\overline{k}_5$ 分别为线性刚度、三次刚度和五次刚度系数;r 为线性刚度的调节系数。

引入无量纲变换 $t = \omega_0\bar{t}$,$X = \overline{x}/l_c$,$Y = C_p\overline{y}/\theta l_c$,$\omega_0 = \sqrt{k_1/M}$,$l_c = \sqrt{k_1/\overline{k}_5}$,将方程(7.32) 进一步整理得到如下的无量纲微分方程:

$$\begin{cases} \ddot{X} + \beta\dot{X} + \dfrac{\mathrm{d}U_0(X)}{\mathrm{d}X} + \kappa Y = f\sin\omega t \\ \dot{Y} + \alpha Y = \dot{X} \end{cases} \tag{7.33}$$

其中,$\beta = c/\overline{k}_1$;$\kappa = \theta^2/C_p\overline{k}_1$;$\alpha = 1/C_p\omega_0 R$。无量纲化的势函数为

$$U_0(X) = \frac{1}{2}k_1X^2 + \frac{1}{4}k_3X^4 + \frac{1}{6}k_5X^6 \tag{7.34}$$

其中,$k_1 = 1-r$;$k_3 = \overline{k}_3\overline{k}_5$;$k_5 = \overline{k}_1/\overline{k}_5$。根据式(7.34),图 7 - 11 所示的是不同刚度系数下,无量纲化的势函数的形状结构。由图可见,随着 k_1、k_3、k_5 取不同的值,$U_0(X)$ 呈现出非线性单稳、双稳和三稳态的结构[19]。在下面的分析中,仅考虑双稳和三稳态结构的情形。

系统的输出功率可定义为

$$P = \kappa\alpha Y^2$$

其中,κ 表示机电耦合系数;α 表示时间常数比;Y 表示输出电压。

由于方程(7.34)属于机电耦合的非线性微分方程组,所以无法给出其精确解析解。下面将通过数值方法来求解方程(7.33),并进行相应的动力学分析。

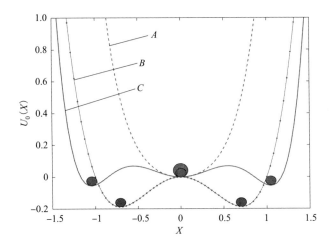

图 7 - 11 势函数 $U_0(X)$ 在不同刚度系数 $(k_1、k_3、k_5)$ 下的形状结构

注:A 曲线:$(k_1,k_3,k_5)=(1,3,3)$,代表单稳态;B 曲线:$(k_1,k_3,k_5)=(-1.5,3,0)$,代表双稳态;

C 曲线:$(k_1,k_3,k_5)=(1,-4.2,3)$,代表三稳态。

7.6.2 双稳态情形

在方程(7.33)中选取参数:$\beta=0.02,\kappa=0.2,\alpha=0.05,k_1=-0.5,k_3=1,k_5=0,\omega=0.8$,下面调用 MATLAB 软件中的 ode45 对方程(7.33)进行求解,分析不同激励振幅对系统动力学的影响。具体程序代码如下:

```
%%根据采集器方程(7.33)定义函数
function dx=VEH_fun(t,x)
global k1 k2 beta kk omega alpha f   %全局变量
dx= zeros(3,1);
dx(1)=x(2);
dx(2)=(-1)*(2*beta*x(2)+k1*x(1)+k3*x(1)^3+kk*x(3))+f*sin(omega*t);
dx(3)= -alpha*x(3)+x(2);


%%利用 ode45 求解方程
clear all
close all

global k1 k2 beta kk omega alpha f
beta= 0.08;   kk=0.1;alpha=0.05;r=1.5;
k1 = -0.5;k3=1;omega=0.8;f=0.15;
```

```
[t,x]=ode45('VEH_fun',[0 750],[0 0 0]);
%%绘制时间历程图
subplot(3,1,1);
plot(t(3000:5000,1),x(3000:5000,1));
%%绘制相图
subplot(3,1,2);
plot(x(3000:5000,1),x(3000:5000,2));
%%绘制输出功率
subplot(3,1,3);
plot(t(3000:5000,1),kk * alpha * (x(3000:5000,3)).^2);
```

图 7 - 12～图 7 - 14 所示的是外激励振幅取不同值时双稳态能量采集系统的时间历程图、相图和输出功率图。由图可见，当 $f=0.01$ 时，系统只在右侧平衡点附近运动，无法穿越势垒做大范围的运动，此时系统的输出功率在微瓦级；随着 f 的增大，系统开始穿越势垒在两个势阱内做跃迁运动，如图 7 - 13 所示；随着 f 的进一步增大，系统开始做大范围的周期运动，此时系统的输出功率在毫瓦级，如图 7 - 14 所示。

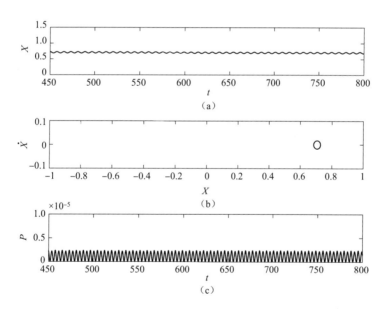

图 7 - 12　外激励幅值 $f=0.01$ 时，双稳态系统的时间历程图、相图和输出功率图

(a)时间历程图；(b)相图；(c)输出功率图

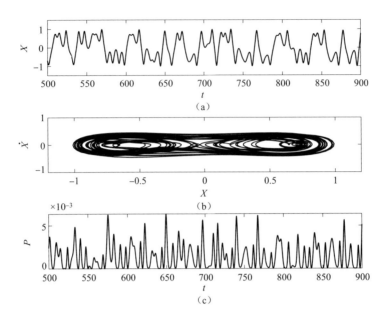

图 7 - 13 外激励幅值 $f=0.1$ 时，双稳态系统的时间历程图、相图和输出功率图

(a)时间历程图；(b)相图；(c)输出功率图

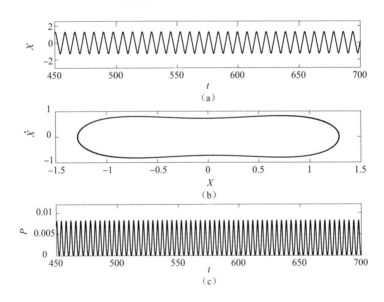

图 7 - 14 外激励幅值 $f=0.15$ 时，双稳态系统的时间历程图、相图和输出功率图

(a)时间历程图；(b)相图；(c)输出功率图

7.6.3 三稳态情形

在方程(7.33)和式(7.34)中选取参数：$\beta=0.02$，$\kappa=0.2$，$\alpha=0.05$，$k_1=1.5$，$k_3=-4$，$k_5=2.5$，$\omega=0.8$，下面调用 MATLAB 软件中的 ode45 对方程(7.33)进行求解，程序代码

类似于双稳态的情形,在此不再赘述。图 7 - 15～图 7 - 17 所示的是外激励振幅取不同值时三稳态能量采集系统的时间历程图、相图和输出功率图。由图可见,当 f＝0.1 时,系统只在中间平衡点附近运动,无法穿越势垒向两侧做大范围的运动,此时系统的输出功率在 10^{-4} W 级;随着 f 的增大,系统开始穿越势垒做大范围的运动,此时系统的输出功率在 0.02 W 左右,比较图 7 - 14 和图 7 - 17 可见,三稳态能量采集器输出功率明显大

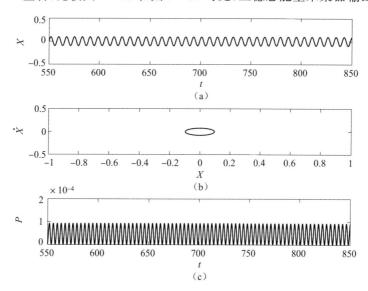

图 7 - 15　外激励幅值 f＝0.1 时,三稳态系统的时间历程图、相图和输出功率图

(a)时间历程图;(b)相图;(c)输出功率图

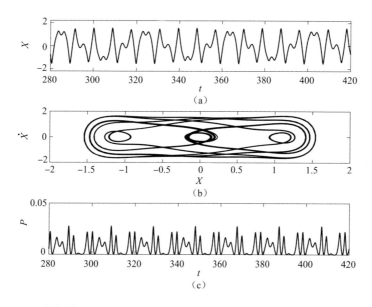

图 7 - 16　外激励幅值 f＝0.8 时,三稳态系统的时间历程图、相图和输出功率图

(a)时间历程图;(b)相图;(c)输出功率图

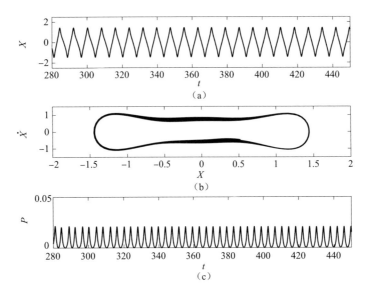

图 7-17　外激励幅值 $f=1.0$ 时,三稳态系统的时间历程图、相图和输出功率图

(a)时间历程图;(b)相图;(c)输出功率图

于双稳态结构的能量采集器,说明非线性三稳态结构的采集器效率更高。这是由于三稳态情形下系统势能的势垒低于双稳态情形,系统更易于穿越势垒做大范围的运动(见图 7-11)的缘故。然而相比于传统的线性能量采集器,不论是双稳态还是三稳态的非线性结构设计,都能大大提高系统的俘能效率。

7.6.4　双频谐波激励下三稳态振动能量采集

在上述研究中忽略了采集电路的设计,将采集电路简化为负载电阻,导致三稳态采集器从环境振动中采集到的交流电不能为外部电子设备供电。在实际中,采集器需要与非线性收集电路相连,将从环境振动中收集的交流电转换为可供电子设备使用的直流电。本小节选用标准整流电路作为非线性收集电路,通过前面提到的数值方法计算由双频谐波激励驱动的耦合三稳态能量采集系统的动态响应。

将方程(7.33)中第二个方程换成标准整流电路的方程,并采用双频谐波激励模拟环境激励,因此方程(7.33)可以转换为如下形式:

$$\begin{cases} \ddot{X}+\beta\dot{X}+\dfrac{\mathrm{d}U_0(X)}{\mathrm{d}X}+\kappa Y=f\cos(\omega t)+F\cos(\Omega t)\\ \dot{Y}+I=\dot{X} \end{cases} \tag{7.35}$$

其中,$f\cos(\omega t)$ 表示振幅为 f、频率为 ω 的低频激励;$F\cos(\Omega t)$ 是振幅为 F、频率为 Ω 的高频激励,二者满足 $\Omega\gg\omega$,$f\ll1$。阻尼系数 β、机电耦合系数 κ 以及无量纲势函数 $U_0(X)$

的定义与前面一致。流入电路的电流为

$$
I=\begin{cases}
\lambda \dot{Y}_{\mathrm{R}}+\alpha Y_{\mathrm{R}}, & Y=Y_{\mathrm{R}}\\
-\lambda \dot{Y}_{\mathrm{R}}-\alpha Y_{\mathrm{R}}, & Y=-Y_{\mathrm{R}}\\
0, & |Y|<Y_{\mathrm{R}}
\end{cases}
\tag{7.36}
$$

其中，$\lambda=C_{\mathrm{R}}/C_{\mathrm{P}}$，是滤波电容 C_{R} 与压电电容 C_{P} 的比值；$\alpha=(C_{\mathrm{P}}R\omega_0)^{-1}$，表示与负载电阻 R 成反比的时间常数比。$Y_{\mathrm{R}}=C_{\mathrm{P}}\overline{Y}_{\mathrm{R}}/\vartheta_{\mathrm{p}}l_c$，是无量纲整流电压，基于基尔霍夫电流定律，$Y_{\mathrm{R}}$ 可以推导为

$$
Y_{\mathrm{R}}=\frac{2A}{2+\dfrac{\alpha\pi}{\omega}}
\tag{7.37}
$$

其中，A 是系统振动幅值。

下面通过数值方法和实验方法对非线性微分方程(7.35)进行分析。

1. 数值方法——四阶龙格—库塔算法

在方程(7.35)中选取参数：$\beta=0.1$，$\kappa=0.3$，$\alpha=0.05$，$k_1=1.2$，$k_3=-4.2$，$k_5=3.2$，$\lambda=100$，$f=0.1$，$F=2$，$\Omega=30$，下面借助 MATLAB 软件，通过编写四阶龙格—库塔算法对方程(7.35)进行求解，时间步长取为 0.05。

图 7-18 所示的是标准整流电路接口下三稳态能量采集系统的振动幅值 A 和直流功率 P 随低频谐波激励频率 ω 的变化情况。由图可见，频响曲线向左弯曲，呈现出软化非线性。这种弯曲意味着存在频率范围(比如图 7-18(a)所示中的 $[s_4,s_1]$)使得频响曲线产生非唯一解。从图 7-18(a)所示可以看出，共有五个共存解分支，定义为 $B_i(i=1,\cdots,5)$。其中，B_4、B_5 是非稳定解分支；B_1 对应于低能阱内运动的非共振解分支；B_2 是三势阱之间振荡的高能运动解分支；B_3 对应于大轨道周期运动的解分支。这些解分支之间的交点定义为 $s_i(i=1,\cdots,4)$，且在这些交点处会发生跳跃现象，使三稳态采集器在低频振动下仍能保持高水平的输出响应。因此，幅频响应的多解特性使得三稳态采集器在低频环境下具有更高的收集潜力。图 7-19 所示进一步研究了高频谐波激励对三稳态能量采集系统输出响应的影响。可以看出，振幅 A 和直流功率 P 随着高频力幅值 F 的增加而减小。同时，跳跃现象发生所对应的频率区域减小，而幅频响应曲线的弯曲程度基本保持不变。

图 7-20 所示绘制了三稳态能量采集器在不同无量纲阻尼系数下的幅频响应。可以看出，随着 β 的增加，振幅 A 及输出直流功率 P 的峰值显著降低。同时，幅频响应的弯曲方向保持不变，但弯曲程度更深。此外，当 $\beta=0.2$ 时，三稳态系统的幅频响应类似于单稳

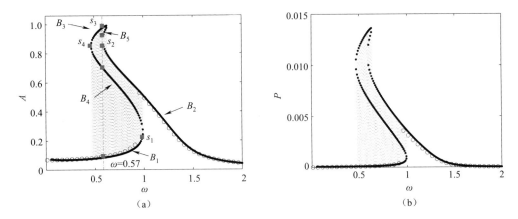

图 7 - 18 三稳态能量采集系统的输出响应随低频谐波激励频率的变化曲线

(a)系统的振幅；(b)输出直流功率

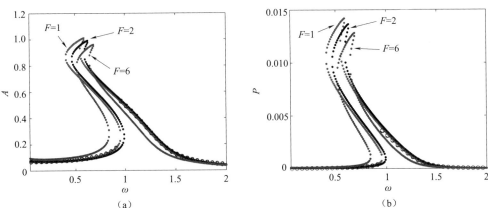

图 7 - 19 三稳态能量采集系统的输出响应在不同高频力幅值 *F* 下的变化曲线

(a)系统的振幅；(b)输出直流功率

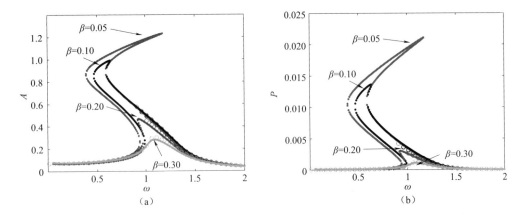

图 7 - 20 三稳态能量采集系统的输出响应在不同阻尼系数 *β* 下的变化曲线

(a)系统的振幅；(b)输出直流功率

态系统。当 β 增加至 0.3，系统被限制在中间势阱中，具有低能阱内振动的唯一解。此时，三稳态能量采集系统幅频响应的跳跃现象消失。因此，三稳态能量采集系统的有效带宽和采集性能在小阻尼条件下可以得到提高。

主要程序代码如下：

```
%%输出响应随低频力频率 ω 的变化情况
    for j=1:n                              %  四阶龙格—库塔算法

        theta= acos(1- 4/(2+ alpha * pi/omegaf));
        H(j)=x(2,j)^2/2+0. 5 * k1 * x(1,j)^2+0. 25 * kk * (2 * theta- sin(2 * theta)) * x(1,j)
^2/pi+0. 25 * k2 * x(1,j)^4+1/6 * k3 * x(1,j)^6;

        [Index,Xroot,Amp(j)]=Amplitude( H(j),x(1,j),omegaf); % 根据 H=U(A)求最大振幅

        Vr(j)=2 * Amp(j)/ ( 2+ alpha * pi/omegaf);

        VR(j)=LPFa * VR2+ LPFb * (Vr(j)+Vr2);%
        Vrd(j)= (Vr(j)- VR(j))/ta;
        VR2=VR(j);   Vr2=Vr(j);

        if x(3,j)==Vr(j)

            A1=x(2,j) * dt;
            B1=dt * (- 1) * (beta * x(2,j)+k1 * x(1,j)+k2 * x(1,j)^3+k3 * x(1,j)^5+kk * x(3,
j))+dt * (f * cos(omegaf * t(j))+F * cos(omegaF * t(j)));
            C1=dt * ( x(2,j)- (lamda * Vrd(j)+ alpha * Vr(j)));

            A2= (x(2,j)+0. 5 * B1) * dt;
            B2=dt * (- 1) * (beta * (x(2,j)+0. 5 * B1)+k1 * (x(1,j)+0. 5 * A1)+k2 * (x(1,j)+
0. 5 * A1)^3+k3 * (x(1,j)+0. 5 * A1)^5+kk * (x(3,j)+0. 5 * C1))+dt * (f * cos(omegaf * (t(j)+0. 5 *
dt))+F * cos(omegaF * (t(j)+0. 5 * dt)));
            C2=dt * ( (x(2,j)+0. 5 * B1)- (lamda * Vrd(j)+ alpha * Vr(j)));

            A3= (x(2,j)+0. 5 * B2) * dt;
            B3=dt * (- 1) * (beta * (x(2,j)+0. 5 * B2 )+k1 * (x(1,j)+0. 5 * A2)+k2 * (x(1,j)+
```

```
0. 5 * A2)^3+k3 * (x(1,j)+0. 5 * A2)^5+kk * (x(3,j)+0. 5 * C2))+dt * (f * cos(omegaf * (t(j)+0. 5 *
dt))+F * cos(omegaF * (t(j)+0. 5 * dt)));
                    C3=dt * ( (x(2,j)+0. 5 * B2)- (lamda * Vrd(j)+alpha * Vr(j)));


            A4= (x(2,j)+B3) * dt;
            B4=dt * ( - 1) * (beta * (x(2,j)+B3)+k1 * (x(1,j)+A3)+k2 * (x(1,j)+ A3)^3+k3 *
(x(1,j)+A3)^5+kk * (x(3,j)+C3))+dt * (f * cos(omegaf * (t(j)+dt))+F * cos(omegaF * (t(j)+
dt)));
                    C4=dt * ( (x(2,j)+B3)- (lamda * Vrd(j)+alpha * Vr(j)));



        elseif x(3,j)= = - Vr(j)
            A1=x(2,j) * dt;
            B1=dt * ( - 1) * (beta * x(2,j)+k1 * x(1,j)+k2 * x(1,j)^3+k3 * x(1,j)^5+kk * x(3,
j))+dt * (f * cos(omegaf * t(j))+F * cos(omegaF * t(j)));
                    C1=dt * ( x(2,j)+ (lamda * Vrd(j)+alpha * Vr(j)));


            A2= (x(2,j)+0. 5 * B1) * dt;
            B2=dt * ( - 1) * (beta * (x(2,j)+0. 5 * B1)+k1 * (x(1,j)+0. 5 * A1)+k2 * (x(1,j)+
0. 5 * A1)^3+k3 * (x(1,j)+0. 5 * A1)^5+kk * (x(3,j)+0. 5 * C1))+dt * (f * cos(omegaf * (t(j)+0. 5 *
dt))+F * cos(omegaF * (t(j)+0. 5 * dt)));
                    C2=dt * ( (x(2,j)+0. 5 * B1)- (lamda * Vrd(j)+alpha * Vr(j)));


            A3= (x(2,j)+0. 5 * B2) * dt;
            B3=dt * ( - 1) * (beta * (x(2,j)+0. 5 * B2 )+k1 * (x(1,j)+0. 5 * A2)+k2 * (x(1,j)+
0. 5 * A2)^3+k3 * (x(1,j)+0. 5 * A2)^5+kk * (x(3,j)+0. 5 * C2))+dt * (f * cos(omegaf * (t(j)+0. 5 *
dt))+F * cos(omegaF * (t(j)+0. 5 * dt)));
                    C3=dt * ( (x(2,j)+0. 5 * B2)+ (lamda * Vrd(j)+alpha * Vr(j)));


            A4= (x(2,j)+B3) * dt;
            B4=dt * ( - 1) * (beta * (x(2,j)+B3)+k1 * (x(1,j)+ A3)+k2 * (x(1,j)+ A3)^3+k3
 * (x(1,j)+ A3)^5+kk * (x(3,j)+ C3))+dt * (f * cos(omegaf * (t(j)+ dt))+F * cos(omegaF * (t(j)+
dt)));
                    C4=dt * ( (x(2,j)+B3)+ (lamda * Vrd(j)+alpha * Vr(j)));
            else
```

```
            A1＝x(2,j) * dt;
            B1＝dt * (-1) * (beta * x(2,j)+k1 * x(1,j)+k2 * x(1,j)^3+k3 * x(1,j)^5+kk * x(3,
j))+dt * (f * cos(omegaf * t(j))+F * cos(omegaF * t(j)));
            C1＝dt * x(2,j);


            A2＝(x(2,j)+0.5 * B1) * dt;
            B2＝dt * (-1) * (beta * (x(2,j)+0.5 * B1)+k1 * (x(1,j)+0.5 * A1)+k2 * (x(1,j)+
0.5 * A1)^3+k3 * (x(1,j)+0.5 * A1)^5+kk * (x(3,j)+0.5 * C1))+dt * (f * cos(omegaf * (t(j)+0.5 *
dt))+F * cos(omegaF * (t(j)+0.5 * dt)));
            C2＝dt * ( x(2,j)+0.5 * B1);


            A3＝(x(2,j)+0.5 * B2) * dt;
            B3＝dt * (-1) * (beta * (x(2,j)+0.5 * B2 )+k1 * (x(1,j)+0.5 * A2)+k2 * (x(1,j)+
0.5 * A2)^3+k3 * (x(1,j)+0.5 * A2)^5+kk * (x(3,j)+0.5 * C2))+dt * (f * cos(omegaf * (t(j)+0.5 *
dt))+F * cos(omegaF * (t(j)+0.5 * dt)));
            C3＝dt * ( x(2,j)+0.5 * B2);


            A4＝(x(2,j)+B3) * dt;
            B4＝dt * (-1) * (beta * (x(2,j)+B3)+k1 * (x(1,j)+ A3)+k2 * (x(1,j)+A3)^3+k3 *
(x(1,j)+ A3)^5+kk * (x(3,j)+ C3))+dt * (f * cos(omegaf * (t(j)+dt))+F * cos(omegaF * (t(j)+
dt)));
            C4＝dt * (x(2,j)+B3);
        end


        x(1,j+ 1)＝x(1,j)+ (A1+2 * A2+2 * A3+A4)/6;
        x(2,j+ 1)＝x(2,j)+ (B1+2 * B2+2 * B3+B4)/6;
        x(3,j+ 1)＝x(3,j)+ (C1+2 * C2+2 * C3+C4)/6;

    end
```

2. 实验验证

根据方程(7.35)搭建的实验平台如图 7－21 所示,其中与标准整流电路相连的三稳态能量采集器被安置在激振器上。双频谐波激励的数字信号通过信号发生器和功率放大器导入激振器,为能量采集系统提供外部环境激励。激光位移传感器被用于测量振动位移,示波器被用于测量并显示整流电压。

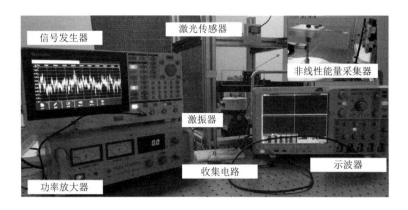

图 7 - 21　与标准整流电路相连的三稳态能量采集系统实验平台

在图 7 - 22 所示中,金属悬臂梁夹紧端附着有双层压电片,其自由端粘贴了磁铁 A,另外,在框架上适当位置粘贴了两个相同的磁铁 B 和磁铁 C。其中,磁铁 A 至磁铁 B 和磁铁 C 的水平距离均设置为 8 mm,磁铁 B 至磁铁 C 的水平距离设置为 12 mm。图 7 - 22(b)～(d) 所示的是对应能量采集器的三种稳定状态。实验装置的主要参数如表 7 - 5 所示。此外,选择双频谐波激励的参数为 $F=2,\Omega=3,f=0.1,\omega=0.1$。

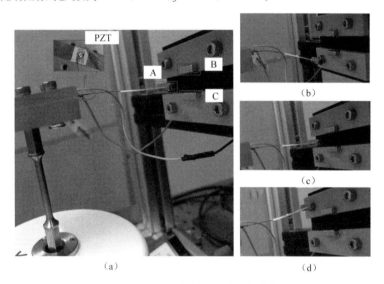

图 7 - 22　三稳态能量采集器实物

(a)三稳态能量采集器;(b)～(d)对应能量采集器的三个稳态

表 7 - 5　三稳态实验装置的主要参数

实验材料	参数	符号	取值
悬臂梁:矽钢片	长×宽×厚	$L_b \times b \times t_b$	6 cm×1 cm×0.02 cm
	杨氏模量	$E_b(\mathrm{GPa})$	105
	密度	$\rho_b(\mathrm{kg \cdot m^{-3}})$	7 700

续表

实验材料	参数	符号	取值
压电片:PZT-5H	长×宽×厚	$L_p \times b_p \times t_p$	1 cm×1 cm×0.02 cm
	杨氏模量	$E_p(\text{GPa})$	66
	密度	$\rho_p(103 \text{ kg} \cdot \text{m}^{-3})$	7.45
	耦合系数	$d_{31}(\text{C} \cdot \text{N}^{-1})$	-186×10^{-12}
	真空介电常数	ε_0	8.854×10^{-12}
	介电常数	ε_{33}	$4\,000\varepsilon_0$
磁铁:N38M	密度	$\rho_B(\text{kg} \cdot \text{m}^{-3})$	7500
	剩余磁通密度	$B_r(T)$	1.25
	磁导率	μ_0	$4\pi \times 10^{-7}$
	负载电阻	$R(\text{M}\Omega)$	1
	滤波电容	$C_R(\mu\text{F})$	470

图 7-23 所示的是双频谐波激励下与标准整流电路接口的三稳态能量采集器的时间历程图和相图的实验结果。由图可知,系统的振动位移范围为$[-11 \text{ mm}, 11 \text{ m}]$。此时,系统存在三个稳定状态,末端磁铁在三个几乎对称的势阱中振动,具有较高的输出响应水平。

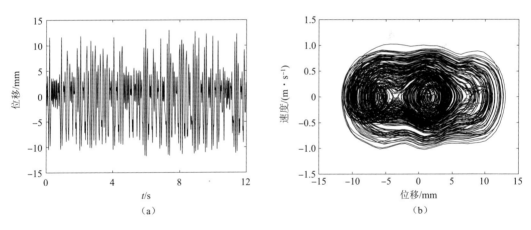

(a)

(b)

图 7-23 双频谐波激励下与标准整流电路接口的三稳态能量采集器的时间历程图和相图的实验结果

(a)时间历程图;(b)相图

图 7-24 所示的是系统振幅 A_e 和均方整流电压 Y_{rms} 在不同高频力幅值 F 下随低频频率 ω 变化的实验结果。可以看出,随着 ω 的增加,A_e 先增加到一个极大值而后迅速降

低;随着 F 的增加,A_e 和 Y_{rms} 的峰值降低,而有效带宽变窄。在图 7-19 所示中能够观察到相似的变化规律,即高频力振幅 F 的增大会减弱系统的无量纲输出水平,比如,无量纲振幅 A 和直流功率 P。同时,随着低频频率 ω 的增加,无量纲振幅 A 和功率 P 也先增后减。因此,可以得出结论,图 7-24 所示的实验结果定性地验证了图 7-19 所示中数值仿真结果的有效性;图 7-25 所示的是均方整流电压 Y_{rms} 和采集到的直流功率 P 随负载电阻 R 的变化情况。可以看出,随着 R 的增大,P 先增大后减小而 Y_{rms} 逐渐增大。因此,可以通过选择适当的负载电阻来优化采集功率。

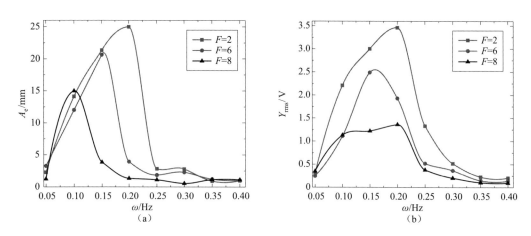

图 7-24 系统振幅 A_e 和均方整流电压 Y_{rms} 在不同高频力幅值 F 下随低频频率 ω 变化的实验结果

(a)系统振幅 A_e;(b)均方整流电压

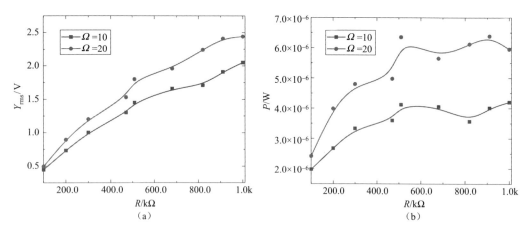

图 7-25 均方整流电压 Y_{rms} 和采集到的直流功率 P 随负载电阻 R 的变化情况

(a)均方整流电压 Y_{rms};(b)直流功率 P 随负载电阻 R 的变化情况

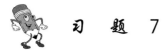

习　题　7

7.1　试用 Euler 方法求解如下伯努利微分方程的初值问题：

$$\begin{cases} \dfrac{\mathrm{d}y}{\mathrm{d}x}=5y-xy^3 & 0\leqslant x\leqslant 2 \\ y(0)=1 \end{cases}$$

并比较数值解与精确解之间的误差。

7.2　试用改进的 Euler 方法求解如下线性微分方程的初值问题：

$$\begin{cases} \dfrac{\mathrm{d}y}{\mathrm{d}x}=-y\cos x+\cos x & 0\leqslant x\leqslant 2\pi \\ y(0)=1 \end{cases}$$

并比较数值解与精确解之间的误差。

7.3　试用经典四阶 Runge-Kutta 方法求解如下非线性微分方程的初值问题：

$$\begin{cases} \dfrac{\mathrm{d}^2y}{\mathrm{d}x^2}=\cos x \cdot \sin x \cdot \left(\dfrac{\mathrm{d}y}{\mathrm{d}x}\right)^3 & \dfrac{\pi}{6}\leqslant x\leqslant\dfrac{\pi}{3} \\ y(0)=y'(0)=1 \end{cases}$$

并比较数值解与精确解之间的误差。

7.4　试用经典四阶 Runge-Kutta 方法求解如下线性微分方程组的初值问题：

$$\begin{bmatrix} y_1'(x) \\ y_2'(x) \\ y_3'(x) \end{bmatrix}=\begin{bmatrix} 3 & -1 & 1 \\ -1 & 5 & -1 \\ 1 & -1 & 3 \end{bmatrix}\begin{bmatrix} y_1(x) \\ y_2(x) \\ y_3(x) \end{bmatrix},\ \begin{bmatrix} y_1(0) \\ y_2(0) \\ y_3(0) \end{bmatrix}=\begin{bmatrix} 2 \\ 0 \\ 4 \end{bmatrix}$$

并比较数值解与精确解之间的误差。

7.5　试用数值方法编写程序计算如下 Rossler 方程：

$$\begin{cases} \dot{x}(t)=-(y(t)+z(t)) \\ \dot{y}(t)=x(t)+0.1y(t) \\ \dot{z}(t)=0.1+(x(t)-\mu)z(t) \end{cases}$$

(1) $\mu>0$ 作为分岔参数时，系统的分岔图；

(2) μ 取不同值时，系统的相轨线。

7.6　试用数值方法计算 Logistic 映射 $x_{n+1}=\mu x_n(1-x_n)$ 随着分岔参数 $\mu>0$ 变化时，系统的分岔图并分析分岔图的特性。

参 考 文 献

[1] 李鸿晶,陈辰.一种平稳地震地面运动的改进金井清谱模型[J].工程力学,2014,
    31(2):6.

[2] 东北师范大学数学系.常微分方程[M].北京:高等教育出版社,1982.

[3] 刘秉正,彭建华.非线性动力学[M].北京:高等教育出版社,2003.

[4] 王高雄,周之铭,朱思铭,等.常微分方程[M].3版.北京:高等教育出版社,2006.

[5] 靳艳飞,谢文贤,许勇.常数变易法在线性非齐次常微分方程求解中的重要注解[J].
    高等数学研究,2022(25):49-51.

[6] 胡海岩.机械振动基础[M].北京:北京航空航天大学出版社,2005.

[7] XIE W C.Differential Equations for Engineers[M].Cambridge University
    Press,2010.

[8] 胡海岩.振动力学——研究性教程[M].北京:科学出版社,2020.

[9] 方同.工程随机振动[M].北京:国防工业出版社,1995.

[10] 刘章军,陈建兵,彭勇波.结构动力学[M].北京:中国建筑工业出版社,2021.

[11] 胡海岩.应用非线性动力学[M].北京:航空工业出版社,2000.

[12] ARNOLD V I.常微分方程[M].北京:科学出版社,2001.

[13] JIANG R,WU Q S,ZHU Z,et al..Full velocity difference model for a car-
    following theory[J].Physical Review E,2001,64:017101.

[14] JIN Y F,XU M. Bifurcation analysis of the full velocity difference model[J].
    Chinese Physics Letters,2010(27):040501.

[15] JIN Y F,MENG J W.Dynamical analysis of an optimal velocity model with time-
    delayed feedback control[J].Communication in Nonlinear Science and Numerical
    Simulation,2020(90):105333.

[16] JIN Y F,MENG J W,XU M. Dynamical analysis for a car-following model with
    delayed-feedback control of both velocity and acceleration differences[J].

Communication in Nonlinear Science and Numerical Simulation,2022(111):106458.

［17］李庆扬．常微分方程数值解法:刚性问题与边值问题［M］．北京:高等教育出版社,1991.

［18］"中国学科及前沿领域发展战略研究(2021—2035)"项目组．中国力学 2035 发展战略［M］．北京:科学出版社,2023.

［19］ZHANG Y X,JIN Y F,XU P F. Dynamics of a coupled nonlinear energy harvester under colored noise and periodic excitations［J］. International Journal of Mechanical Sciences,2020(172):105418.

［20］ZHANG T T,JIN Y F,XU Y,et al. Dynamical response and vibrational resonance of a tri-stable energy harvester interfaced with a standard rectifier circuit［J］. Chaos,2022(32):093150.